普通高等教育"十一五"国家级规划教材

普通高等教育精品教材

An Introduction to Constrution Cost

工程造价概论

主　编　尹贻林　严　玲

人民交通出版社
China Communications Press

内容提要

本书为高等学校工程管理专业应用型本科规划教材。

通过借鉴英美等国家较为成熟的造价制度、体系及相关做法，辅以工程实例，本书向工程管理、工程造价专业的学生介绍工程造价领域的入门知识。具体内容包括：工程造价的发展及其管理体系，工程造价咨询业，工程造价师的执业，工程造价专业人士的教育，工程造价专业人士的认可及管理。

本书可作工程管理专业、工程造价专业的本科教材，也可供相关从业人员参考。

前　言

工程造价学科的先驱徐大图教授曾对我说：工程造价专业人员要实现从“被动”向“主动”的转变，即从被动地反映工程师的设计转变为能动地影响工程设计。我一直以此作为推动工程造价学科发展的方向，至此，我把上述转变扩展到工程造价专业人员还要从被动地反映合同管理的结果转变到主动地影响合同管理过程。即一个优秀的造价工程师应该以自己掌握的知识在设计阶段和施工阶段主动地影响设计和合同管理，通过工程造价这个度量标准来实现项目的价值。在设计阶段造价工程师可利用的工具是：价值管理（VM）、全生命周期工程造价（LCC）、可施工性分析等，而在施工阶段则应以合同为依据，在支付、变更、签证、索赔等几方面着力最终控制工程结算。

在上述思想的指导下，对以造价工程师为代表的工程造价专业人员的培养就有了新的形式和内容。首先从形式上看，建国以来长期的经验教训促使我们在高等教育模式的选择上，在美国模式和英国模式之间，我们最终选择了英国模式，即在高校中设置“工程造价”专业，类似英国大学中的“工料测量（QS）”专业，专门培养以工程计量计价为基本能力，以合同管理和项目管理为核心能力，以工程项目业主的财务顾问为专家能力的高级工程造价专门人才的培养模式。我们没有选择美国模式的主要原因在于，美国大学不设上述类型的专业，要求工程造价专业人士必须在大学接受工程师高等教育，进入专业领域后再补充必要知识经过考试取得造价工程师（CE）的称号。我个人觉得之所以选择英国模式，是因为在改革开放早期为照顾到既有工程概预算队伍中大量中专毕业的专业人员继续以同名专业深造而采取的自发行为，进而形成改革的“路径依赖”，也没有什么特别的理由。当然，也跟后期计价方式从前苏联的概预算定额制度转向英式工程量清单计价模式一样，形成了殊途同归的改革结果。

英国工程造价专业高等教育模式，应该如何处理工程技术和计量计价专门知识之间的关系呢？1986～1996 年十年间，徐大图教授及其团队（刘尔成和我均为此团队早期成员）曾试图把工程技术（主要是土木工程技术）作为造价工程师的主要知识结构，但无论如何努力也难以使造价工程师在大学中获得的工程知识满足在技术上能动影响设计的程度。1996 年代以后我们汲取了英国皇家测量师学会 RICS 的经验，即在设计阶段主要以VM、LCC、可施工性分析来影响设计，效果很好；至2008年，建设部修订了2003版工程量清单计价规范，形成新的计价规范。2008版规范的最主要特点是突出了施工阶段的合同管理。通过各个工程合同管理过程的工程造价形态来影响结算，赋予了造价工程师合同管理的职能；至此，造价工程师的两个“主动”就有了可行性。

本书的写作就体现了上述思想，我和严玲教授指导的博士生团队，以万礼锋为主，包括李公祥、严敏、尹琳琳四位同学，历经一年的探索和准备，构思了适合高等教育工程造价专业一年级学生使用的学科启蒙及总论性的教材结构，从造价工程师和工程造价学科、工程造价咨询业、造价工程师的知识结构及培养、各国高等教育工程造价专业比较等四个方面全面进行了论述或介绍，意图使每个将来有志于投身于工程造价专业的大学生有一个入门的系统知识框架。本书撰写具体分工：万礼锋撰写第一、二、三章，李公祥撰写第四、五章，严敏、尹琳琳撰写第六章，尹琳琳撰写第七章。柯洪博士、孙春玲博士、卢晶（博士研究生）为本书的写作提供了有益的建议并贡献了本人的研究成果。

希望本专业大学新生学完这本书后妥善保管此书，成为自己大学四年乃至今后职业生涯的案头必备书，经常检验自己是否达到了专业能力的不同层次要求，不断从造价工程师的低端业务——计量计价，向中端业务——合同管理、项目管理前进，争取达到高端——工程项目的财务顾问。这是一个漫长的过程，充满了艰辛和挫折，但这是专业人士必须经过的职业（专业）磨炼，“虽不能至，心向往之”。祝各位大学生都能实现这一目标！

尹贻林　博　士
国家级教学名师
天津理工大学管理学院院长，教授

目　录

第一篇　工程造价的发展及其管理体系

第一章　工程造价的产生与工程造价专业人士 …… 4
第一节　建筑市场交易阶段的工程造价形成过程 …… 4
第二节　工程造价专业人士制度发展 …… 22
第三节　工料测量（工程造价）相关专业和学科发展 …… 31
思考题 …… 38
第二章　工程造价管理体系介绍 …… 39
第一节　英国工程造价管理体系 …… 39
第二节　美国工程造价管理体系 …… 48
第三节　中国工程造价管理体系 …… 58
思考题 …… 65
第三章　工程造价管理新方法 …… 66
第一节　全生命周期造价管理 …… 66
第二节　建设项目价值管理 …… 75
思考题 …… 87

第二篇　工程造价咨询业及造价工程师

第四章　工程造价咨询业 …… 90
第一节　工程造价咨询业的发展历程 …… 90
第二节　工程造价咨询的内容 …… 106
第三节　典型的工程造价咨询机构 …… 118
思考题 …… 124
第五章　造价工程师的执业 …… 125
第一节　造价工程师执业的环境分析 …… 125

第二节　中国内地造价工程师的执业…… 131
第三节　其他国家和地区造价工程师的执业内容…… 148
第四节　造价工程师的责任风险管理…… 153
思考题…… 165

第三篇　造价工程师的培养及管理

第六章　工程造价专业人士的教育…… 168
第一节　工程造价专业能力标准体系…… 168
第二节　西方发达国家工程造价专业课程认证制度及课程体系…… 174
第三节　中国内地工程造价专业的课程认证制度及课程体系…… 184
思考题…… 191
第七章　工程造价专业人士的认可及管理…… 192
第一节　西方发达国家工程造价专业人士的管理…… 192
第二节　中国内地造价工程师的管理制度…… 212
思考题…… 220

附录 1…… 221
附录 2…… 222
参考文献…… 223

第一篇

工程造价的发展及其管理体系

2008年8月8日晚8时，激动人心的第29届奥林匹克运动会在中国国家体育场正式拉开帷幕。国家体育场以其新颖、优美的造型给世界人民留下深刻的印象，它作为北京奥运会的主会场，承担了第29届奥运会开、闭幕式和田径、足球决赛等多项比赛任务，同时，作为北京市最大、具有国际先进水平的综合性体育场所，是今后举办大型体育文化活动的多功能公共设施，已成为北京甚至中国的标志性建筑。

国家体育场位于奥林匹克公园B区东南部，主体建筑紧邻城市中轴线，该工程规划总用地面积为20.41公顷，总建筑面积约25.5万平方米，绿地面积为6万平方米。为充分体现"绿色、科技、人文"三大奥运理念，俗称"鸟巢"的国家体育场在设计理念上充分体现了先进性和超前性，由不规则钢结构编织而成的椭圆马鞍形"鸟巢"造型，充分体现回归大自然、人与自然统一和谐的理念，气势恢弘。整个建筑为混凝土结构主体，分地下一层，地上七层，组成三层碗状斜看台，可容纳观众9.1万人（其中，固定坐席8万个，临时坐席1.1万个），东西向长280m，南北向长333m。该工程为特级体育建筑，主体结构设计使用年限100年。

国家体育场工程是按PPP（Private + Public + Partnership）模式建设，由北京市国有资产经营有限责任公司与中国中信集团联合体共同组建国家体育场有限责任公司作为项目法人，主要负责国家体育场的投融资、建设、运营和管理。其中中信联合体出资42%，北京市国有资产经营有限责任公司代表政府给予58%的资金支持。中信联合体同时拥有奥运赛后30年的特许经营权，期间政府不参与分红。国家体育场在国际设计竞赛招标文件中规定的建安造价（土建和设备安装）限额40亿元，最终确定“鸟巢”方案建筑安装造价为38.9亿元。国家体育场公司后来上报的可行性研究报告中，建安造价是26.7亿元，而国家发改委批复的工程总投资为31.3亿元。经过设计联合体的大量优化工作，“鸟巢”的建造安装造价在方案设计阶段降到了27.3亿，初步设计阶段继续降至约26亿元。

2003年12月24日，国家体育场在所有奥运场馆中率先开工，由中咨工程建设监理公司监理，北京城建集团有限责任公司建筑安装施工总承包。在鸟巢的建设过程中，最引人注目的要属“鸟巢瘦身”了。有关专家发现，“鸟巢”预算超支。超支部分和技术难度主要集中在体育场活动盖上。其不利因素有：一是影响了体育赛事的开放性和户外特点；二是封闭场馆会限制庆祝焰火的燃放和开幕式上的空中表演；三是带来安全设计上的不可预测因素；四是容易发生故障，使得体育场本身和场内草坪的维护费用加大；五是活动盖机械力臂的大量用钢，会对建筑周围结构带来不稳定因素。最后结论是“鸟巢”取消盖子，并不影响设计风格和建好后的功能。2004年7月30日，根据北京2008年奥组委计划要求和安排，国家体育场工程现场施工暂停，进行设计方案再次优化、调整。优化后的国家体育场变化主要是：一是取消开启屋盖；二是体育场看台座位数量减少，看台座位数由10万个，减为9.1万个。而经过瘦身去掉滑动屋顶以后，钢材使用量将进一步降到4万吨左右，工程投入也大幅度下降。去掉活动屋顶并加大固定屋盖开口后，建安造价可以基本降低至22.67亿元以下，体现了国家的投资控制要求和“勤俭办奥运”的精神。2004年12月28日，国家体育场工程正式复工建设。2005年2月6日，桩基工程顺利完成；

2005 年 5 月转入主体结构施工，于 2007 年 11 月 22 日主体工程竣工。

国家体育场作为集当今世界设计最新理念、施工最新工艺和科技最新成果、经营管理全新模式的超大型现代化公共建筑，具有技术上的挑战性、功能上的综合性、技术上的先进性、时间上的紧迫性、施工上的超难度以及管理上的复杂性等特点，2006 年被美国《时代周刊》评为 21 世纪全球技术和施工难度第一名的“十大”公共建筑工程。

读完上面“鸟巢”建设过程的介绍，人们不免会产生这么几个疑问：“鸟巢”二十多个亿的造价是如何形成的呢？造价工程师们又是如何计算出这个造价的？造价工程师在建设过程中扮演怎样的角色呢？要承担哪些工作呢？如何成为一名出色的造价工程师呢？那么，让我们带着这些疑问进入本课程的学习吧。

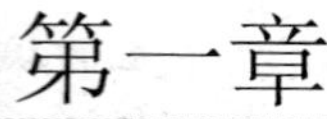

第一章 工程造价的产生与工程造价专业人士

本章导读

可以说“工程造价”是一个我们既熟悉同时也很陌生的名词。人类自从进入文明时代后，就不断地进行着改造自然的工程建设活动，工程造价也逐渐进入了人们的生活中。在我国，真正充分认识并把工程造价作为一门学科来研究，还是在1980年代后计划经济向市场经济转型过程中才开始的。由于工程造价的内涵较为丰富，在工程建设各个阶段工程造价存在的形式也有所不同，因此如何选取一个较好的角度来介绍工程造价成为本章的立意和出发点。我们将从读者能直观认识到的市场交易阶段的承发包价格开始谈起，介绍工程造价产生全过程。本章的写作目的就是让读者对三部分的内容有一个大概的了解，即：什么是工程造价以及其形成过程？什么是工程造价专业人士制度？工程造价专业人士是如何培养的？

第一节 建筑市场交易阶段的工程造价形成过程

一、建设项目参与主体的形成与演进

最原始的建设项目组织形式是由业主自己建造的，业主几乎需要完成工程建设过程中所有的工作，如建筑设计、材料采购、施工建造及至装饰装修，可以想象得出业主的工作量多么庞大，因而此种方式适用于最简单和最基本的生产、居住用房，目前在我国部分农村地区依然可以见到这种建设方式。随后进一步发展到业主直接雇佣工匠进行施工，而业主自己做技术人员和管理人员去完成项目设计和组织管理工作。此时的工匠与业主形成雇佣关系，工匠完成自己分工的任务，从业主那里获得报酬。在这种方式下，建设项目的实施过程是工匠与业主之间以及不同的工匠之间的分工协作。

17世纪到18世纪资本主义的社会化生产大发展，使共同劳动的规模日益扩大，劳动分工和协作越来越细、越来越复杂，建筑业的分工也开始逐步细化。最先

是业主从项目建设具体任务中脱离出来，开始由工匠负责设计和施工。随后，设计与施工又发生了进一步的专业划分和分工，出现了建筑设计师和专门负责建造的施工承包商，这使得工程建设过程中出现了三个参与主体的格局，建筑设计师与施工承包商都变成了各自独立向业主提供项目建设服务的参与主体。这个时期，设计和施工分离并各自形成一个独立专业以后，承包商需要有人帮助他们对已完成的工作进行测量和估价，以确定所得报酬。这些人在英国被称为工料测量师（Quantity Surveyor，QS）。这时的工料测量师是在建筑设计和施工完毕以后才去测量工程量和估算工程造价的。

进入 19 世纪初期，资本主义国家在工程建设中开始普遍实施招标承包制，由于建筑市场上买卖双方的出现，他们在买价和卖价的确定与控制上存在着各自的利益，从而需要有第三方提供中介咨询服务。特别是随着建设项目规模与复杂性的提高，业主和承包商们自己确定和控制工程造价变得非常困难，这就要求由专业人员或机构在设计之后和开工之前就进行测量和估算，根据图纸算出实物工程量并汇总成工程量清单，为招标者制定标底或为投标者做出报价，这一时期，量价分离的框架开始逐步形成。所以以第三方的身份出现并独立执业的专业工程咨询机构受到了这种服务买主的欢迎。他们分别为业主和承包商提供建设项目工程造价的确定、结算与控制等方面的服务。其中，专业中介机构最早独立的是从事建设项目工程造价管理的测量师事务所，或叫造价管理咨询公司。

与此同时，工程监理等中介机构也逐步实现了独立。最初对建设项目施工的监理工作是由业主派驻现场的监督管理人员完成的，后来演变成由业主委托建筑师对工程施工进行监理。但是由于建筑师从事施工监理存在角色冲突问题。即：对业主，他既是设计服务的提供者，又是业主利益的维护者；对施工方，他既是承担设计责任的设计者，又是有权决定设计变更、施工质量与进度的业主代理人。这种角色冲突使得他不宜承担工程监理的工作，所以出现了社会化的监理中介机构，他们以独立第三方的身份从事工程监理，为业主提供项目质量、进度、投资控制等方面的服务。至此，业主、建筑设计师、施工承包商、造价工程师、监理工程师这些参与主体形成，他们在建筑市场的环境中相互之间进行各类资源和服务的交易。

进入 20 世纪 80 年代以来，在英美等发达国家的建筑市场上又出现了提供专业工程管理服务的中介机构，他们主要以工程管理承包或工程管理取费的方式向业主提供建设项目施工管理服务。同时，施工承包商的专业技术分工也进一步细化，大量的专业承包商（分包商）独立出来。例如，工程安装公司、工程装饰公司，甚至进一步细分出来的机械安装公司、电器安装公司、水暖安装公司等专业公司，以及如屋顶专业建筑公司、天花板悬吊公司、建筑油漆专业公司、结构装配专业公司等各种各样的单一性、专一化的承包商相继出现。进而在工程施工专业分工中又产生了总包商、分包商和专业分包商等一些新的层次和界面。

图 1-1 示出了建筑业中各参与主体的演进示意图。

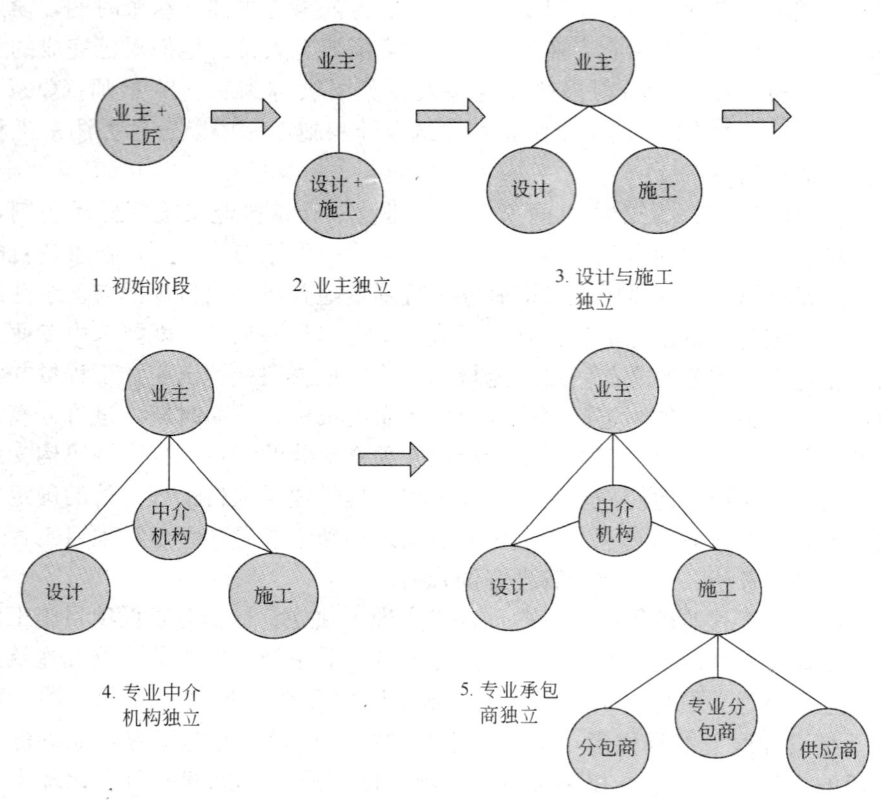

图 1-1　建筑业中各参与主体的演进示意图

从上面的叙述中可以知道，现在的项目建设已经成了需要由许多个主体合作完成的系统工程。那么这样就带来一个问题，这许许多多的参与主体是如何实现分工协作的，它们各自的利益是如何分配的？当然，这个问题很容易回答，我们都知道市场环境下的价格机制这只“看不见的手”可以实现资源的配置，工程项目建设过程中各种资源、服务都可以通过市场价格机制实现交易。但由于建设项目生产过程周期较长、投资耗费大等特殊性表现出工程项目价值形成的过程比较复杂，其价格的构成内容比较繁杂、核算比较困难，与普通商品的价格有着显著的区别，如普通商品是先有商品、后有交易（价格），而建设项目则是先有交易（价格）、后有产品，那么工程造价的确定问题自然成为工程建设过程中的核心问题。那么工程造价是如何确定的呢？

二、工程造价与建筑产品价格、工程价格等概念的界定

在探讨工程造价形成过程前，先了解一下工程造价、建筑产品价格与工程价格这几个概念以及它们之间的区别与联系。

（一）工程造价

“工程造价”一词的前身是“建筑工程概预算”和“建筑产品价格”。1980年代之前，在国内建筑经济学界使用建筑产品价格这一概念的同时，政府文件中开始出现“工程造价”一词，以后因各级行政部门的沿用，很快相继被有关学术组织、大专院校和基层单位等部门广泛使用，当时，人们对这两个词的认识存在很多争议。客观的看，建筑产品价格一词的含义是明确的，在国内出版的《建筑经济学》、《价格学》等著作中都有较一致的界定，而工程造价一词的概念的确带有明显的不确定性。当我们说到“降低和控制工程造价”时，这里的“工程造价”就是指投资主体降低和控制建设工程投资费用；而政府在阐明工程造价改革政策的等价交换原则时，自然又在指建筑产品价格。总之，工程造价一词从开始出现到后来的约定俗成，是我国现实的经济体制下，投资实施管理和建筑业行业管理两者合一统管体制的特定环境下的产物。

到了20世纪90年代中期，中国建设工程造价管理协会（以下简称为“中价协”）在工程造价管理组织内，为澄清人们认识上的混乱，正本清源，做了大量工作。经反复讨论，在1996年就界定工程造价一词含义问题取得一致意见。在中价协为界定工程造价一词含义所作的决议中，确认工程造价是个多义词，具有一词两义性质。总结起来说，工程造价的第一种含义是指建设一项工程预期开支或实际开支的全部固定资产投资费用，也就是一项工程通过建设形成相应的固定资产、无形资产所需用的一次性费用总和。显然，这一含义是从投资者——业主的角度来定义的。投资者选定一个投资项目，为了获得预期的效益，就要通过项目评估进行决策，然后进行设计招标、工程招标，直至竣工验收等一系列投资管理活动。在投资活动中所支付的全部费用形成了固定资产和无形资产，所有这些开支就构成了工程造价。从这个意义上说，工程造价就是工程投资费用，建设项目工程造价就是建设项目固定资产投资。工程造价的第二种含义是指工程价格。即为建成一项工程，预计或实际在土地市场、设备市场、技术劳务市场，以及承包市场等交易活动中所形成的建筑安装工程的价格和建设工程总价格。显然，工程造价的第二种含义是以社会主义市场经济为前提的。它以工程这种特定的商品形式作为交易对象，通过招投标、承发包或其他交易方式，在进行多次性预估的基础上，最终由市场形成的价格。

由于计划经济的影响，我国长期以来只认同工程造价的第一种含义，把工程项目建设简单地理解为一种计划行为，而不是一种商品的生产和交换行为，因此造成了我国建筑市场的价格扭曲现象，即价格不能反映其价值。我们这里区分清工程造价的两种含义的原因在于为投资者和以承包商为代表的供应商在工程建设领域的市场行为提供理论依据。当政府提出降低工程造价时，是站在投资者的角度充当着市场需求主体的角色；当承包商提出要提高工程造价，提高利润率，并获得更多的实际利润时，他是要实现一个市场供给主体的管理目标。这是市场运行机制的必然，不同的利益主体不能混为一谈。

根据原国家计委审定发行的《投资项目可行性研究指南》（计办投资［2002］15 号）以及原建设部颁布的“关于印发《建筑安装工程费用项目组成》的通知”（建标［2003］206 号），我国现行工程造价的构成主要划分为：设备及工器具购置费用，建筑安装工程费用，工程建设其他费用，预备费，建设期贷款利息，固定资产投资方向调节税等几项（见图 1-2）。其中建筑安装工程费用的细分如图 1-3 所示。

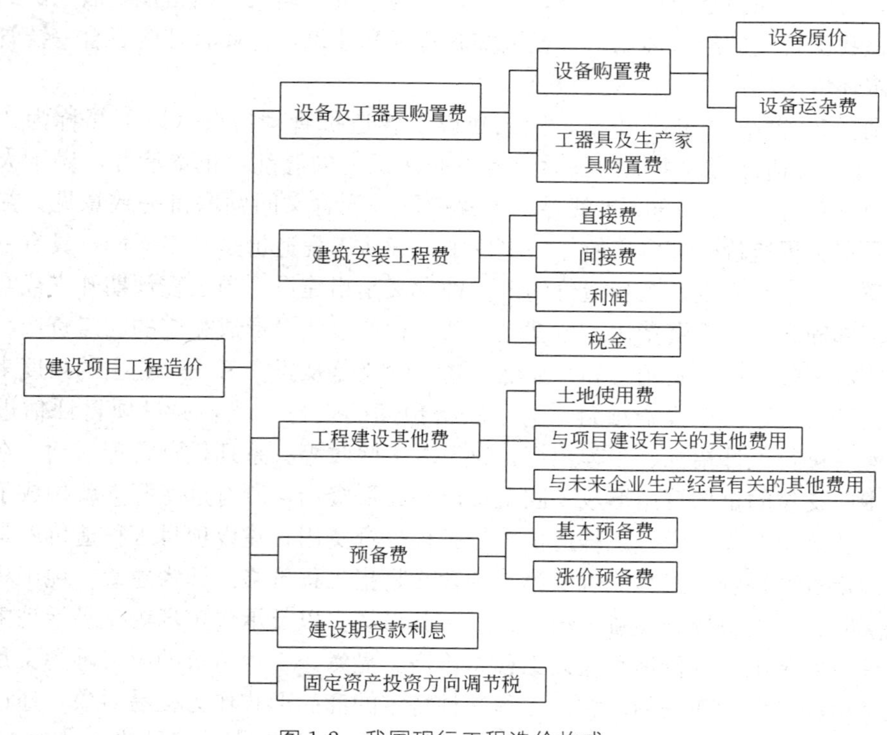

图 1-2　我国现行工程造价构成

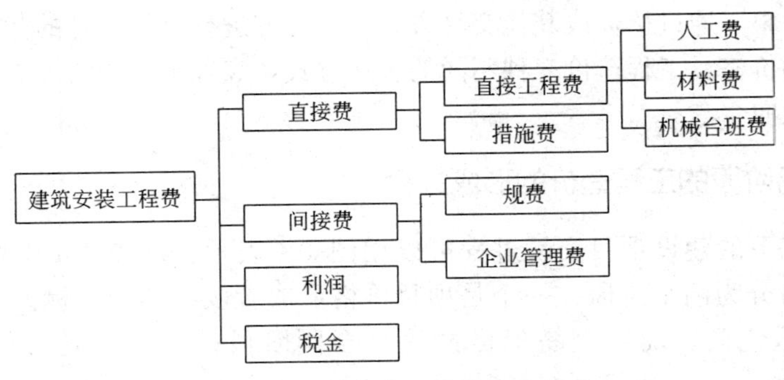

图 1-3　建筑安装工程费费用组成

(二) 建筑产品价格

所谓建筑产品，就是指建筑业经过勘察设计、建筑施工以及设备安装等一系列劳动而最终形成的，具有一定功能、可供人类使用的最终产品。它包括生产性固定资产和非生产性固定资产。在我国通常把建筑工程分为工业建筑、民用建筑（包括居住建筑、公用建筑、特殊建筑、车库、冷库等）、其他建筑、构筑物（水塔、烟囱、水池等）。

广义的建筑产品价格涉及到生产价格和流通价格两个价格范畴。生产价格就是指新建建筑产品的价格，即在施工阶段承发包等交易活动中所形成的建筑安装工程的价格和建设工程总价格。流通价格就是指建成后乃至使用过的建筑产品在流通时表现出来的价格。建筑产品流通价格的概念在当前的市场经济中，逐渐有了较高的使用频率，这表明随着要素市场的逐步建立与完善，原先作为固定资产和生产资料的建筑物或构筑物也能够在市场上像其他一般商品一样进行流通，实现资源优化配置。

(三) 工程价格

在项目建设中，工程价格可以认为是通过招标投标方式确定的工程造价。工程价格是指投标人提出要约（进行投标），招标人承诺（发出中标通知书）所确定的合同价格。工程价格特指建设项目承发包阶段的工程造价，是工程造价的表现形式之一。在工程招标投标中，标底是招标人期望的预先确定的工程价格，投标报价是投标人提出的能够反映其水平的工程价格，投标人中标后所签订的工程合同价格是招标人和投标人最终确定的工程价格，显然工程价格只是在承发包过程中才产生的。

《建设工程施工发包与承包价格管理暂行规定》（建标［1999］1 号）中使用“工程价格”替代原来“工程造价”的提法。该文件第三条指出：工程价格系指按照国家有关规定由甲乙双方（即工程招标人和中标人）在施工合同中约定的工程造价。由上面的分析可知，狭义的建筑产品价格、工程造价的第二种含义和工程价格基本上表达的是同一个含义，即以市场经济为前提，以工程、设备、技术等特定商品作为交易对象，通过招标或其他交易方式，在各方进行反复测算的基础上，最终由市场形成的价格。工程造价三种不同的表达方式，表现了不同的历史时期人们对价格的认识倾向。

三、交易阶段的工程造价的形成过程

市场环境下的建设项目交易过程可以用图 1-4 表示。从图 1-4 中可以看到建设项目的交易分为两个阶段：一个是项目价格形成阶段，即用招标方式或其他交易方式选定承包商、确定交易价格并签订合同阶段；另一个是合同价格执行阶段。

在一般市场上，供给者向市场提供商品，并不选择具体的需求者；而需求者则侧重于选择商品而不是选择供给者。但在建设项目承发包市场上，由于采用订货生产的方式，在项目建设之前就需要确定交换关系，因此供求双方的相互选择就显得特别重要。由于供求双方各自的出发点不同，在某些方面甚至存在一定的利益矛盾，因而“一对一”交换方式成功的可能性较小，难以确立为双方都能接受的交换条件。采取招投标竞争方式，就为供求双方在较大的范围内进行相互选择创造了条件，为特定建设项目投资者与建设者在最佳点上结合提供了可能。

在建设项目招投标竞争中，最明显的就是承包商之间的竞争，而这种竞争最直接、最集中的表现则是价格上的竞争。通过投标机制，承包商之间根据各自所预期成本、预期收入、预期收益报价，这种相互竞争降低了工程价格，无疑有利于投资者节约投资，提高投资效益。但要注意的是任何产品的价格与其价值（即投入在该产品生产过程中的生产资料价值和劳动者新创造的价值）都有着一定的内在联系。承包商之间的价格竞争，主要是通过不同个别劳动消耗水平之间的竞争使工程劳动消耗处于社会必要劳动消耗水平上，这个阶段就是建设项目价格的形成阶段。

建设项目工程造价在招投标竞争中形成，一般分成标底[1]（招标控制价）、投标报价以及合同价三个形成阶段。标底（招标控制价）是指在招标前由招标人制定

---

[1]标底是指招标人根据招标项目的具体情况，编制的完成招标项目所需的全部费用，是根据国家规定的计价依据和计价办法计算出来的工程造价，是招标人对建设项目的期望价格。标底是衡量、评审投标人投标报价是否合理的尺度和依据。在《建设工程工程量清单计价规范》（GB 50500—2008）（以下简称新《计价规范》）中第 4.2 条及条文说明中指出“招标控制价”是在工程招标发包过程中，由招标人根据有关计价规定计算的工程造价，其作用是招标人用于对招标工程发包的最高限价，招标控制价的作用决定了招标控制价不同于标底，无需保密。新《计价规范》提倡为体现招标的公平、公正，防止招标人有意抬高或压低工程造价，招标人应在招标文件中如实公布招标控制价，不得对所编制的招标控制价进行上浮或下调。同时，招标人应将招标控制价报工程所在地的工程造价管理机构备查。在新《计价规范》中，对标底设置与否无要求。国际上，虽无设置“招标控制价”的惯例，但取消标底、实行无标底招标已是一大进步。可有效防止串标、围标、寻租等违法活动的产生。读者应注意区别招标控制价与标底的含义与作用。

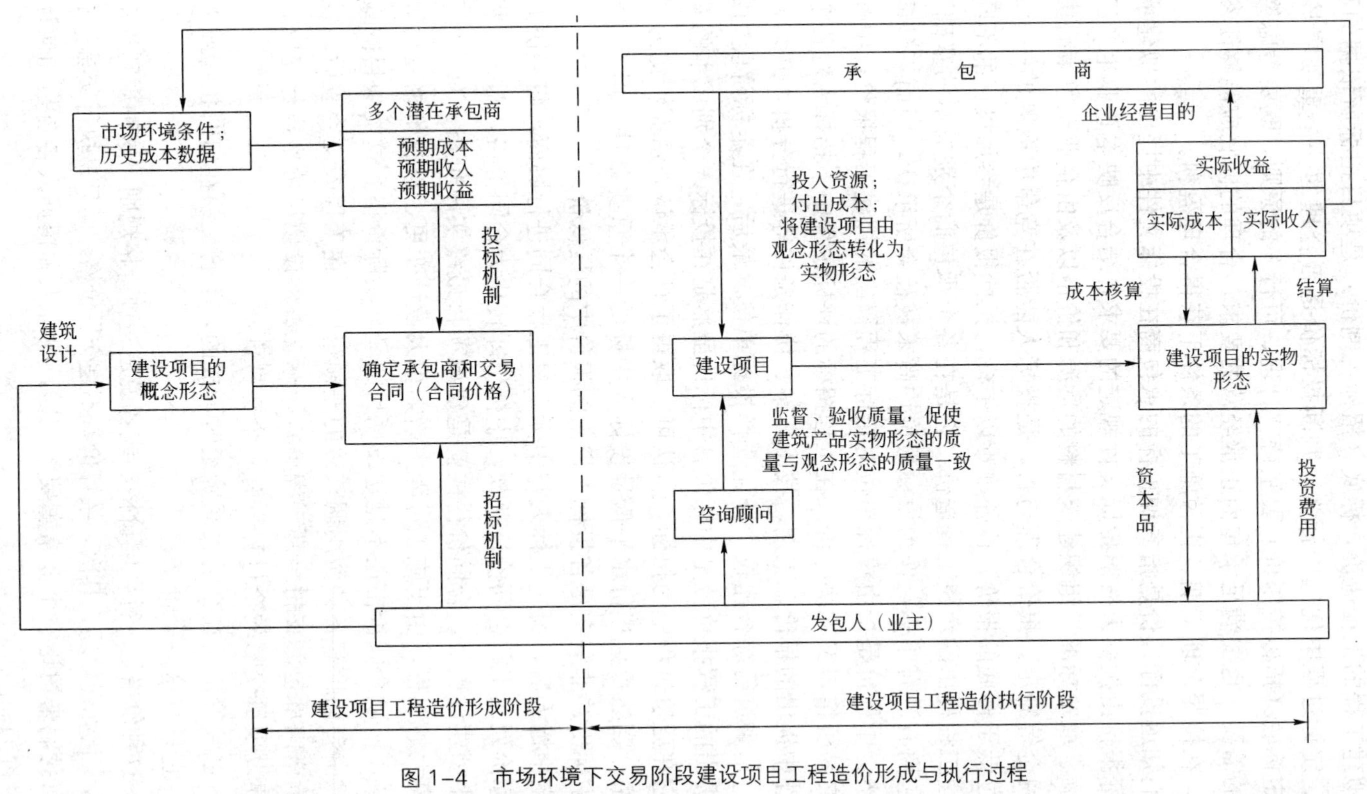

图 1-4　市场环境下交易阶段建设项目工程造价形成与执行过程

的完成拟建工程的工程造价，标底（招标控制价）是项目招标所依据的基础价格，是评标、定标过程中优选中标人、判断投标价是否合理的一个重要考核尺度。因此，制定标底（招标控制价）要坚持“合理、可行”的原则，既要考虑努力降低项目投资的需要，也要满足承包商正常经营的要求。合理的标底应能够使参加投标的承包商，在按照合理工期、正常施工的条件下获得合理盈利。

我们知道投标报价是指参加投标的承包商在投标文件中提出的拟建承包工程造价。投标报价由投标人按照招标文件规定的要求，结合反映本企业生产经营水平的施工定额、取费标准、组织建筑材料的货源和价格以及由企业竞争策略决定的预期利润、税金等制定。报价合理与否，是投标人能否在竞争中取胜的一个关键因素。过高或过低于标底的报价，往往都难以中标。投标报价是参加投标的不同承包商对同一拟建工程提出的承建工程造价，它是在各个承包商个别成本的基础上制定的。不管承包商有没有中标，作为投标报价均尚未被社会所承认，因而不是项目的真正商品价格。中标价是指由投标单位对招标工程提出的拟建工程报价，中标后转化成的工程交易价格，又称决标价。在工程招标的评标过程中，招标人对各个投标人在投标文件中提出的报价、工期、技术方案、协作条件等进行分析，并结合投标单位的资质、信誉进行综合比较，择优选择投标单位。最后，在定标阶段确定中标人，中标人提出的工程报价就是中标价。中标价虽然是在投标人个别成本的基础上制定的，但它在竞争过程中为招标人所认可，取得了社会承认，从而转化为现有的工程商品价格。当然投标报价水平低是投标人中标的一个重要条件，但不是唯一条件。因此，中标价并非一定是各投标人提出的报价中的最低价。

确定中标人后，经过投标人与中标人对工程合同进行协商，将经协商后适当修正的中标价列入工程合同价格条款，中标价即转化为合同价格。对于一些施工周期较短的小型建设项目，合同价往往就是建设项目最终实际价格。对于施工周期长、建设规模大的工程，由于施工过程中诸如重大设计变更、材料价格变动等情况难以事先预料，所以合同价格还不是建设项目的最终实际价格。这类项目的最终实际工程造价，由合同价和各种费用调整后的差额组成。在工程竣工验收后，发包人按竣工结算价格向承包商支付全部工程价款，标志着建设项目价格执行完成。需要注意的是，建设项目交易的全过程只有一个交易价格：

（1）这种价格是在交易关系确定时形成的，不管交易在何时执行或需要多长时间执行，它只有这一个价格；

（2）这种价格是一种合同价格，或者说是一种价格规则，这种规则规定对未来各种条件的变化如何处理；其次，结算价款不是交易价格，而只是执行交易价格的结果。

下面我们来讨论一个非常重要的问题，投标人和招标人各自是如何计算出标底和投标报价的。

四、建设项目工程造价计价原理与方法

（一）工程造价计价基本原理

所谓工程造价计价就是指按照规定的计算程序和方法，用货币的数量表示建设项目（包括拟建、在建和已建的项目）的价值。工程造价计价的基本原理就在于项目的分解与组合。建设项目具有单件性与多样性组成的特点，每一个建设项目的建设都需要按业主的特定需要进行单独设计、单独施工，因而不能批量生产和按整个项目确定价格，只能采用特殊的计价程序和计价方法，即将整个项目进行分解，划分为可以按有关技术经济参数测算价格的基本构造要素（或称分部、分项工程），这样就很容易地计算出基本构造要素的费用。一般来说，分解结构层次越多，基本子项也越细，计算也更精确。

任何一个建设项目都可以分解为一个或多个单项工程；任何一个单项工程都是由一个或多个单位工程所组成，作为单位工程的各类建筑工程和安装工程仍然是一个比较复杂的综合实体，还需要进一步分解；就建筑工程来说，又可以按照施工顺序细分为土石方工程、砖石砌筑工程、混凝土及钢筋混凝土工程、木结构工程、楼地面工程等分部工程；分解成分部工程后，虽然每一部分都包括不同的结构和装修内容，但是从工程计价的角度来看，还需要把分部工程按照不同的施工方法、不同的构造及不同的规格，加以更为细致的分解，划分为更为简单细小的部分。经过这样逐步分解到分项工程后，就可以得到建设项目的基本构造要素了。然后再选择适当的计量单位并根据当时当地的单价，采取一定的计价方法，进行分项分部组合汇总，便能最终计算出工程总造价了。

虽然这个原理很简单，但由于各国地理环境、经济环境以及各国的发展历史不同，关于工程量按什么规则计算，相应单价的组成如何计算，却衍生出了不同的工程造价计价体系，我们将在后面章节进行介绍。

目前我国同时存在两种工程造价计价方法，分别为定额计价法和工程量清单计价法，称为双轨制。简单来说，在我国工程造价计价的主要思路也是将建设项目细分至最基本的构成单位（如分项工程）（见图 1-5），用其工程量与相应单价相乘后汇总，即为整个建设工程造价（见图 1-6）。

工程造价计价的基本原理是：

建筑安装工程造价＝∑［单位工程基本构造要素工程量（分项工程）×相应单价］

式中：

1. 单位工程基本构造要素即分项工程项目。定额计价时，是按工程建设定额划分的分项工程项目；清单计价时是指清单项目。

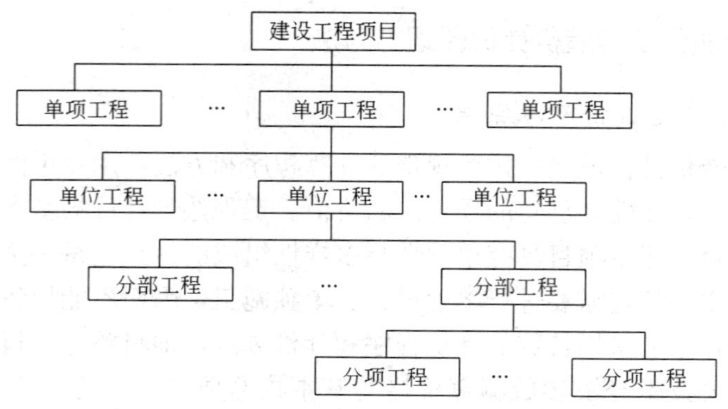

图 1-5　建设项目的层级划分

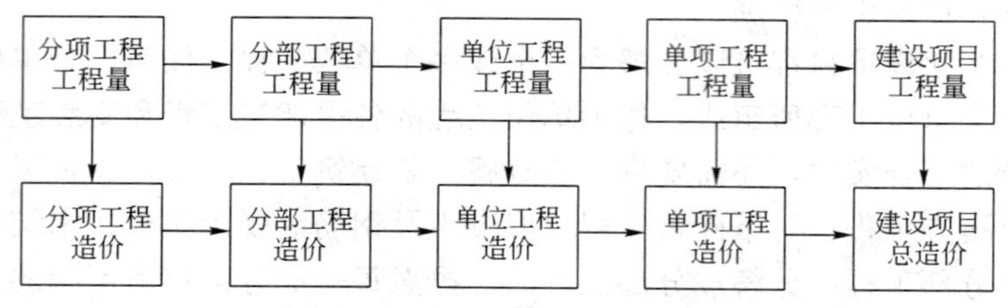

图 1-6　工程造价计价顺序

2. 工程量是指根据工程建设定额的项目划分和工程量计算规则计算分项工程实物量。工程实物量是计价的基础。

目前，工程量计算规则包括两大类：

(1) 国家标准《建设工程工程量清单计价规范》各附录中规定的计算规则；

(2) 各类工程建设定额规定的计算规则。

3. 相应单价是指与分项工程相对应的单价。定额计价时是指定额基价，即包括人工、材料、机械台班费用；清单计价时是指综合单价，除包括人工、材料、机械台班费以外，还包括企业管理费、利润和风险因素。

4. 定额分项工程单价是定额消耗量与其相应单价的乘积。用公式表示：

$$定额分项工程单价 = \sum(定额消耗量 \times 相应单价)$$

(1) 定额消耗量：包括人工消耗量、各种材料消耗量、各类机械台班消耗量。消耗量的大小决定定额水平。定额水平的高低，只有在两种及两种以上的定额相比较的情况下，才能区别。对于消耗相同生产要素的同一分项工程，消耗量越大，定额水平越低，反之则越高。但是，有些工程项目（单位工程或分项工程），因为在编制定额时采用的施工方法、技术装备不同，而使不同定额分析出来的消耗量之间没有可比性，则以同一水平的生产要素单价分别乘以不同定额的消耗量，经比较确定。

(2) 生产要素单价：是指某一时点上的人、材、机单价。同一时点上的人、材、机单价的高低，反映出不同的管理水平。在同一时期内，人、材、机单价越高，则表明该企业的管理技术水平越低；人、材、机单价越低，则表明该企业的管理技术水平越高。

(二) 定额计价法与清单计价法的区别

1. 采用单价不同

定额计价采用的单价是定额人、材、机（定额基价）；而清单计价采用的单价是综合单价。清单计价的综合单价，从工程内容角度来看，不仅包括组成清单项目主体工程项目，还包括与主体项目有关的辅助项目。也就是说，一个清单项目可能包括多个分项工程。例如，砖基础这个清单项目，砖基础就是主体项目，而垫层、防潮层等就是辅助项目。从费用内容的角度看，清单计价下的综合单价不仅包活人工费、材料费、机械使用费，还包括管理费、利润和风险因素。

2. 编制工程量的主体不同

在定额计价方法中，建设工程的工程量分别由招标人和投标人分别按图计算。而在清单计价方法中，工程量由招标人统一计算或委托有关工程造价咨询单位统一计算，各投标人根据招标人提供的工程量清单，根据自身的技术装备、施工经验、企业成本、企业定额、管理水平自主填写单价和合价。

3. 采用的定额不同

定额计价的建设工程（含定额计价的招标投标工程）一律采用具有社会平均水平的预算定额（或消耗量定额）计价，计算的工程造价不反映企业的实际水平；清单计价的建设工程，编制标底时，采用具有社会平均水平的消耗量定额计价，投标报价时，采用或参照消耗量定额计价，也可以采用企业定额自主报价。投标人计算的工程造价反映出企业的实际水平。

4. 采用的生产要素价格不同

定额计价的建设工程（含定额计价的招标投标工程），人、材、机价格一律采用取定价，对于材料的动态调整，其调整的依据也是取定的、平均的市场信息价格，不同的施工承包商，均采用同一标准调价，生产要素价格不反映企业的管理技术能力；清单计价的建设工程，编制标底时，生产要素价格采用定额取定价，动态调整时，采用同一标准的、平均取定的市场信息价调价；投标报价时，可以采用或参照定额取定价，也可采用企业自己的人、材、机价格报价。生产要素价格应反映企业实际的管理水平。

可以看出，这两种计价理念是完全不一样的，两者并存的局面是我国由社会主义计划经济向社会主义市场经济转变下的产物，随着我国社会主义市场化的深入进行，工程量清单计价方法由于能真实反映市场经济活动规律越来越受到重视。尽管定额计价法带有浓重的计划经济色彩，但由于我国的长期采用，对人们的思维和习惯产生了深远影响，因此在现阶段出现两者并存的局面。

五、建设项目工程造价形成全过程

至此，可以说我们大概清楚了“鸟巢”的承包商们如何投标报价以及这二十多亿的合同价格如何确定的，可以想象在这个过程中造价工程师们需要完成非常多的工作才能使得“鸟巢”建设顺利进行。市场交易阶段中的工程造价大抵就是如此形成的了。那么，整个项目是不是只有这一次工程造价的计价过程呢？造价工程师还有其他任务吗？

我们知道，建设项目生产过程是一个周期长、资源消耗数量大的生产消费过程。从建设项目可行性研究开始，到竣工验收交付生产或使用，项目是分阶段进行建设的。根据建设阶段的不同，对同一工程的造价，在不同的建设阶段，有不同的名称、内容。为了适应工程建设过程中各方经济关系的建立，适应项目的决策、控制和管理的要求，需要对其进行多次性计价。

建设项目处于项目建议书阶段和可行性研究报告阶段，拟建工程的工程量还不具体，建设地点也尚未确定，工程造价不可能也没有必要做到十分准确，此阶段的造价定名为投资估算；在设计工作初期阶段，对应初步设计的是设计概算或设计总概算，当进行技术设计或扩大初步设计时，设计概算必须作调整、修正，反映该阶段的造价名称为修正设计概算；进行施工图设计后，工程对象比初步设计时更为具体、明确，工程量可根据施工图和工程量计算规则计算出来，对应施工图的工程造价名称为施工图预算。通过招投标由市场形成并经承发包方共同认可的工程造价是承包合同价，其中投资估算、设计概算、施工图预算都是预期或计划的工程造价。工程施工是一个动态系统，在建设实施阶段，有可能存在设计变更、施工条件变更和工料价格波动等影响，所以竣工时往往要对承包合同价作适当调整，局部工程竣工后的竣工结算和全部工程竣工合格后的竣工决算，是建设项目的局部和整体的实际造价。因此，建设项目工程造价是贯穿项目建设全过程的概念。

根据项目基本建设程序，我们将对工程造价的性质总结为四部分，即：决策、设计阶段对应于工程成本规划，交易阶段对应于工程估价，施工阶段对应于合同管理，项目运营阶段对应于设施管理。工程造价的形成过程在各个阶段有不同的表现形式，如图 1-7 所示。

（一）决策阶段的投资估算

投资估算是指依据现有的资料和特定的方法，对建设项目未来发生的费用进行

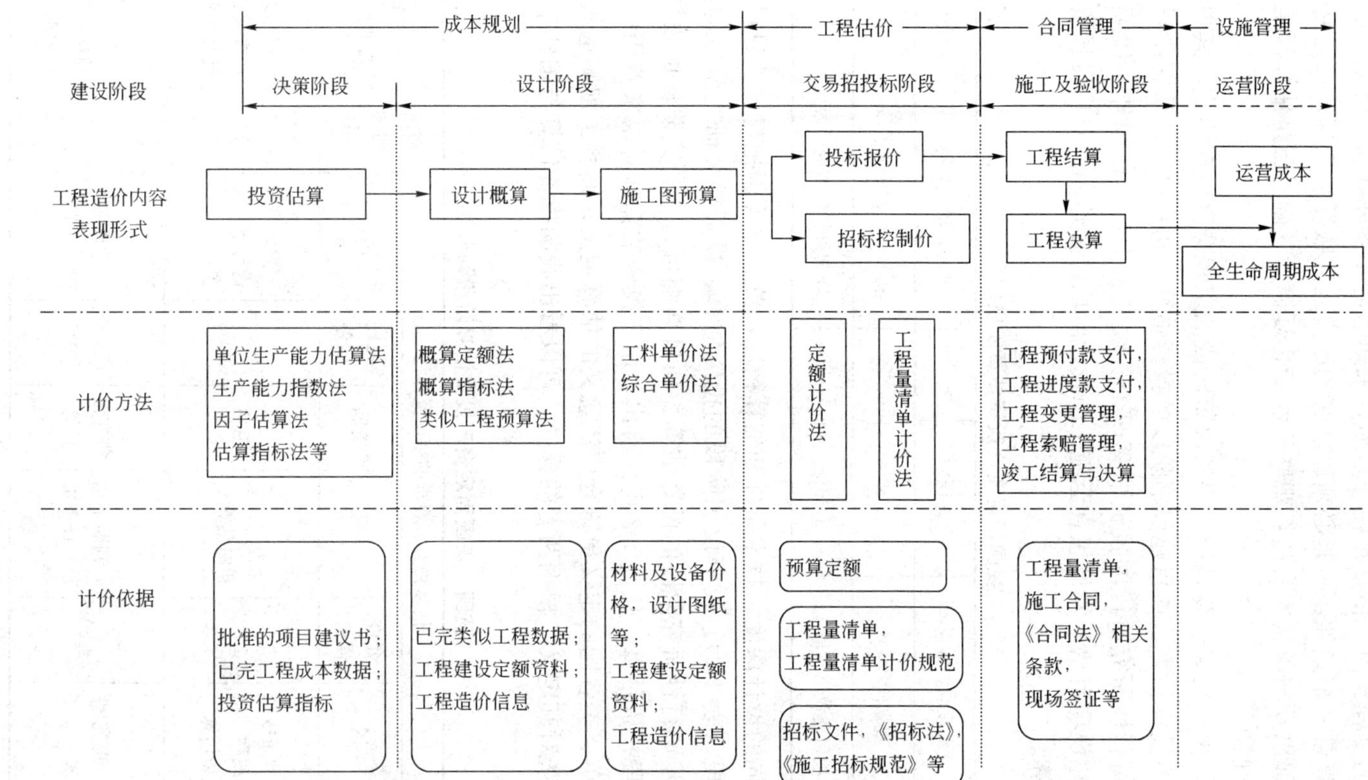

图 1-7　中国工程造价全过程计价形式

预测和确定的过程。由于估算是在许多因素未知的情况下进行的，所以，进行有效的估算必须具备三个条件：一是必须以已有的已完工程数据为依据；二是必须根据这些信息内部以及与项目本身的客观联系和变化规律为基础；三是估算都是针对特定的拟建项目。

在我国，投资估算主要是指贯穿于决策阶段的工程造价表现形式，其中包括项目规划阶段的投资估算、项目建议书阶段的投资估算、初步可行性研究阶段的投资估算、详细可行性研究阶段的投资估算四个阶段（表 1-1）。在国外，如英、美等国，对一个建设项目从开发设想直至施工图设计阶段，在这期间对项目投资的预测均称之为估算。

我国固定资产投资估算阶段划分 表 1-1

序　号	阶 段 名 称	允许误差	序　号	阶 段 名 称	允许误差
1	规划阶段	≥±30%	3	初步可行性研究阶段	±20%
2	项目建议书阶段	±30%	4	详细可行性研究阶段	±10%

按照不同的设计深度、技术条件和估算精度，英、美等国把建设项目投资估算分为五个阶段（表 1-2）：投资设想阶段的投资估算、投资机会研究阶段的投资估算、项目初步可行性研究阶段的投资估算、项目详细可行性研究阶段的投资估算、工程设计阶段投资估算。从表 1-2 可以看出，由于投资估算是对未来费用的预测和规划，所以英、美各国的定义更符合广泛意义的估算定义；而我国则侧重从早期投资决策阶段来对其定义。根据两者的异同，可以看出我国投资估算与国外早期估算方式相对应。

英国、美国固定资产投资估算阶段划分表 表 1-2

序　号	估算种类、要求的精度及作用						所需时间（d）	估算所需的技术条件
	英国	允许误差	作用	美国	允许误差	作用		
1. 投资设想阶段	数量级估算或称“拍脑袋估算”	<±30%	设想兴趣粗略估算	毛估	20%～30%	判断是否进行下一段工作	7	产品大纲、工厂规模、工厂地址和布置
2. 投资机会研究阶段	研究性估算	≤±20%	判断下达设计任务书	研究性估算	15%～20%	设想列入投资计划	10	除上所列还包括设备表及设备价格表

续上表

序　号	估算种类、要求的精度及作用						所需时间（d）	估算所需的技术条件
	英国	允许误差	作用	美国	允许误差	作用		
3. 项目初步可行性研究阶段	预算性估算	<±10%～±15%	决定下达设计任务书，批准资金	初步估算	10%～15%	据此列入投资计划	14	除上所列还包括发动机功率表、管线及仪表示意图、电器原理单线图
4. 项目详细可行性研究阶段	控制估算、确切估算	<±10%	控制投资	确切估算	5%～10%	确定投资额	21	除上所列还包括建筑结构一览表、现场施工条件
5. 工程设计阶段投资估算	详细估算、投标估算、最终估算	≤±5%	投标合同拨款	详细估算	<5%	投标合同拨款	61	除上所列还包括详细的施工图和技术说明书

（二）投资估算的内容与方法

按照我国规定，从满足建设项目投资设计和投资规模的角度，建设项目投资估算包括固定资产投资估算和流动资金估算两部分，见图 1-8。

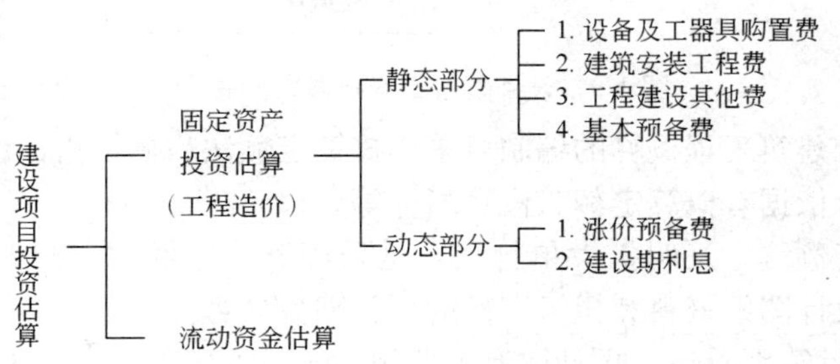

图 1-8　建设项目投资估算内容

固定资产投资估算内容按照费用的性质划分，包括建筑安装工程费、设备及工器具购置费、工程建设其他费（不含流动资金）、基本预备费、涨价预备费、建设期利息等。

流动资金是指生产经营性项目投产后，用于购买原材料、燃料、支付工资及其他经营费用等所需的周转资金。流动资金是伴随着固定资产投资发生的长期占用的流动资产投资，也即为财务中的营运资金。

现行投资估算的方法，主要以类似工程对比为主要思路，利用各种数学模型和统计经验公式进行估算。常用估算方法有系数估算法、比例估算法、生产能力指数法、指标估算法、投资分类估算法等。

（三）设计阶段的设计概算和施工图预算

1. 设计概算

设计概算是由设计单位根据设计图纸、说明和造价管理部门颁发的计价依据等资料，编制的建设项目从筹建到竣工交付使用所需全部费用的文件。经审核批准后的设计概算既是编制建设项目投资计划、确定和控制建设项目投资的依据，又是签订建设工程合同和贷款合同的重要依据，也是建设项目投资的最高限额。可以说，设计概算是整个工程建设造价控制过程中非常重要的环节。

设计概算可分单位工程概算、单项工程综合概算和建设项目总概算三级。各级概算之间的相互关系如图 1-9 所示。

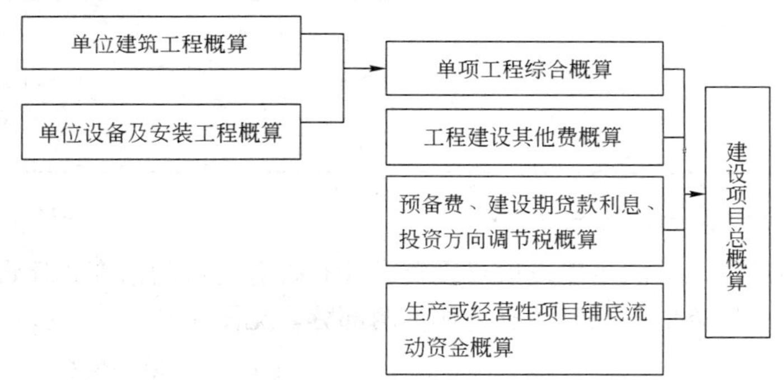

图 1-9　设计阶段三级概算之间关系

其中，单位建筑工程概算的编制可采用概算定额法、概算指标法、类似工程预算法等。其计价依据有概算定额、概算指标等。

(1) 概算定额法，又叫扩大单价法，是采用概算定额编制建筑工程概算的方法。根据初步设计图纸资料和概算定额的项目划分计算工程量，然后套用概算定额单价（基价），计算汇总后，再计取有关费用，便可得出单位工程概算造价。

(2) 概算指标法是采用直接工程费指标，用拟建的厂房、住宅等建筑面积乘以技术条件相同或基本相同工程的概算指标，得出直接工程费，然后按规定计算出措施费、间接费、利润和税金等，编制出单位工程概算的方法。

2. 施工图预算

施工图预算是由设计单位在施工图设计完成后，根据施工图设计图纸、现行预算定额、费用定额以及地区设备、材料、人工、施工机械台班等预算价格编制和确定的建筑安装工程造价的文件，它是招投标的重要基础，同时也是工程量清单的编制和标底编制的依据。施工图预算的编制可以采用工料单价法和综合单价法。

(1) 工料单价法

工料单价法是目前施工图预算普遍采用的方法。它是根据建筑安装工程施工图和预算定额，按分部分项的顺序，先算出分项工程量，然后再乘以对应的定额基价，求出分项工程直接工程费。将分项工程直接工程费汇总为单位工程直接工程费，直接工程费汇总后另加措施费、间接费、利润、税金生成施工图预算造价，见表 1-3。

以直接费为基础的计算程序 表 1-3

序　号	费 用 项 目	计 算 方 法	备　　注
1	直接工程费	按预算表	
2	措施费	按规定标准计算	
3	直接费小计	(1) + (2)	
4	间接费	(3) ×相应费率	
5	利润	[(3) + (4)] ×相应费率	
6	合计	(3) + (4) + (5)	
7	含税造价	(6) × (1+相应费率)	

(2) 综合单价法

综合单价，即分项工程全费用单价；它综合了人工费、材料费、机械费，有关文件规定的调价、利润、税金，现行取费中有关费用、材料差价，以及采用固定价格的工程所测算的风险金等全部费用。

(四) 交易阶段的工程估价

交易阶段的工程估价，即发包人编制标底（招标控制价）、承包人编制投标报价的过程。按定额计价法和工程量清单计价法，其主要计价依据有预算定额、工程量清单计价规范等。

(五) 施工阶段的工程价款结算、支付与调整

在施工阶段，发包人需按工程合同规定的方式向承包人支付工程款以作为其劳动报酬（图 1-10）。工程价款结算包括工程预付款、工程进度款、质量保证金、工程竣工结算以及合同价格的调整，见图 1-11。

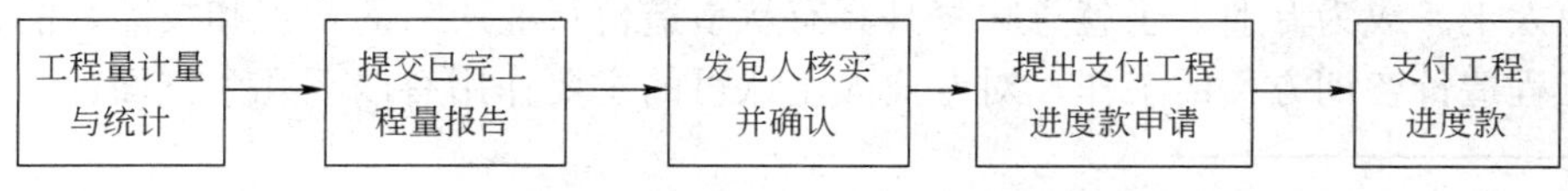

图 1-10　工程进度款支付步骤

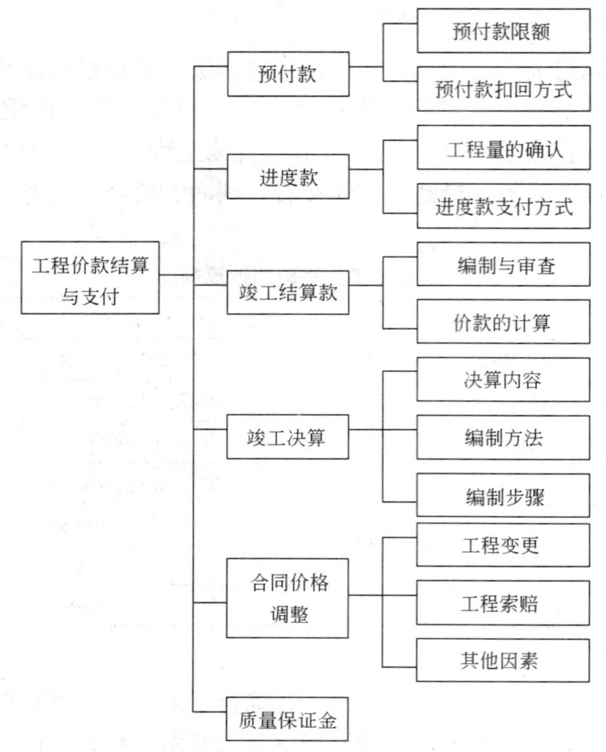

图 1-11　施工阶段工程造价管理内容

第二节　工程造价专业人士制度发展

从第一节的叙述中，我们知道造价工程师在市场经济条件下的工程造价计价过程中发挥着非常重要的作用，建设项目的交易活动中离不开造价工程师的工作，因此从事工程造价咨询服务的人员成为建筑市场中一支非常重要的队伍。我们将经过造价领域中的权威机构［如英国皇家特许测量师学会（Royal Institution of Chartered Surveyors，RICS)、美国造价工程师协会（AACE)❶］认可的专业人员称为专业人士。成为专业人士就意味着其具有从事造价行业所需的知识和技能，能够胜任工程造价咨询方面的工作。对专业人士认可的主要作用有以下几个方面：

❶美国造价工程师协会（American Association of Cost Engineers，AACE）1992 年更名为国际全面造价管理促进会（The Association for the Advancement of Cost Engineering International，AACE-I）。

（1）专业机构进行专业人士认可，可以提高行业中从业人员的专业水平和提高工程造价知识应用的广度和深度；

（2）具有专业认可人士的资质后，能够使业主和公众确认其已经具有了广泛的工程造价专业知识和应用工程造价管理理论的专业能力，以便充分发挥个人的才干和能力；

（3）对工程造价人士的要求，有利于个人在工程造价行业内发展的知识结构的确立，有利于确立个人专业知识和技能持续发展的计划和目标；

（4）通过认可，专业人士可以透彻了解工程造价行业应用领域内的技能、知识和各种标准。

因此，个人寻求专业人士的认可是其对职业生涯的一项投资。

英国的国土面积不大，但作为工业革命的发起国、发达的资本主义国家，其对世界工业产生了深远而广泛的影响，建筑业作为其产业的重要组成部分，在工料测量等方面有较为成熟完善的运作规则和体系，并对许多国家产生了重要的影响。我们以英国为例介绍工程造价专业人士的产生。

一、建筑市场中工程造价专业人士的产生

（一）造价工程师（工料测量师）的产生

在英国建筑市场中最早产生的专业人士要算建筑师了。在16～17世纪，随着英国城市的发展以及建筑技术的日益复杂，人们对建筑设计的要求也越来越高，业主凭借自己的力量进行建筑设计越来越力不从心，于是“建筑师”（Architect）这种名称开始在欧洲出现。特别是在一些大城市，随着中产阶级生活水平的提高，需要设计服务的业主越来越多，建筑师服务的中小业主在大量增加，建筑设计开始商业化。在18世纪末，英国建筑师发现他们有必要建立一个共同的职业标准和规范，以同建筑施工者和承包商区别开来，也便于建筑师取得自己的报酬。1791年，第一个建筑师俱乐部在英国成立，1834年英国皇家建筑师学会（The Royal Institute of British Architects，RIBA）以英国建筑师学会的名称成立，1837年取得英皇家学会资格。随后，德国、美国相继成立了自己的建筑师学会，至19世纪，职业建筑设计师队伍日渐壮大。

与此同时，机械、电气、土木建筑等工程技术迅速发展。1747年法国建立了国立桥梁公路学校，世界上首次出现了正规化的工程教育。随后，英国、西班牙、葡萄牙、德国、荷兰、美国等也相继发展工程教育，各种实用的专业人才被培养出来。1818年，英国建筑专家约翰·斯梅顿在英国成立了第一个“土木工程师学会”，独立承担从土木工程建设中分离出来的技术业务咨询。1852年，美国土木工程师学会（American Society of Civil Engineers，ASCE）成立，1913年，国际咨

询工程师联合会（Fédération Internationale Des Ingénieurs Conseils，FIDIC）成立，这样专业技术工程咨询师作为另一支专业队伍也独立出来。

造价工程师的产生亦有悠久历史，在英国他们被称为工料测量师（Quantity Surveyor，QS）。在16世纪的欧洲，建筑师就是总营造师，负责项目设计、购买材料、计算工程量、雇用工匠，并组织管理项目施工。后来由于建筑技术的发展，一部分建筑师联合起来进行设计，在技术咨询领域内发展，另一部分建筑师则负责项目的施工或监督项目施工，形成了设计和施工的分离。设计和施工的分离导致了业主对工程监督的需要，也导致了对工程造价进行确定与控制的需要，从此建筑师开始提供工程量清单（Bill of Quantities，BQ），并负责从项目前期工作到最后的工程决算。建筑师根据他要求承包商所承担的工作量，确定工程所需的费用，并在工程完工后，按照公平合理的单价结算，付给承包商工程款。

由于当时没有合适的准则可以作为计价标准，建筑师和承包商之间很难达成最终一致的结算。因此，承包商开始雇用自己的工程量核算人员，对建筑师提出的各项工程量清单进行核对。但是因为这一做法由于利益驱动导致承包商自己计算的工程量不断增大，致使业主和公众对项目各方，特别是建筑师与承包商都缺乏信任。

这种局面延续了较长一段时间，直至19世纪初，英国政府规定建设项目必须有一名总承包商进行承包，于是产生了工程开工前承包商之间进行价格竞争和以总价合同为基础的招标方式。作为总承包招标的工作内容，客观上需要业主和承包商共同雇用同一位专业人士计算工程量，以便各承包商在同一张工程量清单上报价，避免重复劳动。1837年英国通过了《威烈特保护法》，要求雇用公用的工料测量师计算工程量。到了1862年，英国皇家建筑师学会（RIBA）发表声明支持由工料测量师提供工程量，并反对由建筑师计算工程量。从此，工料测量师的地位有了稳固的基础。1868年成立了英国测量师学会；1878年在英国颁布的《市政房屋管理条例》中，工料测量师地位得到了法律承认；1881年维多利亚女皇准予皇家注册；1921年皇家赐予赞誉；1946年启用皇家特许测量师学会（RICS）称号。到了20世纪50年代，1951年澳大利亚工料测量师协会（Australian Institute of Quantity Surveyors，AIQS）成立，1956年美国造价工程师协会（American Association of Cost Engineers，AACE）也宣告成立。同时，其他一些发达国家的工程造价管理协会也相继成立。从20世纪70年代到80年代，各国的造价工程师协会先后开始了自己的造价工程师执业资格认可工作，纷纷推出自己的造价工程师或工料测量师资质认可所必须完成的专业课程教育和实践经验以及培训的基本标准。

（二）工料测量师与造价工程师

有人会注意到本书中出现了“造价工程师”与“工料测量师”这两个职业名称，它们之间有何区别？所承担工作内容是否一样呢？

1. 国际上工程造价专业人士的分类

国际上工程造价专业人士从总体上可以分为造价工程师（Cost Engineer，CE）和工料测量师（Quantity Surveyor，QS）两大体系。

（1）造价工程师体系。

美国的多数项目造价管理人员在通过了美国造价工程师协会的认可以后，被称为“造价工程师”（Certified Cost Engineer，CCE）或造价咨询师（Certified Cost Consultant，CCC），在加拿大和其他设有造价工程师协会的国家也是如此。而且近些年来，为了满足广大青年专业人士希望早日获得一定的专业认证的需要，美国造价工程师协会在造价工程师的基础上，设置了预备造价咨询师（Interim Cost Consultant，ICC），预备造价咨询师只需要具备 4 年的相关专业经验。

（2）工料测量师体系。

英国及英联邦国家的多数建设项目造价管理人员，在通过了相应的测量师学会，例如英国皇家特许测量师学会、澳大利亚工料测量师学会（Australian Institute of Quantity Surveyors，AIQS）等的认可以后被称为“工料测量师（QS）”。而且在像英国和南非这样的国家里，工料测量师和造价工程师同时并存，这两个国家都有自己的工料测量师学会和自己的造价工程师学会。

要明确界定清楚两者的区别与联系是很困难的，一些权威咨询协会对此看法都未达成一致。首先看看英国皇家特许测量师学会（RICS）对工料测量师的解释，它认为皇家特许工料测量师是建筑队伍的财务经理，它们通过对建设造价、工期和质量的管理，创造和增加价值。在各种规模的建设项目中他们比任何其他专业的咨询专家提供的服务内容都要多。他们的工作涉及从最初的可行性分析，到最终的项目竣工结算和评估的所有工作。他们提供预算、造价计划、建筑合同方面的建议以及有关承包商的选择建议；提供建设项目价值工程分析、财务账目核查；为税务和保险部门提供费用账目分析；并且为客户提供房屋经营与维护的全生命周期造价咨询服务。国际造价工程联合会（ICEC）[1]认为造价工程师主要的职责涉及造价预算、造价控制和经营规划与管理科学的工程领域，它包括对建设项目和过程的管理、

[1] 国际造价工程联合会（International Cost Engineering Council，ICEC），是由美国造价工程师协会（AACE）、英国皇家特许测量师学会（RICS）以及荷兰造价工程师协会（Dutch Association of Cost Engineers，DACE）和墨西哥造价工程师联合会（Sociedad Mexicana de Ingeniería Económica，Financiera y de Costos，SMIEFC）于 1976 年在波士顿会议上发起成立的。它是旨在推进国际造价工程活动和发展的协调组织，为各国造价工程协会的利益而促进相互间的合作，已经取得了很大的进展。随着 1995 年新西兰工料测量师协会（New Zealand Institute of Quantity Surveyors，NZIQS）和日本建筑积算协会（Building Surveyors Institute of Japan，BSIJ）的加入，该组织的团体会员已从最初的 4 个发展到目前的 21 个，另外还有几个造价专业组织正在考虑参加。

计划、排产和盈利分析。在1996年，ICEC国际会议上给出结论，造价工程师和工料测量师的主要作用和工作职责是：为投资和项目控制提供独立的、客观的、精确的和可靠的投资和运营成本评估；为业主、投资商和承包商提供投资分析和发展指导；对资金或者资产成本估价，包括发展成本；通过生命周期的方法进行运营和生产成本估价；以及提供风险评估与分析、范围和成本变更、决策分析、财务分析、项目成本控制、现有资产评估、项目分析、数据库和标杆、进度和计划控制、生产和投资的需求评价、设备管理的需求评价、项目可行性与预算评价、造价管理、已获价值管理、合同管理、全生命评估、质量核查、价值管理、争端解决等服务。这些都是CE和QS的具有代表性的职能，但不代表其参与的所有领域的职能。

可以说工程造价与工料测量非常相似，并且在很多方面是重叠的。工料测量更多地注重建筑设计和建造，而工程造价更多地注重工程计划和过程。但是两者都是在建设项目管理领域工作。

现将RICS对工料测量师、AACE-I对造价工程师所规定的工作职责和范围作一比较，如表1-4所示。

造价工程师与工料测量师工作职责比较 表1-4

AACE-I的造价工程师	RICS的工料测量师
（1）建筑合同文本的服务/多种语言的造价估算服务 （2）行政控制管理 （3）建筑领域中项目控制和工程咨询 （4）建筑行业中高质量的工料测量/商务管理服务 （5）工程造价估算服务 （6）工程建设管理服务、造价估算服务、工程建设监管、进度计划、价值工程、索赔等 （7）资金项目管理 （8）企业项目管理系统、计算机化管理系统、资产管理、风险和索赔管理、相关的系统集成和管理 （9）提供本国的国家造价数据、估算服务/审计、培训活动、价值工程、索赔、程序支持、标杆管理、项目程序、专业的外部资源以及PM/CM服务 （10）全方位的工程咨询服务	（1）提出最适合的项目实施方式，选择、组织和评价投标书以及合同管理 （2）规划、估价和控制费用，评价设计方案，做可行性研究 （3）提出费用控制基准和做预算 （4）提出项目寿命周期费用 （5）进行成本效益分析 （6）将复杂项目分解为易于管理的分项工作 （7）说明和计量施工有关的工作 （8）制定合同条件，比如工程量表，但是不局限于此 （9）确定完成的施工工程量的价值，在施工中实施费用控制，确定变更和可能的变更引起的造价变化 （10）提出现金流量预测 （11）安排资源供应时间表 （12）编制计划和施工工作的进度计划，应用网络分析技术 （13）为项目投保进行估价，就保险索赔提出意见 （14）分包合同管理 （15）项目最终结算 ·费用分析 ·提出建议并解决合同纠纷和索赔 ·制订并管理维护计划 ·计算机技术的使用 ·对税收、奖金和财务事项提出建议，预测支出情况

进一步对比来看，工料测量师与造价工程师所从事的工作大部分是一致的，但涵盖的范畴仍有一定区别。工料测量师注重从管理科学的角度，利用管理和专业技能提升项目的价值，造价工程师则注重运用工程技术手段实现造价的预算与控制。

最后引用国际造价工程联合会（ICEC）的观点做个总结：工料测量与工程造价有很多相同之处和许多一致的功能。但是工料测量相对偏重于建筑设计和工料度量，更多地强调从管理科学的角度出发，突出组织的协调作用，而造价工程相对偏重于工程设计和造价控制，从工程科学的角度出发，更注重采用工程的方法。

二、中国内地工程造价专业人士制度的发展

（一）中国内地工程咨询业专业人士制度的确立

中国内地工程咨询是在20世纪初，随着一些新兴大城市，如上海、天津等迅速发展，大规模地开展工程建设产生进而发展起来的。1920年代至1930年代上海就已经有了许多外国工程咨询机构，在他们进入中国市场的同时，中国国内也出现了专门的工程技术部门和机构，一些实业部门分别建立了设计和施工管理机构。新中国成立以后，随着大规模经济建设的需要，作为工程咨询公司前身的各类专业设计院得到了迅速发展。当时，中国沿用前苏联的工程咨询模式，由专业机构进行技术经济分析和管理，但在计划经济模式下，逐步以计划代替了咨询。改革开放后，中国学习西方发达国家的工程咨询方法和模式，在计划经济体制向市场经济体制的转变过程中，工程咨询得到了迅速的发展，并先后确立了相应的专业人士制度。总体来说，中国独立的工程咨询行业是自改革开放以来，随着经济的不断发展逐步兴起的，比西方发达国家落后了约100年。由于中国沿袭了计划经济体制下条块分割管理的格局，工程咨询的服务内容分成工程咨询（前期）、工程勘察设计、工程监理、工程造价、工程招标代理五个子部分，设置的专业人士主要有注册建筑师、注册结构工程师、监理工程师、注册咨询工程师（投资）、建造师和造价工程师等。

1. 注册建筑师

1994年9月，原建设部和原人事部下发了《建设部、人事部关于建立注册建筑师制度及有关工作的通知》（建设［1994］598号），决定在中国实行注册建筑师制度，并成立了全国注册建筑师管理委员会。1995年国务院颁布了《中华人民共和国注册建筑师条例》（国务院令第184号），这标志着注册建筑师执业制度的正式确立，1996年原建设部下发了《中华人民共和国注册建筑师条例实施细则》（建设部令第52号），进一步明确房屋建筑设计是指为人民生活与生产服务的各种民用与工业房屋及其群体的综合性设计。

2. 注册结构工程师

1997 年 9 月，原建设部和原人事部下发了《建设部、人事部关于印发〈注册结构工程师执业资格制度暂行规定〉的通知》（建设办［1999］222 号），决定在中国实行注册结构工程师执业资格制度，并成立了全国注册结构工程师管理委员会，标志着中国注册结构工程师执业制度的正式确立。

3. 监理工程师

1985 年 12 月，全国基本建设管理体制改革会议对我国传统的工程建设管理体制作了深刻的分析，指出：综合管理基本建设是一项专门的学问，需要大批这方面的专业人才。过去建设工程指挥部或建设单位筹建处等做法不利于工程建设管理经验的积累，阻碍了建设管理工作走上科学管理的道路，必须发展从事组织管理工程建设的行业。从而为我国参照国际惯例改革中国工程建设管理体制，实行建设监理制度确定了明确的目标。1988 年，原建设部提出建立专业化、社会化的社会建设监理和以“规划、协调、监督、服务”为内容的政府监督管理的建设监理制度。1991 年 12 月原建设部通过《工程监理单位资格管理实行办法》。

由于建设监理责任重大，关系到国家、人民生命财产安全和社会公共利益，必须由具备相应的学识、技术和能力的人员承担。同时，为促进监理人员努力钻研监理业务，提高业务水平，公正地确定监理人员是否具备监理工程师的资格，合理建立工程监理人才库，便于同国际接轨，原建设部按照“有利于国家经济发展、得到社会公认、具有国际可比性、事关社会公众利益”等四项原则，于 1992 年 6 月发布《监理工程师资格考试和注册试行办法》。该办法明确规定了所称监理工程师属于岗位职务，并按专业设置岗位。监理工程师是中国建国以来在工程建设领域设立的第一个从业人员准入资格。

4. 注册咨询工程师（投资）

1994 年 4 月原国家计委颁布了《工程咨询业管理暂行办法》和《工程咨询单位资格认定暂行办法》。为加强对工程咨询专业技术人员的管理，提高工程咨询技术人员素质和业务水平，规范工程咨询行为，保证工程咨询质量，原人事部和原国家发展计划委员会于 2001 年底颁布了《注册咨询工程师（投资）执业资格制度暂行规定》和《注册咨询工程师（投资）执业资格考试实施办法》（［2001］127 号）。这表明国家对工程咨询行业关键岗位的专业技术人员实行执业资格制度，并纳入全国专业技术人员执业资格制度的统一管理。

5. 建造师

2002 年 12 月，原人事部和原建设部联合印发了《建造师执业资格制度暂行规定》（人发［2002］111 号），这标志着中国建立建造师执业资格制度的工作正式建立。该文件明确规定，我国的建造师是指从事建设项目总承包和施工管理关键岗位的专业技术人员。

6. 造价工程师

中国的造价工程师实行专业人士制度是在20世纪90年代后期。随着改革开放的深入，工程招投标制度、工程合同管理制度、建设监理制度、项目法人责任制等工程管理基本制度的建立，以及工程索赔、工程项目可行性研究、项目融资等新业务的出现，客观上需要一批同时具备工程计量与计价知识，通晓经济法与工程造价管理的人才在投资等经济领域进行项目管理。同时为了应付国际经济一体化以及加入WTO后市场开放面临国外建筑业进入我国的竞争压力，也必须要求这批高层次的人才通晓国际惯例。在这种情况下，我国于1996年开始建立既有中国特色又与国际惯例接轨的造价工程师制度。同时随着改革开放的不断深入，我国对于造价咨询业和造价工程师专业人士的管理陆续有法规、条例出台：原建设部1996年先后颁布了《工程造价咨询单位资质管理办法》和《造价工程师执业资格暂行制度》（[1996] 316号），审批了一批工程造价咨询单位，建立了造价工程师执业资格制度。原人事部、原建设部颁发《造价工程师执业资格制度暂行规定》（[1996] 77号），是建立这项制度的标志，并组织了造价工程师考试试点，在总结试点经验的基础上，于1998年在全国组织了造价工程师统一考试。2000年1月《造价工程师注册管理办法》（建设部第75号令）的公布和推行，使这项制度的建立完成，及至2006年3月，建设部发布《注册造价工程师管理办法》（建设部第150号令），使得工程造价专业人士制度日臻完善。

（二）工程造价专业人士与其他工程咨询专业人士的联系

《造价工程师注册管理办法》（建设部第150号令）提出中国内地的造价工程师所从事业务范围包括：

（1）建设项目建议书、可行性研究投资估算的编制和审核，项目经济评价，工程概、预、结算、竣工结（决）算的编制和审核；

（2）工程量清单、标底（或招标限制价）、投标报价的编制和审核，工程合同价款的签订及变更、调整、工程款支付与工程索赔费用的计算；

（3）建设项目管理过程中设计方案的优化、限额设计等工程造价分析与控制，工程保险理赔的核查；

（4）工程经济纠纷的鉴定。

但存在的较为现实的问题是，我国内地造价工程师缺乏宏观和系统控制、优化工程造价的管理地位，在项目实施过程中主动干预项目实施的力量薄弱，究其缘由是长久以来我国工程咨询形成了分割管理的格局，我国内地造价工程师所从事的工程造价管理实际上是全过程造价咨询的一部分，并不符合国际咨询业全过程工程造价管理的主流趋势，英、美等发达国家所认可的造价咨询专业人士所从事的领域更为宽广，对其自身专业素养的要求也更为苛刻。

所谓全过程工程造价管理就是从项目可行性研究开始，经方案优选、初步设计、施工图设计、组织施工、竣工验收直至项目试运行投产，乃至建设项目的竣工验收以及后评价，在整个项目建设周期的全过程中，都要进行工程造价控制和管理。如图 1-12，要实现全过程的造价管理需要业主、建筑设计师、建造师以及监理工程师的参与，一名优秀的造价工程师就是全过程造价管理中的桥梁，他要利用自己的专业技能为这些工程师们提供一个环境，激发他们的工作热情，使他们充分的沟通，以实现追求项目全生命周期成本最小化的同时提升项目价值。

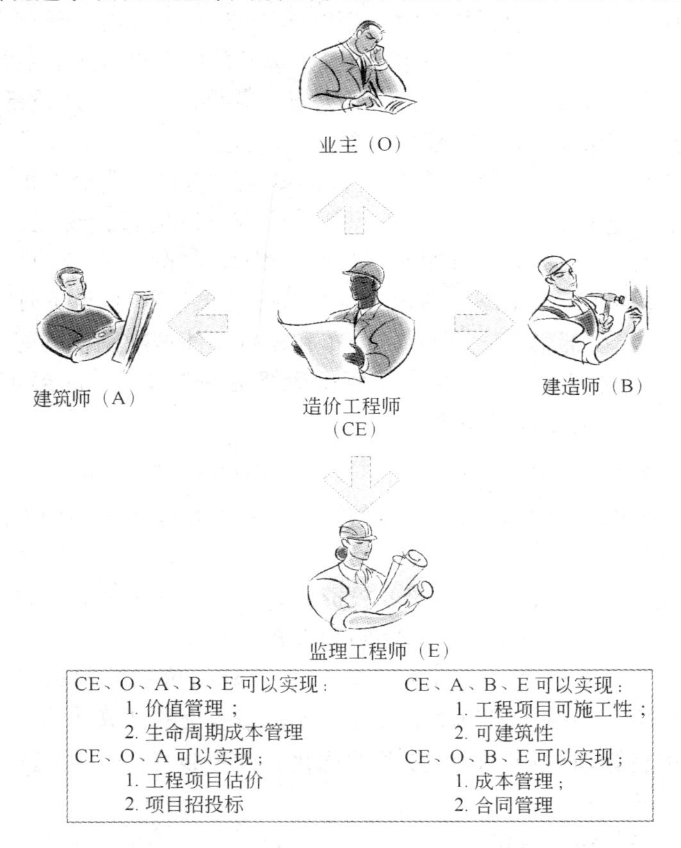

图 1-12　造价工程师重要任务之一——提供全过程咨询的环境

在 20 世纪 90 年代后期，上海的一些工程造价咨询公司率先进行全过程工程造价咨询的探索，即根据建设项目的进程，为业主提供包括估、概、预、结、决在内的项目全过程的工程造价咨询，并协助业主对工程造价进行动态控制。这种咨询方式有效地避免了“三超”的发生，并加快了建筑产品的交易效率。虽然这种咨询方式有诸多优点，但由于对造价工程师的综合素质要求较高，所以推广起来并不顺利。然而可以断言的是，随着业主对建筑产品功能要求的不断提高以及建筑本身复杂程度的增加，加上工程造价学科教育方式的转变和发展，全过程造价咨询注定是发展的趋势，我国工程造价专业人士也必定会与英美等发达国家的执业方式接轨。

立于城市之巅的建筑艺术传达着人类的智慧和文明，作为这些作品的建设者之一，还有比这更美妙的吗？

第三节　工料测量（工程造价）相关专业和学科发展

工料测量师（QS）和造价工程师（CE）体系已经有200多年的历史，并且形成了与专业人士执业资格制度一体化的成熟的高等教育人才培养体系。在国际上，工程造价高等教育与专业人士执业资格制度是紧密结合在一起的，并形成了以英国为代表的工料测量和以美国为代表的工程造价两大高等教育体系。而在中国，工程造价则是一门新兴的学科，而且中国内地造价工程师制度于1996年才得以建立。随着高速发展的经济建设对工程造价人才需求的不断攀升以及国际经济一体化趋势的不断加强，培养与国际工程造价体系高度一致的中国造价工程师成为建设行政主管部门和相关高校的迫切任务和历史使命。

一、建筑业的发展与工料测量（工程造价）专业

还是让我们再次从英国建筑业开始谈起。英国是最早形成现代建筑产业的国家，建筑业的概念在英国的演变历程很具有代表性。在英国，建筑业传统的定义是“建成环境的生产、运营、维护、更新和处置”的一个从摇篮到坟墓的过程。随着社会、经济的发展，建筑业所涉及的对象与内容在变化，人们对建筑业的认识也在发生变化。在英国，人们就是否存在建筑业这样一个实体的问题展开争论，有一种说法认为建筑业已经裂变为若干个不同的行业而不复存在。对建筑业认识的变化也

反映在政府管理职能的转变上。1995 年以前，英国政府的建设主管部门是环境部，1995 年环境部更名为环境、交通与区域部（Department of Environment，Transportation and the Regions，DETR）。2001 年，政府将对建筑业管理的主要职能由环境、交通及区域部转移到贸易与工业部。最近，有关建筑环境、城市改造、住房与规划等方面的管理职能又从环境、交通及区域部转移到了副首相办公室。

英国对建筑业的再思考，反映了工业发达国家的基本情况。在经济全球化和信息化的挑战面前，传统的思想观念和价值体系受到空前的冲击，国际建筑业的视野正在发生重大变化。一是从注重建筑产品本身的价值转移到注重社会价值，建筑物不仅被当作一种产品，而且被当作一种可以带来投资回报的资产；二是从注重建筑产品的生产过程（即施工过程）转向注重建筑产品的整个生命周期；三是从注重物质生产转向注重对人的尊重以及与自然的和谐，体现出发展观的根本性转变。

建筑业的内涵不仅在于建筑产品的生产过程，更重要的是在于建筑市场和建筑产品交易制度。建筑业的发展由五大支柱和三大控制构成了一个平台，如图 1-13 所示。在此发展平台上，业主、设计方、承包商、供应商、监理单位、物业管理单位围绕建筑产品的生产和交易，建成环境的维护和管理，各自扮演着不同的角色，推动建筑业的发展。

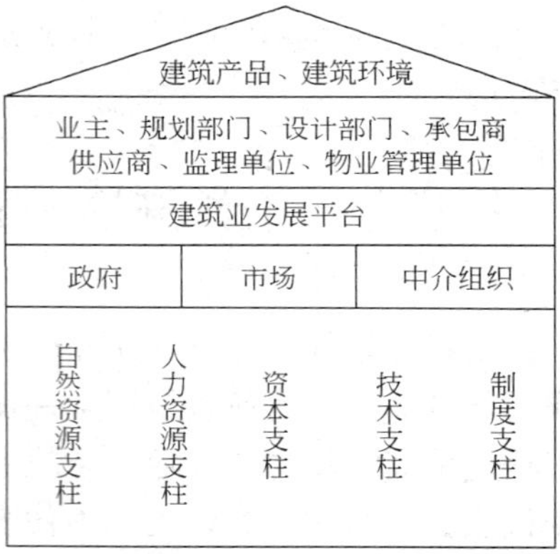

可见建筑业的发展平台构建要从“广义建筑业”的概念出发，以自然资源、人力资源、资本、技术、制度等为支柱，合理运用政府、市场、行业协会的力量，规范建筑市场参与主体的行为。

建筑产品、建筑环境
业主、规划部门、设计部门、承包商
供应商、监理单位、物业管理单位
建筑业发展平台
政府
市场
中介组织
自然资源支柱
人力资源支柱
资本支柱
技术支柱
制度支柱

图 1-13　建筑业发展平台

建筑业中相关专业的发展之间是有共同的逻辑，亦即有一个共同的平台。这个共同的平台就是在建筑业的越来越复杂化和多变的情况下，有一些更为广阔的跨学科的方法去解决建筑业中出现的问题。工程造价学科就是基于建筑业的广义发展背景下，逐渐形成的对土地、房地产、建设等方面进行管理的学科，该学科包含非常广泛的领域，例如房地产估价、市场营销及开发、项目管理、建造策略、成本控制及资产保值等方面。许多理论都能有助于理解工料测量（工程造价）专业所涉及的领域，其核心的元素是经济、建筑技术和管理。

工程造价学科的特点主要包括：一是整合性，工程造价需要整合工程技术的、经济的、管理的、法律等理论和方法解决与土地、房地产、建设过程有关的实际问题的基础。二是多样性，工程造价学科的多样性是由公共部门、私人部门的观点，以及和房地产与建设有联系的目标决定的，如城市规划问题的压力、公共房屋、房地产投机、公共工程支出的数量、危房问题等。加上不同类型的房地产——住宅、商业、社会及机关房屋，不同的目的——占用还是投资，不同建设范围——屋宇、土木工程还是大型工程等，都使得多样化成为本学科显著的特征。

二、工程造价学科发展的不同系统

在国际上，对于工程造价的学科教育可以分为两大体系：一是以英国为代表的工料测量（QS）体系，强调成为工料测量师的条件之一是必须获得相应的工料测量学历；二是以美国为代表的工程造价（CE）体系，强调专业人士执业资格的获得是基于工程技术的教育背景。两个体系都与专业人士的执业资格制度紧密联系在一起。

（一）英国工程造价学科发展及其学科教育

英国皇家特许测量师学会（RICS）规定了工料测量师的定义："工料测量师是建筑队伍的财务经理，他们通过对建设造价、工期和质量的管理，创造和增加价值"。该定义的核心就是"增加价值"。工料测量师要在建设项目全生命周期内对造价计划、合同管理，价值工程分析、账务稽核等各方面提供建议和服务。而事实上国际全面造价管理促进会（AACE-I）《全面造价管理指南》研究课题的负责人霍尔曼（Hollmann）先生就认为："工料测量通常与管理会计有关，在很大程度上属于财务管理、产品管理或运营管理的范畴；而造价工程则通常是与造价预算、造价分析与控制有关，属于技术管理、资产管理和项目管理的范畴。"围绕这一理念，英国高等院校制订了具有鲜明特色的工料测量学科教育。与中国不同的是，英国的各所大学被授予了相当大的办学自主权。他们可以自己决定其专业名称和学制年限，在专业设置和管理模式上也强调自身的特点。在英国的许多设置建筑管理的大学院校中，都设有工料测量学（Quantity Surveying，QS）专业，或者是在相关专业中设有 QS 系列相关课程。工料测量学教育侧重五个领域，即经济学、管理、施工技术、法律、信息交流（如通过包括 CAD 在内的信息技术知识制成的图纸和合同文件）。这些方面的内容可以向年轻的工料测量师提供发展所必需的核心知识，使毕业生在用书本知识解决实际问题时能够发挥分析能力。当然各个高等院校在设置具体课程时有一定的差别。

英国皇家特许测量师学会（RICS）具有授予特许工料测量师称号的资格，成为了 RICS 的专业会员，就意味着获得了特许测量师的称号，可签署有关估算、概算、预算、结算、决算文件，也可独立开业，承揽有关业务，具有独立的开业资格。具有高中至博士学历的人员都具有报考特许测量师的资格，都要经历测量师专业能力评价（Assessment of Professional Competence，APC），实施 APC 的目的是确保申请人从事专业工作时的能力水平符合会员标准。RICS 认为，只有通过 APC 的专业人员，达到业主承认的从事工料测量师工作的能力，方能够被接纳为 RICS 的专业会员 MRICS。

（二）北美地区工程造价学科发展及其学科教育

在北美大学教育中尚未设置造价/成本工程领域的学位，这由其对工程造价的理解不一致所造成。人们最初认为工料测量师不属于工程师的行列，他们所从事的是偏软的管理类职业，而造价工程师是从事造价工程，属于技术管理的范畴，属于工程师行列。实际上两类工作都包括工程项目的造价确定、造价控制等基本内容，都属于工程项目管理的范畴。尽管现在人们的认识都趋向于二者内涵一致，无本质性差别，但截然不同的教育方式仍保留下来，各具特色。

目前北美很多大学的工学院已有许多系科和课程涉及造价/成本工程，在工业工程的部分课程设置中，在机械工程系、化学工程系等均大量涉及了造价/成本工程方面的内容。在土木系、建筑系则更有一些造价/成本工程的课程供学生选修。

在北美，要取得造价/成本工程师（CE）资格，必须先取得工程师资格，然后参加 AACE-I 组织的资格考试，合格后方可取得专业资格。这种考试的目的是：①提高造价/成本工程师的专业水平和实践能力；②明确造价/成本工程师的知识体系和应该达到的处理实际问题的水平；③制订一个连续的计划，来促进造价/成本工程师的继续教育，以弥补大学教育的不足。资格考试的范围可概括为：专业造价/成本估算、造价/成本控制、商务战略与管理科学、造价/成本分析、项目管理、进度计划与控制、质量管理与控制、合同管理与合同法等。

让国际全面造价管理促进会（AACE-I）引以自豪的一点是：注册造价工程师（Certified Cost Engineer，CCE）均具有工程背景，即申请获得 CCE 者均应有工程学历背景或具有工程师资格。这样就提高了对造价工程师素质的要求，也提升了 CCE 的社会地位，即 CCE 不仅能担负工程师的职责更能胜任造价工作。如果不具备工程学位或工程师背景的人士通过了资格考试，再确认时只能够成为认可造价/成本顾问（Certified Cost Consultant，CCC）。

从目前中国的现实情况来看，国内工程造价高等教育学科建设应采取在与英国工料测量高等教育体系一致的基础上，吸收北美体系的优点，建设具有中国特色的学科发展和人才培养模式。中国的工程造价学科发展必须立足于高等教育与执业资格一体化，才能与国际工程咨询业专业人士制度接轨，满足行业发展对人才的需求。

三、国际上工程造价高等教育专业人才培养机制

在英、美等发达国家，工程造价（或相关）高等教育的人才培养机制十分注重工程咨询行业和市场对人才能力的要求。通过行业学会的桥梁作用，将高等院校与

市场对人才需求紧密联系在一起，形成了高等教育与执业资格一体化的人才培养机制。这其中行业协会扮演着非常重要的角色，并提供了连接高校教育和行业学会的三种介入机制：工程造价专业协会对高等院校专业课程体系（Course Philosophy）认证（Accreditation）制度，工程造价行业协会对专业人士的认可（Certified/Chartered）制度，专业协会提供的职业继续教育制度（Continued Professional Development，CPD），如图 1-14 所示。

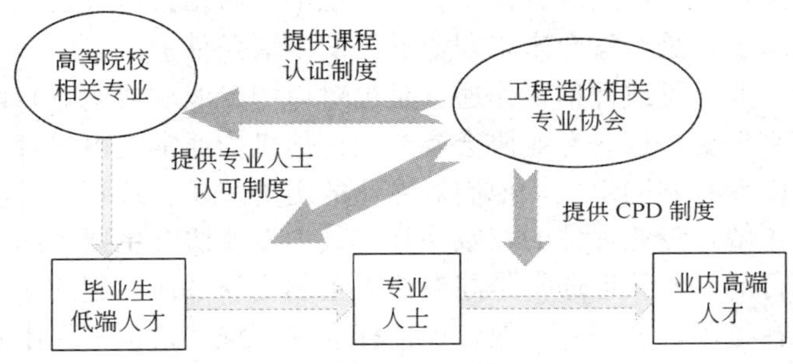

图 1-14　专业协会介入制度

英国皇家特许测量师学会（RICS）、国际全面造价管理促进会（AACE-I）、国际工程造价联合会（ICEC）、美国建设教育协会（American Association of Construction Education，ACCE）等工程造价相关专业协会经过长期的发展，使这些国家的专业协会对工程造价人才培养的介入机制十分健全。

（一）工程造价专业协会对高等教育专业课程的认证制度

高等教育相关专业的课程体系之所以积极参加专业协会的认证，是因为其是否获得专业协会的认证是他的毕业生能否顺利成为该领域的专业人士的关键因素。在英美等国，高校专业课程设置要经教育部门自身的评估和相关行业协会的评估，如英国皇家特许测量师学会（RICS）和国际工程造价联合会（ICEC）；不经这些行业协会评估合格，所培养的学生就得不到社会的承认，毕业后较难从事该行业的工作。如在英国，如果要想成为某一学会［如 CIOB（英国皇家特许建造协会，Chartered Institute of Building），RIBA，ICE，RICS 等］的专业人士，那么他必须首先要获得由相应的专业评估机构评估通过的专业学位，否则，必须参加与通过评估的专业学位水平相对应的专业基础考试或建议先去获得某一通过评估的专业学位，这样就增加了申请者的许多难度。同样，注册工程师制度反过来又促进了专业教育水平的不断提高，使专业教育适应社会人才的需要。

在市场经济发达的国家，对教育机构的认证可以分为两种——官方机构（institutional）对教育机构的认证和专业机构（specialized）的对教育机构的认证。

专业协会对工程造价专业课程体系的认证属于专业认证。

官方机构的认证和评估是把学校看作一个整体，评估的重点放在整个学校的办学目标、教学管理、师资队伍、教学条件以及面向专业的基础课程和通用课程等方面，是高等学校保证教育质量的重要体系之一。

而专业机构的认证，是指一些专业机构对大专院校的认证，是从专业的课程体系教育出发进行的一种测评，是针对该专业课程教育进行的局部认证。专业教育认证评估工作的重点是把专业教育体系放在学生毕业后是否适合进入该专业领域从事职业工作的要求上，是否符合未来职业资格的申请条件上。

在国外，专业认可或评估工作通常是由对口的专业（或职业）协会或其授权的专业评估机构来负责。这些专业协会或专业评估机构通常是由教育人员、从业人员及其他相关方面专家共同组成，他们对专业的历史背景、现状及社会需求和未来发展方向有深刻了解，专业评估的权威性高。其中专业协会主要承担专业认证，而且专业协会所进行的专业认证通常是同专业人士制度联系在一起的。

再例如，在英国，高等专业教育评估标准并不统一，也不是由政府部门制定而是由各相关专业行业学会对高校课程进行认证。英国皇家建筑师学会（Royal Institute of British Architects，RIBA）负责建筑学专业教育的评估工作；英国皇家特许测量师学会（RICS）负责工料测量、房地产管理、土地管理、矿产资源管理等专业教育评估工作；英国皇家特许建造学会（CIOB）负责工程管理专业教育评估工作；英国皇家特许建筑设备工程师学会（The Chartered Institution of Building Services Engineers，CIBSE）负责建筑设备工程专业教育评估工作；英国土木工程师学会（The Institution of Civil Engineers，ICE）和英国结构工程师学会（The Institution of Structural Engineers，ISE）负责土木工程专业教育评估工作等。除此以外，英国高校专业教育评估强调以学科为对象，具有“目标适应性”(fitness for purpose)，鼓励多样化办学。这也正是英国各类大学、各类证书和文凭课程都可以得到相关学会认可的原因。

（二）工程造价专业协会的专业人士制度

国外毕业于工程造价相关专业的学生，成为工程造价专业人士是其开展职业生涯的必由之路。而且专业人士制度为政府对建设市场的管理起到了关键的作用。在国外发达国家，政府负责制定控制工程建筑质量的法律法规及技术标准体系，主要从宏观上进行监督和管理，表现为规范市场中的各方行为，建立质量控制体系，严格从业组织和从业人员的资质管理。微观上的管理则依靠专业人士。专业人士是项目业主和承包商之间的桥梁，一方面专业人士可以代替项目业主的一部分职能对工程建设进行监管，确保工程质量符合要求；另一方面他们可以为承包商提供技术指导，为业主提供动态成本控制，保证项目的顺利实施和优良品质。

专业人士制度为专业人才的发展提供一条途径，是职业继续教育的重要组成部分。英国的工料测量师制度和美国的造价工程师制度都与高校教育有关系。申请人在完成了通过专业协会评估的高等教育课程后，成为一名专业人士就相对容易，非常有利于其职业生涯的发展。

所以成为专业人士对于职业生涯的发展非常关键。无论是在英国还是在美国，都为工程造价类专业人士提供了一整套学习和考试的体制，并为其职业生涯规划了一套体系。美国近年在 CCC/CCE 的基础上还出现了 ICC，是为了满足从业的年轻人希望早日获得一定的认可的需要。

（三）专业协会的继续教育制度

对于专业人士来说，行业协会所提供的职业继续教育制度（Continuing Professional Development，CPD）规划和教育培训对其获得良好的职业生涯发展非常重要。

RICS 认为，职业继续教育是在特许测量师的整个职业生涯中，对其自身的技巧、能力和知识进行系统的更新和加强。CPD 可以是某种方法或过程，但它必须作为特许测量师规划和管理自己的职业生涯的正式组成部分。简而言之，CPD 就是在特许测量师自身的职业发展中，用终身学习的方法去规划、管理职业发展，并从职业发展中获取最大的收益。

CPD 教育培训制度对于个人专业能力的促进是一个循环推进过程，进行专业协会的 CPD 学习培训之前，首先要确定个人在专业领域中所达到的水平和个人专业发展的条件。在明确这两点的基础上，根据专业协会所提供的 CPD 教育培训计划，确定个人 CPD 学习的方式和方法。进行 CPD 学习的方式包括创新学习（Innovative Learning）、分析学习（Analytic Learning）、常识学习（Common Sense Learning）和动态学习（Dynamic Learning）。具体来看，CPD 学习的方法不仅包括正式的培训课程、研讨会（seminar）或工作坊（Studio），还包括许多其他方式的活动类型，如：在工作中进行的活动、专业会议、研讨班、工作小组、著作和讲座、自学及非正式学习、工作之外的个人活动、培训课程和讨论会等。而 CPD 学习的效果主要是从对专业人士各种资质的认可、对其各种贡献的认可、客户对他的认可和专业人士自我能力的增强等方面进行体现的。根据进行 CPD 学习后的效果，可以重新认定个人的专业水平和专业发展环境，进行下一阶段 CPD 学习，形成一个循环推进的 CPD 学习模式。

当然并不能保证参加 CPD 学习的每个人都能成为本领域的专家，而且 CPD 也并不是专业人士都必须参加的活动。进行 CPD 学习的原则主要是：①个人行为；②持续不断、积极寻求专业水平的提高；③学习目标必须明确，将其作为职业生涯的重要部分，而不是可有可无的额外行为。总之，CPD 是从专业的角度出发注重个人持续不断发展。

思考题

1. 简述工程价格的形成过程。

2. 工程造价咨询发展的趋势是什么？我国在工程造价咨询上与国外有何不同？

3. 作为从事或即将从事造价职业的你来说，有没有自己的职业规划呢？请结合本章知识阐明。

第二章 工程造价管理体系介绍

本章导读

一个国家或地区工程造价管理体系应包括工程造价管理的组织结构、管理方法、法律法规等，其关键要素应包括工程造价管理的基本体制；工程造价的计价依据；工程项目招投标竞争定价的条件、原则与方法；工程造价信息发布及工程造价数据资料的作用；建设项目造价的变更及结算方法等。我们将工程造价管理体系定义为在一定的社会经济条件，工程项目建设过程中工程造价管理所采用的计价依据、关键控制点及其控制方法以及造价管理体制。其中计价依据是指用以计算工程造价的基础资料的总称，主要包括工程量计算规则、工程量清单以及企业定额等；关键控制点主要探讨全过程工程造价管理过程中工程造价关键点的控制方法；而造价管理体制则是对当前政府在政府投资项目和私人投资项目工程造价管理中的职能作用进行分析。

在工程投资建设中投资主体，由于看待建筑经济活动的方法和角度不同，在各个国家中工程造价管理体系也各不相同，应用较为广泛的有前苏联，英国和美国这几大体系。在20世纪70年代前，以前苏联为主的一些社会主义国家包括中国在内大都实行前苏联工程造价管理体系，随着80年代苏联解体以及中国的社会经济体制改革，该模式已开始消失或改革。

目前在世界上就工程造价管理体系而言存在着英国、美国以及日本等几大主流体系，采用这些不同计价体系的各个国家和地区在工程造价管理上有一个共同的特点就是以市场为导向，在全球经济一体化的冲击下，中国需接受或接近以市场为价值取向的国际惯例和工程管理经验。工程造价管理体系如何面对当前的形式和实际的需要是当前工程造价改革需要思考的问题，在本章中将介绍英国、美国以及我国当前工程造价管理体系，分析各自的特点以及英、美体系对我国造价管理体系的影响与冲击。

第一节 英国工程造价管理体系

英国在工程建设管理业中具有独特的地位，不仅是老牌资本主义国家，而且英联邦国家及地区分布世界五大洲，其工程造价管理体系具有一定的普遍性和代表性。

一、英国工程造价计价依据

（一）工程量和工程单价计算规则

工程量的测算、计算方法是工料测量的基础。在英国，工程量的计算上有统一的计算规则，目前应用最广泛的是《建筑工程工程量标准计算规则》（Standard Method of Measurement of Building works，SMM)，它是由皇家特许测量师学会（RICS）组织制定的，并被各方共同认可的。英国于1922年出版了第一版的SMM，几次修订出版，1988年正式使用SMM7，并在英联邦国家和地区中被广泛使用。在土木工程方面，英国土木工程师学会编制了《土木工程工程量标准计算规则》(Civil Engineering Standard Method of Measurement，CESMM）统一的工程量计算规则为工程量的计算计价工作及工程造价管理提供了科学化、规范化的基础。在工程单价方面，英国没有统一的计价标准，价格由市场决定，承包商根据市场并结合自身情况自由报价。

从19世纪30年代起，在英国的工程招投标中，就采用了工程量清单计价方式(Bill of Quantities，BQ)。英国传统的工程计价模式是在招标时附带由业主工料测量师（Quantity Surveyor）编制的工程量清单，其工程量按SMM规定进行编制、汇总构成工程量清单，承包商的工料测量师参照工程量清单进行成本要素分析，根据企业的经验、收集市场信息资料、分发咨询单、回收相应供货商及分包商的报价，对每一分项工程都填入单价，以及单价与工程量相乘后的合价，其中包括人工、材料、机械设备、分包工程、临时工程、管理费和利润，所有的投标都以业主提供的工程量清单为基础，从而使最后的结果具有可比性。所有分项工程合价之和，加上开办费、基本费用项目（这里指投标费、保证金、保险、税金等）和指定分包商管理费，构成工程总造价，一般也就是承包商的投标报价。在施工期间，结算工程是按实际完成工程量计量，并按承包商报价计费。对于新增的工程，或者重新报价，或者按类似的现行单价重新估价。

由于没有工程建设定额和标准，工程单价完全根据市场价格，随行就市，所以有关工程造价的信息资料无论对业主、承包商及工程造价专业人士都非常重要。

在英国十分重视已完工程数据资料的积累和数据库的建设。他们认为这样可以“不再重复已经犯过的错误”。每个皇家特许测量师学会（RICS）的会员都有责任和义务，将自己经办的已完工程的造价资料，按照工程的格式认真填报，收入数据库；同时也就获得利用数据库资料的权利，计算机实行全国联网，所有会员资料共享。这些资料不仅为测量各类工程的造价指数提供基础，同时也为在没有图纸及资料的情况下提供类似工程造价资料和信息。

因此，工料测量师可以从两方面取得资料。一方面，如上述各个公司对所承担的工程的数据积累。对于一般土建工程，RICS专门设有房屋建造情报机构，能及时提供各类造价资料。对于各个专业工程只能靠自己积累资料，而且工料测量师自己积累的资料，由于熟悉这些工程的建设过程和造价的变化情况，用起来更加顺手。

另一方面依靠社会的数据资料，主要包括：

（1）政府颁发的造价指标物价指数和有关统计资料；

（2）刊物登载的有关价格资料；

（3）私人公司编制的工程价格和价目表；

（4）有关专业学会颁发的造价资料；

（5）大专院校和建筑研究部门发表的研究资料；

（6）专业技术图书馆提供的造价资料，如皇家特许测量师学会图书馆、皇家建筑师学会图书馆、英国咨询局图书馆。

（二）英国工程量清单的构成及估价过程

英国工程造价管理中的一个重要特点是工料测量师的使用。无论是政府投资项目还是私人投资项目，无论是采用传统的管理模式还是非传统的模式，都有工料测量师参与。在工料测量领域里，对从事工程量计算和估价以及与合同管理有关的人员，受雇于业主和业主代表的称为工料测量师，或者称为业主的估价顾问；受雇于承包商称为估价师和承包商的测量师。

工料测量师在项目开始前估算建设成本，分析资金是否充足，决定项目是否进行；当进行该项目时，准备完整的工程量清单。承包商的测量师根据工程量清单和招标文件中的技术说明书、图纸等编制工程预算。

1. 英国工程量清单

工程量清单的主要作用是为竞标提供一个平等的报价基础。它提供了精确的工程量和质量要求，让每一个参与投标的承包商依此各自报价。工程量清单通常被认为是合同文本的一部分。一般合同条款、图纸及技术规范应与工程量清单同时由发包方提供，清单中的错误可在今后修改，因此，在报价时承包商不必对工程量进行复核，这样可以减少投标的复杂性。

英制的工程量清单一般由下述5部分构成：

（1）开办费（Preliminary）

该部分的目的是使参加投标的承包商对工程概况有一个概括的了解，内容包括参加工程的各方、工程地点、工程范围、可能使用的合同形式及其他。在SMM7中列出了开办费包括的项目，工料测量师可根据工程特点选择费用项目，组成开办费，一般来说开办费中还应包括临时设施费用，如临时用水、用电、临时道路交通费，现场住所、围墙、工程的保护与清理等等。

（2）分部工程概要（Preambles）

在每一个分部工程或每一个工种项目开始前，有一个分部工程概要，包括对人工、材料的要求和质量检查的具体内容。

（3）工程量部分（Measured Work）

这是在工程量清单中比重最大的部分，包含了整个工程的分项工程的工作量。分部工程则可按以下方式分类：

1）按功能分类。功能相同分项工程组成不同的分部工程，无论何种形式的建筑，把其具有相同功能的部分组成在一起。优点是使工程量清单和图纸可以对照起来，缺点是可能使某些项目重复计算，这对单价计算不方便。

2）按施工顺序分类。英国建筑研究委员会（British Institute of Architectural Technologists，BIAT）发展了这种方法，其方法是按实际施工的方式来编制。缺点是编制时间和费用太多。

3）按工种分类。采用按工种分类方法，一个工程可以由不同的人同时计算，每人都有一套图纸和施工计划。优点是可以大大地减少核对人员、工程量计算人员在一个工种上，对该工种较为熟悉，不会被其他工种内容影响，一旦某个分部工程计算完毕，可以立即打印，这样可以节省文件编辑时间。

（4）暂定金额、不可预见费和主要成本（Provisional Sum，Contingency and Prime Cost）

1）暂定金额。根据 SMM7 的规定，工程量清单应完整、精确地描述工程项目的质量和数量。但如果因设计尚未全部完成而不能精确地描述某些分部工程，则应给出项目名称，以暂定金额编入工程量清单。在 SMM7 中有两种形式的暂定金额：可限定的和不可限定的。可限定的暂定金额是指项目工作的性质和数量都是可以确定的，但现实还不能精确地计算工程量，承包商报价时必须考虑项目管理费。不可限定的暂定金额是指工作的内容范围不明确，承包商报价时不仅包括成本，还有合理的管理费和利润。

2）不可预见费。有时在一些难以预测的复杂工程中，如地质情况较为复杂的工程，不可预见费可以作为暂定金额编入工程量清单中。在 SMM7 中没有提及这笔费用，但在实际工程运作当中却经常使用。

3）主要成本。在工程中如业主指定分包商或指定供货商提供材料时，他们的投标中标价应以主要成本的形式编入工程量清单中，如分包商为政府机构，该工程款应以暂定金额表示。由于分包工程款内容范围与工程使用的合同形式有关，所以 SMM7 未对其范围做规定。

（5）汇总（Collections and Summary）

为了便于投标者整理报价的内容，比较简单的方法是在工程量清单的每一页的最后做一个累加，然后在每一分部的最后做一个汇总。在工程量清单的最后把前面各个分部的名称和金额都集中在一起，得到项目投标价。

2. 英国工程造价估算过程

根据传统的工程量清单投标报价方法（目前有80％的项目采用），承包商在从业主处获得招标文件后，在招标文件中包括一份未标价的由业主工料测量师编制的工程量清单，每个承包商对该工程量清单中的所有项目进行标价，最后将所有项目的成本进行汇总，并加入相应的管理费和利润等项。其具体步骤如下：

（1）制定估价工作计划

在收到招标文件之后，如果决定参加投标，承包商的估价师应检查项目招标文件内容是否齐全，然后制订出完成该项目估价工作的计划安排以及关键日程表，以便控制估价工作进度。

（2）项目的初步研究

估价的第二步就是对项目进行完整详细的研究，由此制定出施工方法的投标前施工方案。由于分包商和材料供应商的报价往往需要一定时间，所以估价师应尽早发出各种询价单。项目初步研究的内容主要包括：主要工程量、近似估价、拟要分包的工程项目、列出需要询价的材料及是否有必要考虑设计替代方案。

（3）材料与分包询价

1）材料询价。由于通货膨胀、运费变化等影响，估价师通常需要一份各种材料的最新报价。如果在项目初步研究阶段未做此项工作，那么在这一阶段就要求估价师从招标文件中摘出各种材料及其规格、总数，并从初步施工方案中得到有关材料的交货日期。通常由采购部门负责发出询价单、催促供货商们报价，以及对报价进行审核。在估价过程中，采购部门负责向估价师提供服务与协助。

2）分包询价，分包询价与材料询价基本上一样，估价师在收到来自分包商的报价之后，必须对这些报价单进行比较分析，然后选出合适的分包商。

（4）项目研究，制定施工方法和计划

项目研究贯穿于整个投标报价期间，可分为初步研究和详细研究。初步研究前面已经做了介绍，而项目详细研究是要制定施工方法和进度计划。

（5）计算人工费和机械费

各类人工的综合费率由估价师负责计算，以小时或以周计的机械费率可以是企业内部的计算结果，也可以通过询价获得。

（6）估算直接费

估价师的任务是确定工程所需的成本，估价师要估算出工程量清单中每一工程条目的直接费单价。直接费单价指人工、机械、材料和分包的合成单价，它不包括管理费和利润等附加费用。

(7) 估算现场费、管理费和利润等

(8) 为投标会议准备报告

这是项目成本估算的最后一项工作。在成本估算完成之后，估价师必须向企业高级管理层提交有关合同项目情况的报表。

(三) 英国工程建设费的组成

在英国，一个工程项目的工程建设费从业主的角度由以下的项目组成：①土地购置或租赁费；②现场清除及场地准备费；③工程费；④永久设备购置费；⑤设计费；⑥财务费用，如贷款利息等；⑦法定费用，如支付地方政府的费用、税收等；⑧其他，如广告费等。其中，工程费由以下三部分组成：

(1) 直接费

即直接构成分部分项工程的人工费、材料费和机械台班费。一般人工费约占40%，材料费约占50%，施工机械台班费约占10%。直接费还包括材料搬运和损耗附加费、机械闲置费、临时工程的安装和拆除以及一些不组成永久性构筑物的消耗性材料等附加费。

(2) 现场费

现场费主要包括：驻现场职员、交通、福利和现场办公室费用，保险费以及保函费用等，约占直接费的15%～25%。

(3) 管理费、风险费和利润

约占直接费的15%。

二、英国工程造价关键点控制

(一) 立项阶段

拟建项目是否确实必要、能否立项，必须从技术和经济角度进行调查分析，只有做出确有必要和予以立项的论证后才能进行总体规划，编制可行性研究报告。工料测量师要参与调查、分析和论证，同时要收集信息资料，编制投资估算，供政府或业主决策。投资额一经批准或确认，即为项目投资最高限额，工料测量师也将以此作为造价的控制目标。

(二) 设计阶段

工料测量师要与建筑设计师、专业技术工程师一起对设计方案作技术和经济的分析论证和优化，并进行相关专业的协调，避免施工中的设计变更。工料测量师根据初步设计的图纸和技术说明书，编制出工程量清单（Bill of Quantities，BQ），建筑师审查初步设计文件和预算，所有初步设计文件呈送业主审批。测量师在编制工程概算的过程中，随工作的不断深入，造价会越来越准确，但即便如此，也不能超过估算限额。在英国，建筑师和工料测量师之间经常会发生矛盾，因为建筑师总希望把工程设计得漂亮点，标准高点，但工料测量师则会从控制工程造价的角度提出意见和劝告。当建筑师不采纳时，工料测量师可提请政府技术审计部门或雇主出面进行干预。

尽管建筑师对工程全面负责，工料测量师只是对工程项目的投资负责，而且建筑师可以否定工料测量师在技术方面的设想及其估价，但是概算一经业主同意，建筑师的设计就要受到概算的控制。如果建筑师未征得业主同意而不顾概算的控制进行设计，那么他的施工图设计就可能返工。所以在设计过程中，建筑师都比较重视工料测量师的意见，也希望得到工料测量师的协助。因为他们都受雇于同一个业主，要保证按业主的要求开展工作。

（三）招标签约

由业主的建筑师或工料测量师负责选择在建设费用、工期和一般市场行情等诸方面适合于本项目的合同类型。然后据此编制相应的合同文件，并通过招标选择合适的施工承包商来实施工程。

在英国，很少有工程不实行招标的，也几乎没有一项工程是不订立合同的，特别是现代工程，建设日趋复杂，规模日益庞大，更需要通过招标、投标，使工程能够顺利进行。投标人（承包商）在接到招标文件和工程量清单后，一般要在4～6周内报出投标价，其报价工作程序如下：

1. 收集资料

通过查阅工程图纸、合同条款，了解设计和工程情况，向分包商发出询问信，向材料供应商、运输商了解材料供应条件、原价和运费，并到现场进行勘察，收集现场与施工有关的各种资料。在英国，大部分承包商在项目的实施过程中会将工程的部分内容分包给各类专业分包商，这些分包商一般从承包商投标报价时就开始介入。承包商在取得招标文件后，如其打算分包工程，会将相关的招标图纸和工程量清单交到有关分包商，分包商会就此进行报价；承包商根据分包商的报价，认定哪一家分包商的报价最低，以此作为承包商报价的依据。

2. 编制预算

拟定施工方法，制定施工计划，确定工程单价，编出预算。

3. 决策

预算编出后，承包商的工料测量师应对预算进行评价，分析可能获得的利润和可能出现的风险等，并向承包商负责人汇报。经承包商负责人审查批准后，按标书的要求整理后报价投标。如中标，则中标的预算即为该工程的承包价。

业主工料测量师收到投标文件后应进行审查，重点审查报价较低的二、三家投标人的预算书，最后向业主、建筑师提出一个招标报告，说明招标情况、投标人的名单及其报价，分析各投标人的报价特点及存在问题。业主根据招标报告做出决策，并由工料测量师向中标人发出通知，商定签订合同的日期。

（四）施工阶段

在项目的整个施工过程中，受雇于业主的工料测量师其主要职责就是保障业主的利益，使其在经济上免受损失。在每个月初，工料测量师都要到达施工现场并实地测量已完成的工程量，用实际完成的工程量乘以工程量清单的单价然后汇总，这就是当月业主应支付给承包商的工程进度款；没有业主和工料测量师签署的授权文件，承包商不能得到任何款项。

在施工过程中为确保结算不突破造价限额，一般不得随意更改设计。施工过程也是工料测量师为使项目造价不超过造价限额进行不断调整的过程。而承包商的工料测量师，除按照招标文件参与工程调查、现场踏勘、编制报价和投标文件，中标后按合同价格进行资金分配和合同的履约外，在施工过程中还直接参与项目管理，包括按施工进度制定劳动力、材料、施工机械等供应计划，按月或按周统计完成工程量，提出工程结算款项，并在竣工验收后提出竣工结算等项业务。总之，要在各个环节上严格控制工程费用的支出，确保在合同价格内实现预期利润。

（五）工程竣工结算

当工程全部或部分竣工、保修期满、验收合格，并在建筑师发出保修期满证书后，工料测量师要会同承包商在合同规定的期限内办理竣工结算，编制出工程竣工结算表。表中除刊有经过调整后的全部工程价款、扣除历次已经结算的工程价款和已归还承包商的保留金额外，其余额为业主和承包商最后应结清的款项，由建筑师签字后，分送业主、各有关承包商和工料测量师各一份。在全部工程竣工后，同时也要将全部执业费用结清，这时工料测量师的任务才全部结束。工程竣工结算报告除上述的总表外，测量师还要制定明细表：一是工程竣工明细表，分别列出工程费用、现场费用、指定分包商所承担的工程费用和指定供应商费用；二是指定分包商所承担工程的竣工结算表；三是指定供应商费用结算表等。通过办理工程竣工结算，又为测量师承担下一个工程的估概算工作提供了造价数据。如此循环往复，使测量师逐步积累起丰富的经验和数据，从而保证了造价管理工作的质量。

表 2-1 列出了英国工料测量师参与工程项目的过程。

英国工料测量师参与过程 表 2-1

参与者	方案设想	设计	文件编制	招标与预算	施工	交付使用
业主	▲					○
建筑师		▲	○	○	○	▲
工料测量师		○	▲	○	○	

续上表

参与者	方案设想	设计	文件编制	招标与预算	施工	交付使用
结构工程师		▲	○		○	
服务设施工程师		▲	○		○	○
主承包商		■	■	▲	▲	○
国内分包商					▲	○
专业分包商					▲	○
法定管理机构		○			○	○
项目经理	■	■		■	■	■

注：▲—主要参与者；■—协调期间的参与者；○—受邀参与者。

三、英国工程造价管理体制

英国的建设项目分为两类：私人工程和政府公共工程项目。随着近十几年来，许多政府项目都相继私有化或公私合营，两者在工程造价管理上越来越趋于融合，但仍然存在一定的差别。

英国政府对政府投资项目和私人投资项目采用不同的工程造价管理方式。英国政府对政府投资项目的管理，主要体现在立项阶段，审批非常严格，具有一定规模的影响大的项目，须经英国议会批准后才能立项。政府投资项目依照政府统一颁布的计算规则进行工程量计算，并根据政府有关部门采集、发布的计价依据，各种价格指数，通过市场竞争，形成工程价格。在这类工程中，严格实行设计、发包、实施的目标控制，工程造价不得任意减少和突破。建设过程中，通常选择权威的设计咨询公司和施工承包商，他们的技术、管理、资历和信誉都是可信赖的，并且要求他们提供履约担保和工程保险，必要时还需委托第三方咨询机构进行工程监理，负责技术把关。对于建设项目，英国的法律法规规定了严格、明确、具体的管理与监督程序，主要通过规划审批、设计（技术）审查、施工（质量）检查、健康安全管理等四个环节来实现。

对于私人投资项目来说，他们进行项目投资的目的，有的是为了出租或销售，有的是供自用。英国政府通过签发建设项目规划许可证及建筑质量安全标准等形式对他们的经营活动在一定范围内加以限量控制就可以了，只要其不违反国家法律法规，政府一般不对其进行干预。由于英国政府没有统一的计价标准，价格是通过市场确定，私人投资者一般是委托中介组织利用已建类似工程的数据资料和近期的价格及相关指数，并进行必要的调整来确定投资估算，作为控制设计、招标和施工的造价限额。对私人投资项目计价依据、相关造价信息的发布及专业人士的管理由皇家特许测量师学会（RICS）及各个社会情报机构发布、管理。行业协会充分发挥了政府智慧放大器的功能，使政府只负责宏观政策的制定，不涉及微观建设市场的管理。

第二节　美国工程造价管理体系

一、美国工程造价的计价依据

（一）工程量和工程单价计算规则

美国在资本主义社会制度建立起来以后，逐步形成了高度自由竞争的市场经济。美国的政府部门不组织制定计价依据，也没有全国统一的计价依据和标准，换句话说在美国工程量计算、工程单价计算没有统一的标准。用来确定工程造价的定额、指标、费用标准等，一般是由各个大型的工程咨询公司制定，各个咨询机构，根据本地区的具体情况，制定出单位建筑面积的消耗量和基价作为所负责项目的造价估算的标准。此外，美国联邦政府、州政府和地方政府也根据各自积累的工程造价资料，并参考各工程咨询机构有关造价的资料，分别对各自管辖的政府投资项目制定相应的计价标准，以作为项目费用估算的依据。

在美国，由于没有标准统一的工程量计算规则，在招标文件中一般不给统一的工程量，美国的承包商依据自身的劳务费用、材料价格、设备消耗、管理费和利润来计算价格，于是每个承包商都要根据图纸计算其工程量，并要求分包商计量分包工程量，提交分包报价汇总来编制标书。美国各企业有完善的合同管理体系以及完善的承包商信誉管理体系，企业的历史、业绩和信誉是企业赖以生存的重要条件。这一点也正体现了美国的自由型价格模式的特点。由此，各个大型的工程咨询公司会制定用来确定工程造价的定额、指标、费用标准等，专门制定用于本公司的成本估算细目。对于政府投资项目，各个相关负责机构会根据本地区或行业的具体情况，制定出单位建筑面积的资源消耗量和基价，作为项目积累的工程造价资料，并参考工程咨询机构有关造价的资料，分别对各自管辖的政府投资项目制定相应的计价标准，以作为项目费用估算的依据。

与此对应，美国的大型承包商都有自己的一套估价系统，同时把其单价视为商业机密。对于估价人员来讲，有许多的估价数据来源可供使用（见表 2-2），如：奥丝汀(Austin)建筑成本明细、明思（Means）建筑成本数据、美国商业部复合材料建筑成本索引、特纳（Turner）建筑物成本索引等数十种。此外，还有来自专业学会的大量的可用出版物等。

工程估价数据来源示例 表 2-2

名　称	来　源	地　点
Austin，建筑成本明细	Austin 公司	克利夫兰，OH
化学工程师，工程师新闻报道	McGraw-Hill 公司	纽约，NY
富勒，建筑物成本索引	G·A·Flour 公司	纽约，NY
Means，建筑成本数据	R·A·Means 公司	休斯敦，MA
美国商业部，复合材料建筑成本索引	美国商业部	华盛顿，D. C.
Turner，建筑物成本索引	Turner 建筑工程公司	纽约，NY
Walker's，建筑物估价人员参考手册	Frank R. Walker 公司	莱尔，IL

（二）美国工程量清单的构成及估价方法

1. 工程量清单构成

美国的做法与英国有所不同，在编制工程量清单方面显得比较灵活和多样。美国的一些行业协会和较大的工程咨询公司，特别是美国建筑规范和说明协会（The Construction Specification Institute，CSI）和 R. S. Means 公司，推出的方法和规则对建筑领域和工程造价行业影响较大，多数从业人员采用他们制定的规则和估算方法。

在美国建设项目的招标过程中，政府和私人投资项目有所区别。政府投资项目受到相关各种法律、法规的限制，以保证正确的财务核算和对政府的公共资金支出的监督，政府或权力部门在合同文件中列有招标项目单（Bid Item List）并对每一项目给予严格的定义，合同实施中工程项目单用以作为支付和进行现金流量分析的依据。私营业主不受与公共资金相关的法律和规定的限制。因此，私人投资项目常省却工程量清单而采用总价合同形式（Lump Sum Contract）。

自 20 个世纪 70 年代起，美国建筑业开始使用两种编码体系：UNIFORMAT II 和MASTERFORMAT[1]。UNIFORMAT将建筑工程划分成12个分部，基本上是按

[1] 目前世界上许多发达国家，如美国、加拿大、新加坡等都建立了本国建筑业需要的建设项目编码体系，编码在工程管理中的应用，对建筑业发展起到极大的促进作用。在使用编码实践方面，美国走在其他国家的前列，它建立了 UNIFORMAT II 和 MASTERFORMAT 等一些比较完善的工程项目编码体系。UNIFORMAT II 应用于建筑工程从前期策划、图纸设计、建筑施工到建筑物拆除等的全过程，它的编码结构已发展到四个层次；MASTERFORMAT 用于已有具体详细设计图纸的项目，在工程造价控制等方面，它与前者交叉使用，取得了良好的效果。此外，美国建设管理部门还鼓励建筑行业不同的专业领域机构或公司建立和使用自己的编码体系。建立编码体系目的在于对建设项目全过程进行科学有效的管理，规范工程参与者行为。具体来说，它有利于项目建设单位对项目各个阶段工作内容的控制，有助于项目前期规划，能够有效地对全生命周期工程造价进行管理控制，有助于实行价值管理研究，为项目各成员提供信息交流工具，尤其是为建设单位、设计单位、施工单位之间信息沟通提供一种共同语言，在有效传达信息的同时，消除彼此误解。

建筑物的形成过程划分的；MASTERFORMAT 是由美国建筑规范和说明协会（CSI）编制的，它将建筑工程划分成 16 个分部，按照建筑专业和工种进行划分。除以上两种编码体系，还有其他众多的编码体系，不过现在比较流行的是 MASTERFORMAT 体系。美国主要的工程造价信息出版商和一些软件产品均采用 MASTERFORMAT 体系。联邦政府采用的编码体系也不统一，多数使用 MASTERFORMAT，但有些机构采用另外的体系，如美国总务管理局（The General Services Administration，GSA）采用 UNIFORMAT II，少数如美国能源部下属的联邦能源监管委员会（The Federal Energy Regulatory Commission，FERC）则有其专门的编码系统。下面主要介绍一下 MASTERFORMAT 编码体系。

同英国 SMM7 相比较，CSI 编制的 MASTERFORMAT 不但影响到工程估价，还包括建筑设计规范和说明的编制，该体系将建筑工程分成 16 个分部（Division），每一分部又由许多章（Section）组成。每一分部和章都给予一个固定不变的统一编码。16 个分部具体如下：

01. 通用要求（General Requirements）；

02. 场地工作（Site work）；

03. 混凝土（Concrete）；

04. 砖石（Masonry）；

05. 金属材料（Metals）；

06. 木和塑料（Wood and Plastics）；

07. 保温和防水（Thermal and Moisture protection）；

08. 门窗（Doors and windows）；

09. 表面材料（Finishes）；

10. 特殊设备（Specialties）；

11. 设备（Equipment）；

12. 装饰材料（Furnishings）；

13. 特殊建筑系统（Special Construction）；

14. 运输系统（Conveying Systems）；

15. 机械（Mechanical）；

16. 电气（Electrical）。

工程估算人员按照招标文件中的上述内容和顺序自行编制工程量清单或进行投标报价。CSI 开发的 MASTERFORMAT 编码体系适用于建筑业的各个方面，包括设计、施工、供货等，而不是仅限于某一专业或行业内，它使得设计和估价有了一个信息交流平台，给各方带来了极大的便利。CSI 的分类和编码只是一个对主要工程和专业划分和编码的系统，详细的或细节的分类可以根据需要在 CSI 分类编码的基础上扩展。例如美国著名的工程造价咨询公司、出版商明思公司（R. S. Means）的编码在 CSI 五位数字的基础上采用十位数字分类和编码，明思的建造成本指标分类和编码就是 CSI 的扩展。

CSI 的这种分类和编码是按照建筑工程专业和工种考虑的，它既符合建筑设计和供货的专业分工，也符合工程施工的专业和工种划分。采用这种系统分类和编码在投标报价阶段容易确定工程价格，在施工阶段，则方便跟踪价格。当项目的所有组成单元的成本确定以后，将它们汇总即可得到总成本，在此基础上再加上不可预见费、其他费、适当的毛利润即是工程造价费用。成本的估计进一步细化，经过业主的审批即成为预算，并作为项目实施过程中的成本控制目标。它是成本控制、预测和计划编制的依据，提供了整个工程的成本情况，包括设备费、人工费、材料费以及所有估算中提到的其他直接费、间接费。

2. 美国工程造价费用组成

在美国，工程估算费用各项目的组成，通常必须符合财务收支细目。所以估算项目划分是否合适，直接关系着工作的正确性，也影响将来控制和指导施工的现实性。费用划分的基本原则是：能在某施工项目中直接开支的，就直接在施工项目中计算。那些不易分开的，就只能按比例在各个单项工程或直接费用中分摊。

因此，美国的工程造价体系实行“硬件”、“软件”分账制（见图 2-1）。所谓“硬件”，指的是与工程设计直接有关的工程本身的建设费用，主要是设备费、材料费、人工费、机械使用费、勘测设计费等。这些费用的计算和管理由设计部门来负责。“软件”则是指那些属于业主直接掌握，或应有业主来筹划的一些费用。包括：场地的征用或租用，建设资金和储备贷款的筹措、利息的支付，生产运行的准备等。这些费用有较大的不确定性，数额也比较大，属于业主的经营问题，设计部门不能“越俎代庖”。

美国建设项目工程造价组成中的人工费的组成比目前我国人工费的组成范围要广泛一些，工资单价采用的是工种平均值。人工费中除包括支付给工人的基本工资和附加福利费用以外，还包括保险金和税金等。人工工资的确定要受到不同投资项目的施工方式和施工进度、劳动力的技术熟练程度、劳动力的技术工种以及劳动力市场的萧条与繁荣等诸多因素的影响。材料和设备价格包括出厂价，自厂家运至工地所发生的运杂费用，保险费以及工程可能发生的某些税金。工程造价的间接费用总额中既包括现场间接费，也包括一般管理费。利润是承包商在报价时自定的，属竞争性的，一般为工程造价的 5%～15%。

这里特别要注意的一点是，美国的建筑安装工程费用组成有特别之处，美国将分包商的费用列入直接费，这与我国国内做法不同。美国的费用划分充分反映了在市场经济条件下工程价格的形成方式。一般来说，总承包商将部分工程发包给分包商，其发包价格是在招投标基础上形成的。尽管总承包商有时会像业主评估那样评估一下分包商的价格是否合理，但总承包商多是在他比较熟知的分包商中取得比较有竞争力的价格，总承包商在此基础上进行加价以考虑总承包商的管理费用，通常比自己承包项目要低些。

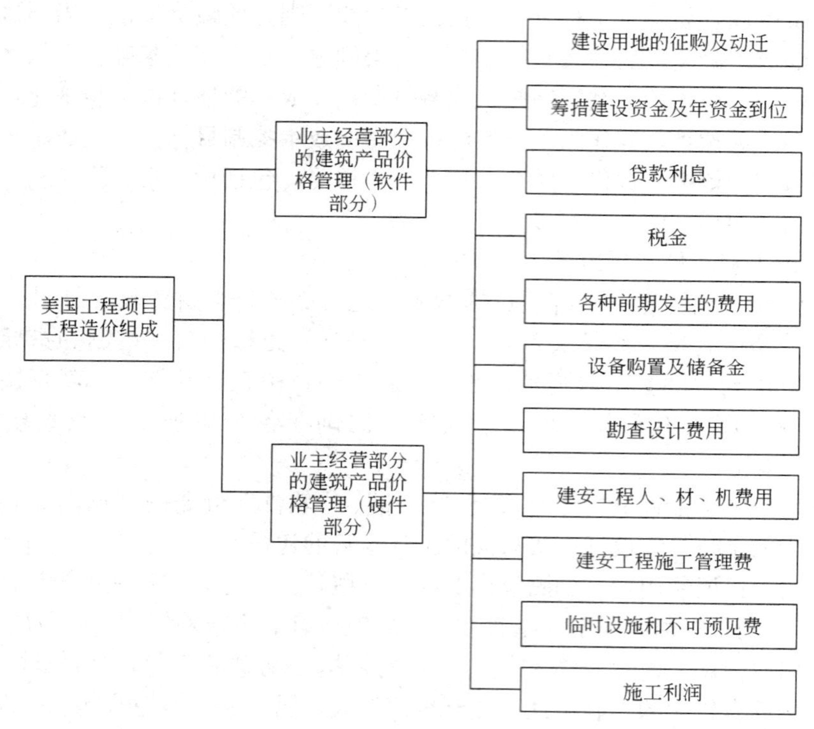

图 2-1　美国工程造价费用组成

3. 美国工程造价的估价方法

一般来讲，业主与承包商的估价过程有很大不同，这是因为他们的观点、概念、交易管理风险、介入深度、估价所需的准确性以及估价使用的方法不同。业主的估价一般在研究和发展阶段进行，当他们进行一个新工艺的可行性研究时，需要考虑工艺技术及应用风险、投资策略、场地选择、市场影响、运输、操作后勤、合同管理策略等一系列的问题，其中每一项都对成本具有影响，具有较大的不确定性，其采用的估价方法一般为参数法。

相对业主来讲，承包商的考虑范围要小一些。因为承包商一般均在项目的中期和后期才开始介入，此时业主的意图已经清晰，已经对多个方案进行了研究，并对其进行了较为充分的比较、选择，项目的范围和轮廓一般已相当清楚。承包商只需根据业主给出的初始条件来设计、建设一个设施，承包商采用的估算方式一般为详细单位成本或行式项目估算。美国在成本估价方面总结出了许多的方法，可供估价人员在不同的估价阶段选用。这些方法大致可分为如下几类：

（1）单位成本法

单位成本法又分为详细单位成本法和组合单位成本法两种。这两种方法估价精度最高，常用于详细项目的成本控制预算、承包商的投标估价以及变更单估价。

1）详细单位成本法，又称行式项目法。与我国的定额计价法基本类似，该方法实际上就是针对最具体的分部分项工程进行直接的估价。在该方法下，估价人员首先需要详细划分估价条目，对估价条目进行准确计量，然后查找相应的单位工时、人工单价、材料单耗、设备单耗额等，然后进行相应的算术运算即可求得每个项目的成本并合计汇总。

2）组合单位成本法，又称固定成本模型法。与我国的概算有一定的相似之处，它与详细单位成本法的唯一区别就是对行式项目进行了适当组合，可以节约大量的计算时间。通过计算机成本估价系统，这些组合能够预先构建，保存在数据库中，以后作为一个单独的行式项目使用，而不用进一步考虑条目要素。如果有要求，在估价完成后，组合的行式项目能够在估价报告中分解它的构成要素，以满足详细成本管理的需要。

（2）设备因子法

设备因子法用于在已知设备成本和价格的情况下对相关的科目进行估算，有三种方法：设备级联因子法、单元设备因子法、总设备因子法。

（3）规模因子法

该方法又称生产能力指数法，该方法出发点就是成本随着经济规模的一个指标的增加而增加，但通常不是线性增加，而是以小于 1 的指数关系增加。通常，这个方法可以用于整体工业厂房以及各种设备的估价。该方法的应用步骤有三步：

1）获得一个类似项目的成本和规模指标；

2）对已知成本进行必要的修正，以便其具有可比性；

3）确定规模因子，可查找有关表格或通过计算得出要知道至少两个已知的项目的成本和容量，计算公式如下：

$$\text{指数}=\frac{\log(\text{成本}\ b/\ \text{指数}\ a)}{\log(\text{指标}\ b/\ \text{指标}\ a)}$$

根据项目进展的阶段不同，工程估价大致分为 5 级：第 1 级，数量级估算，精度为－30％到＋50％；第2级，概念估算，精度为－15％到＋30％；第3级，初步估算，精度为－10％到＋20％；第4级，详细估算，精度为－5％到＋15％；第5级，完全详细估算，精度为－5％到＋5％。估算进一步细化，经过业主的审批即成为预算，并作为项目实施过程中的成本控制目标。它是随后进行的成本控制、预测和计划编制的依据和标尺，它应提供整个工程的成本情况，包括设备费、人工费、材料费以及所有估算中提到的其他直接、间接费。

（三）工程招投标做法及中标原则

美国工程招投标的基本做法是：首先由招标人（业主或其委托建筑师）在当地报纸上刊登招标公告，发售标书，并编好标底；其次，投标者经资格审查合格后，购买标书，编制标价，最后开标，由招标人确定中标者。

对于私人投资的建设项目，总承包商是由建筑师推荐或经投标竞争决定的。对与标底误差在10％以内的标价，由招标人分别与投标者洽谈，不是标价越低越好，而是根据企业信誉、以往建成同类工程的经验以及他们的资金保障能力，综合确定中标者。这些项目不保证最低报价者中标。

若是公共基金或政府投资的项目，一般采用公开招标方式。业主在收到标书之后，要当众开标并宣读标价，以便公布出最低投标报价的中标承包商。这时，一般不授予合同，而要到所有投标书被审核完毕，并认为最低标价者的报价全面，以及技术经验、质量方面的条件可靠，已符合各项要求时，才把合同授予中标承包商（美国的法律规定，对于政府投资项目，必须保证报价合理最低的总承包商中标；总承包商也必须选择报价合理最低的分包商作为合作伙伴）。政府投资的项目，因在造价工程师估价的基础上增加一定的不可预见费作为政府预算，所以政府项目，中标价不能超出政府预算，如果最低报价超过标底10％，就得重新招标。总之，对于私人投资项目进行的招投标是一种多目标竞争招标方式，它考虑到工程的造价、工期、质量、安全、耐久性、维修以及承包商的信誉等；而对政府投资的项目一般是单目标招标，即保证中标承包商为合理最低报价者（当然必须满足工期和质量的基本要求），这种采用单目标评标的方法，在评标尺度上易掌握，减少主观性。它可以减少政府不必要的投资，同时又防止政府官员的不正当行为，并以最低的价格获得优质工程。

二、美国工程造价关键点控制

美国的工程造价的估算是建立在价值工程基础上的，在工程设计方案中，一般都有造价工程师的参与，以保证在实现功能的前提下，尽可能减少工程成本，使造价建立在合理的水平上，从而取得最好的投资效益；在美国，在计算出工程造价后，还要计算工程投入运行后的维护费，做出工程生命周期的费用估算，并对工程进行全面的效益分析，从而避免片面追求低造价、而工程投产后维护使用费用不断增加的弊端。

在美国，造价工程师把造价、工期、质量三者融为一体，进行综合管理。他们认为任何工程先有质量标准要求，然后才谈得上造价的合理确定，造价的确定首先要反映工程的质量。另外工程进展一定要与工程费用支出相适应，这是工程实施阶段控制造价的重点；其次，严格控制造价的变更，这是业主或承包商派往现场的造价工程师的重要职责之一。美国有关部门规定现场工程师有权做出变更的费用是相当严格的，超出规定的权限必须报上级主管部门研究批准后方能做造价变更，报送上的报告必须注明原合同价，列出增减单价及总价，并说明原因。

三、美国工程造价管理体制

美国是典型的以私有制为基础的资本主义国家，因而其建筑业的投资主体分为三个部分：一是由国家出资的政府投资项目，约占建筑业总产值的30%；二是私人住宅项目，是建筑业中较大的一部分，占建筑业总产值的30%～40%；三是私人非住宅项目，主要是工商业用建筑，约占建筑业总产值的30%。因此在美国无论是住宅项目还是非住宅项目，绝大多数是由私人公司的所有者和公民个人投资，也有一些大型项目是股份公司投资，国家、州、市政府只是出资兴建一些公共项目，私人投资才是美国工程项目建设投资的主体。

美国对于政府投资项目，其采取的是一种谁投资谁管理的方式，即由政府投资部门直接管理的模式，其计价标准一般来源于各州咨询机构过去所承担工程的造价数据积累，同时参考各工程公司出版的资料、造价指数和地区的数据库等。这些标准和价格指数不强行要求全社会执行，只适应于政府投资项目。

对于私人投资项目，美国政府在造价方面完全不加干涉。只通过法律、法规、技术标准对工程的技术，安全，环境和社会效益加以引导或限制。私人投资工程由专业公司承担计价和造价管理。专业公司都有自己的一套行之有效的造价计价标准和要求，并且掌握着不同的预算费率来调节所作的造价估计和预算水平。工程项目的投资效益分析，招标管理和造价控制，主要借助于社会上的工程咨询公司、造价工程师事务所等专业力量完成。

四、英国与美国工程造价管理体系对比

（一）两种工程造价管理体系的共同点

1. 政府的间接调控

通过对美国、英国工程造价管理体系的了解，可以看到政府对工程造价的管理，主要采用间接手段。国外投资项目的资金来源一般分为政府投资项目和私人

(财团）投资项目，对政府投资项目和私人投资项目实施不同力度和深度的管理，重点控制政府投资项目，例如英国对政府投资项目采取集中管理的办法，按政府的有关面积标准、造价指标，在核定的投资范围内进行方案设计、施工设计，实行目标控制，不得突破。如果遇到不正常因素非突破不可时，宁可在保证使用功能的前提下降低标准，也要将投资控制在预定额度范围内。对于私人投资项目，对其具体实施过程政府一般采取不干预的方法，主要是进行政策引导和信息指导，由市场经济规律调节，体现了政府对造价的宏观管理的间接调控。

2. 有章可循的计价依据

从国外造价管理来看，一定的计价依据仍然是不可缺少的。美国对于工程造价计价没有统一的计价依据和标准。工程造价计价的定额、指标、费用标准等，一般由各个大型的工程咨询公司制定。英国也没有统一的定额，工程量的计算规则就成为参与工程建设各方共同遵守的计量、计价的基本规则，现行的《建筑工程工程量计算规则》是皇家特许测量师学会组织制定并为各方共同认可的，在英国使用最广泛。

3. 多渠道的工程造价信息

在市场经济条件下，及时、准确地捕捉建筑市场价格信息是业主和承包商保持竞争优势和取得盈利的关键。工程造价信息是建筑产品估价和结算的重要依据，是建筑市场价格变化的指示灯。在美国建筑造价指数一般由一些咨询机构和新闻媒介来编制和发布，在多种建筑造价来源中，《工程新闻纪录》(Engineering News Record，ENR）造价指标是比较重要的一种，它是一个加权总指数，由构件钢材、波特兰水泥、木材和普通劳动力四种个体指数组成，编制建筑造价指数和房屋造价指数。由于 ENR 指数资料来源于 20 个美国城市和 2 个加拿大城市，数据比较可信，因而被广泛采用。

4. 动态估价

尽管各国采用的估价方法不同，但基本上都是动态估价。在英国进行工程估价的测量师都拥有极为丰富的工程造价实例资料，甚至建立了工程造价数据库，在估价时，工料测量师将不同设计阶段提供的拟建工程项目资料与以往同类工程项目对比，结合当前建筑市场人工、材料单价的行情，以市场状况为重要依据，进行工程报价，是完全意义的动态估价。在美国，工程造价的估算主要由设计部门或专业估价公司来承担，它们在具体编制工程造价估算时，除了考虑工程项目本身的特征因素外，还对项目进行较为详细的风险分析，以确定合适的预备费，造价工程师通过掌握不同的预备费率来调节造价估算的总体水平。

5. 通用的合同文本

作为各方签订的契约，合同在国外工程造价管理中有着重要的地位，对双方都具有约束力，对于各方权利与义务的实现都有重要的意义。国外都将严格按合同规定办事作为一项通用的准则来执行，并且有的国家还实行通用的合同文本。其内容由协议条款、合同条件、附录三个部分组成。

6. 动态控制

国外对工程造价的管理是以市场为中心的动态控制。造价工程师能对造价计划执行中所出现的问题及时进行分析，及时采取纠正措施，这种强调项目实施过程中的造价管理方法，体现了造价控制的动态性。在美国，造价工程师十分注重工程项目具体实施过程中的控制与管理，一旦发现偏差就按一定的标准筛选差异，实施纠偏，并明确纠偏的措施、时间、所需条件及责任人。美国工程造价的动态控制还体现在造价的信息反馈系统，对资料数据进行及时、准确的处理，从而保证了造价管理的科学性。

（二）两种模式的不同点

英美两种体系的不同点还要回到工程造价的计价原理上来，由于工程造价确定的主要依据是工程量和单价，所以二者的特点也体现在对建设工程的量和价的管理和控制上来。英国及英联邦国家采用政府间接管理的方法，政府对工程造价的管理主要是通过皇家特许测量师学会（RICS）展开的，英国没有统一的工程造价概预算定额，但有较为统一的工程量计算规则，所以对“量”的管理是“有章可循”的，而对“价”则由市场来调节了。

美国的工程造价管理体系形成的基础是美国充分竞争性的市场经济体制，他们既没有统一的工程造价概预算定额，也没有统一的工程量计算规则，其基本做法是根据历史统计资料确定工程的“量”，而根据市场行情去确定“价”，但是对于政府投资项目的工程造价管理，也有完善的部门性管理规章，如美国国防部、能源部和宇航局都有自己的工程造价管理的规定和方法。美国也有自己的造价工程师组织（如 AACE-I），但是它在工程造价管理方面的作用十分有限。

通过对比可看出，英、美造价管理体系的共同之处在于充分体现了市场经济运行规律；不同之处体现了由于各国地理环境、经济环境以及各国的发展历史不同，各自形成了自己的特点。从世界工程造价发展的总趋势上来看，美国的工程造价管理体系正在随着市场经济的发展和信息化社会的推进而逐步成为主流，因为市场经济的发展会使工程造价中的“价”变动更为频繁，这就使得工程造价概预算很难真正发挥作用，所以最终只能依靠市场去定价。同时，由于信息社会的发展使得工程“量”的统计信息不断积累、日益完备，所以人们能够根据历史统计资料去确定工程造价的“量”。因此，由政府通过贯彻统一标准定额的工程造价管理体系必将退出历史的舞台。

第三节　中国工程造价管理体系

一、中国工程造价的计价依据

（一）工程量和工程单价计算规则

目前中国建设工程造价存在两种计价模式并存的状态，即定额计价和工程量清单计价。

1. 定额计价

中国实行的工程造价定额计价模式是借鉴前苏联的做法逐步建立起来的，是与计划经济相适应的预算定额计价模式。工程建设定额是指在工程建设中单位产品人工、材料、机械、资金消耗的规定额度。这种额度反映的是，在一定的社会生产力发展水平的条件下，完成工程建设中的某项产品与各种生产消费之间特定的数量关系。工程建设定额可以按照不同的原则和方法进行分类：按定额反映的物质消耗内容分类，可以分为劳动消耗定额、机械消耗定额和材料消耗定额；按定额的编制程序和用途分类，可以分为施工定额、预算定额、概算指标和投资估算指标等；按投资的费用性质分类，可以分为建筑工程定额、设备安装工程定额、建筑安装工程费用定额、工器具定额，以及工程建设其他费用定额等；按主编单位和管理权限分类，可以分为全国统一定额、行业统一定额、地区统一定额、企业定额和补充定额等。表 2-3 是全国统一定额中的砖墙定额示例。

砖墙定额示例（1995 年《全国统一建筑工程基础定额》）　　表 2-3

工作内容：调、运、铺砂浆，运砖；砌砖包括窗台虎头砖、腰线、门窗套；安装木砖、铁件等。

定额编号			4-2	4-3	4-5	4-8	4-10	4-11
项目		单位	单面清水砖墙			混水砖墙		
			1/2 砖	1 砖	1 砖半	1/2 砖	1 砖	1 砖半
人工	综合工日	工日	21.79	18.87	17.83	20.14	16.08	15.63
材料	水泥砂浆 M5	m^3	—	—	—	1.95	—	—
	水泥砂浆 M10	m^3	1.95	—	—	—	—	—
	水泥混合砂浆 M2.5	m^3	—	2.25	2.40	—	2.25	2.04
	普通黏土砖	千块	5.641	5.314	5.350	5.641	5.341	5.350
	水	m^3	1.13	1.06	1.07	1.33	1.06	1.07
机械	灰浆搅拌机 200L	台班	0.33	0.38	0.40	0.33	0.38	0.40

定额计价模式的要点为：首先根据施工图纸和由国家建设行政主管部门（建设部）及地方建设行政主管部门（建设厅）统一颁发的工程量计算规则计算工程量，并套用统一的预算定额与单价，计算出工程直接费。然后按照费用定额规定的各项取费标准计算其他直接费、间接费、利润和税金，再加上材料价差，汇总以上各项费用即为工程的预算造价，到工程竣工后再根据工程造价管理部门的有关规定计算材料价差和相关调整费用，编制出竣工结算和决算，经审核后即为工程的最终造价（见图 2-2）。

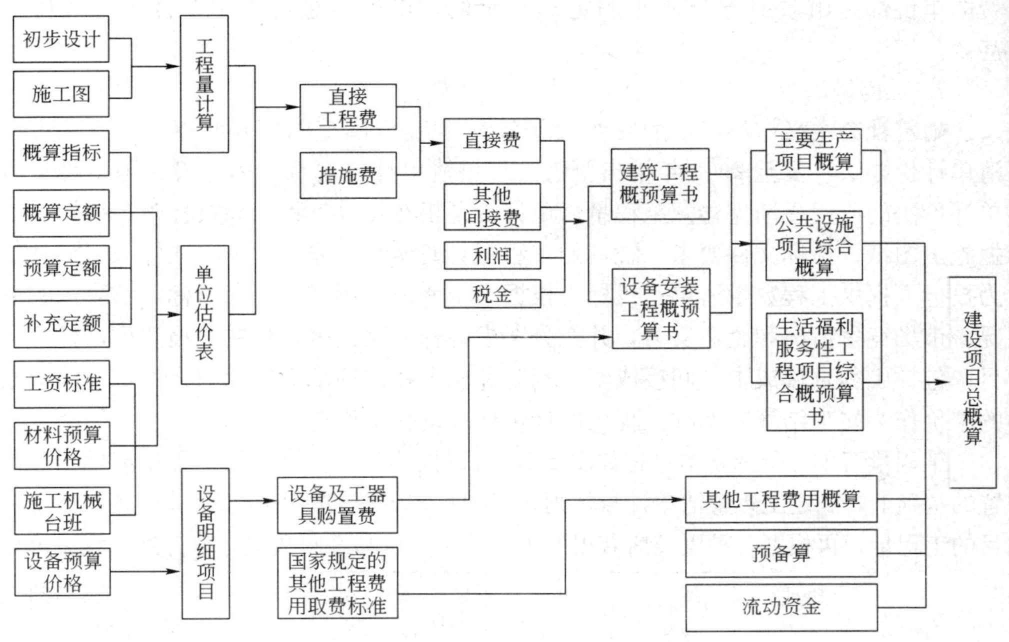

图 2-2　工程定额计价程序示意图

从上述定额计价的过程示意图中可以看出，编制建设工程造价最基本的过程有两个：工程量计算和工程计价。为统一口径，工程量的计算均按照统一的项目划分和工程量计算规则计算。工程量确定以后，就可以通过套用国家颁布定额的方法确定出工程的成本及盈利，最终就可以确定出工程预算造价（或投标报价）。定额计价模式的特点就是量与价的结合，概预算的单位价格形成过程，就是依据概预算定额所确定的消耗量乘以定额单价，经过不同层次的计算达到量与价的结合过程。

以下用公式来进一步表明建设工程定额计价的基本算法：

单位建筑产品基本要素的直接工程费单价＝人工费＋材料费＋机械使用费

式中：　　　　人工费＝$\sum$（人工工日数量）×人工工日单价

材料费＝∑（材料用量×材料预算价格）

机械使用费＝∑（机械台班用量×机械台班单价）

单位工程直接费＝∑（假定建筑产品工程量×直接工程单价）＋措施费

单位工程概预算＝∑单位工程直接费＋间接费＋利润＋税金

单项工程概预算造价＝∑单位工程概预算造价＋设备、工器具购置费

建设项目总概算造价＝∑单项工程概算造价＋预备费＋建设期贷款利息

在上述公式表述下，可以清晰地看到作为最终造价组成的基础部分，直接工程费的单价都是由政府部门颁布的定额确定的，市场信息对于整个计价过程影响甚微。

2. 工程量清单

随着社会主义市场经济的发展，自 2003 年在全国范围内开始逐步推广工程量清单计价办法，及至 2008 年推出新版工程量清单计价规范，标志着我国工程量清单计价法的应用逐渐完善。工程量清单计价是指在建设工程招标投标时，招标人依据施工图纸、招标文件要求、统一的工程量计算规则和统一的施工项目划分规定，为投标人提供工程数量清单；投标人根据本企业消耗标准、利润目标，结合工程情况、市场竞争情况和企业实力，并充分考虑各种风险因素，自主填报清单，开列项目中包括工程直接成本、间接成本、利润和税金在内的承诺单价与合价，并以所报的单价作为竣工结算时增减工程量的计价标准调整工程造价。

工程量清单计价的基本过程如图 2-3，可以描述为：在统一的工程量清单项目设置的基础上，制定工程量清单计量规则，根据具体工程的施工图纸计算出各个清单项目的工程量，再根据各种渠道所获得的工程造价信息和经验数据计算得到工程造价。

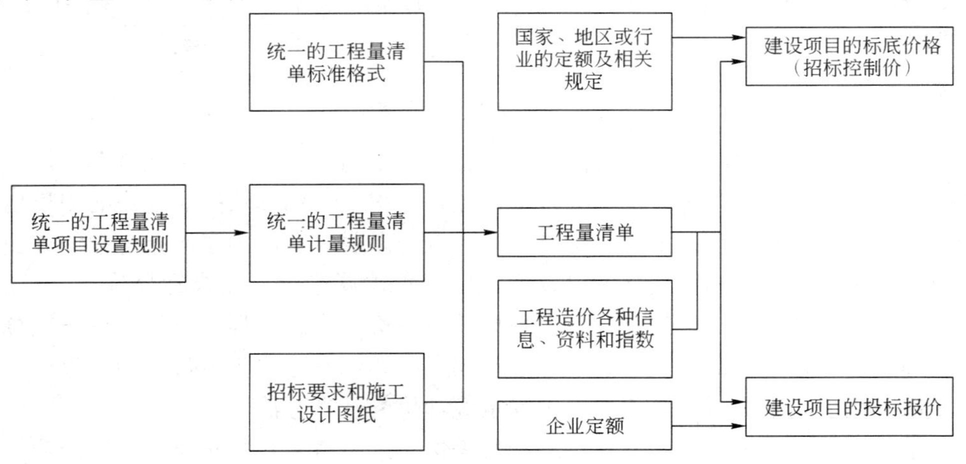

图 2-3　工程造价工程量清单计价过程示意图

从上图可以看出，工程量清单编制过程可以分为两个阶段：工程量清单的编制和利用工程量清单来编制投标报价。投标报价是在业主提供的工程量计算结果的基础上，根据企业自身所掌握的各种信息、资料，结合企业定额编制得出的。

1）分部分项工程费＝∑分部分项工程量×相应分部分项工程综合单价

综合单价有别于定额模式下一般单价，它包括完成规定计量单位合格产品所需的人工费、材料费、机械使用费、管理费、利润，并考虑风险因素。

2）措施项目费＝∑各措施项目费

3）其他项目费＝招标人部分金额＋投标人部分金额

4）单位工程造价＝分部分项工程费＋措施项目费＋其他项目费＋规费＋税金

5）单项工程造价＝∑单位工程造价

6）建设项目总造价＝∑单项工程造价

（二）清单计价的作用

清单计价法下的工程费用组成见表 2-4。清单计价法具有以下作用：

清单计价法下工程造价费用组成 表 2-4

序号	名称	计算办法
(1)	分部分项工程费	∑（分部分项清单工程量×综合单价）
(2)	措施项目费	按规定计算
(3)	其他项目费	按招标文件规定计算
(4)	规费	按规定计算
(5)	不含税工程造价	(1)＋(2)＋(3)＋(4)
(6)	税金	按税务部门规定计算
(7)	含税工程造价	(5)＋(6)

1. 提供一个平等竞争平台

采用施工图预算来投标报价，由于设计图纸的缺陷，不同施工企业的人员理解不一，计算出的工程量也不同，报价就更相去甚远，也容易产生纠纷。而工程量清单报价就为投标者提供了一个平等竞争的条件，相同的工程量，由企业根据自身的实力来填报不同的单价。投标单位的这种自我报价，消灭了“暗箱”操作，企业的优势体现到投标报价中，可在一定程度上规范建筑市场秩序，确保工程质量。

2. 满足市场经济条件下竞争的需要

招投标过程就是竞争的过程，招标人给出工程量清单，投标人根据自身情况确定综合单价，包括成本、利润、税金，利用单价与工程量逐项计算每个项目的合价，再分别填入工程量清单表内，计算出投标总价。单价成了决定性的因素，定高了不能中标，定低了又要赔本。单价的高低直接取决于企业管理水平和技术水平的高低，这种局面促成了企业整体实力的提升，有利于我国建设市场的快速发展。

3. 有利于工程款的拨付和工程造价的最终结算

中标后，业主要与中标单位签订施工合同，中标价就是确定合同价的基础，投标清单上的单价就成了拨付工程款的依据。业主根据施工企业完成的工程量，可以很容易地确定进度款的拨付额。工程竣工后，根据设计变更、工程量增减等，业主也很容易确定工程的最终造价，可在某种程度上减少业主与施工单位之间的纠纷。

4. 有利于业主对投资的控制

采用现在的施工图预算形式，业主对因设计变更、工程量的增减所引起的工程造价变化不敏感，往往等到竣工结算时才知道这些对项目投资的影响有多大，但常常是为时已晚。而采用工程量清单报价的方式则可对投资变化一目了然，在要进行设计变更时，能马上知道它对工程造价的影响，业主就能根据投资情况来决定是否变更或进行方案比较，以决定最恰当的处理方法。

二、中国工程造价关键点控制

（一）项目建议书阶段和可行性研究阶段

建设单位在编制项目建议书时，造价工程师应对拟建项目的投资做出估算并规划投资资金的筹措方案，投资估算一般是参照已完类似工程的技术经济指标来编制，但由于存在着参照体系与现实项目的时间和地点差异，所以还要进行差价的计算，一般允许有较大范围的误差（根据投资决策的深度不同，误差为±10%～±15%）。

对建设项目认为合理可行的，要编制项目设计任务书。其中的投资估算必须由有资质的咨询机构提出评估意见。该投资估算一经批准，就作为工程造价的最高限额（静态指标），不得任意突破。

（二）设计阶段和招投标阶段

设计阶段是控制工程造价的关键环节。在初步设计阶段要编制设计总概算，它是由设计单位根据初步设计或扩初设计图纸、概算定额或概算指标、各项费用定额或取费标准等资料，预先计算和确定建设项目从筹划到竣工验收交付使用的全部费用的法律文件。经相关部门审批后，设计总概算就成为工程建设投资的最高限额，不得任意突破。修正概算是在技术设计阶段，当建设规模、结构性质、设备类型和数量等内容与初步设计内容有出入时，由设计单位对初步设计总概算进行修正而形成的经济性文件。施工图预算是在施工图设计完成后，设计单位根据施工图纸计算的工程量、工程预算定额、单位估价表及各项费用的取费标准，经计算确定的工程建设费用的经济文件，是编制工程招标标底的基础。在我国计划经济条件下，施工图预算所确定的预算造价就是建筑安装产品的计划价格。施工预算是施工企业依据施工图纸、施工组织方案和自己的施工定额编制的建安工程造价，是施工企业加强施工管理、控制施工成本、进行经济考核的基础，也是确定投标报价的基础。

（三）施工阶段

在施工过程中，施工企业要在合同价内完成工程施工，同时必须根据自己的施工预算，严格控制施工过程中的工程成本。对已完工的工程部分，以合同价为基础，考虑物价上涨、实际中难以预计而施工过程实际发生的工程和费用，确定结算价。

（四）竣工、交付使用阶段

当建设项目或单项工程竣工之后，应立即组织验收，以尽快形成生产能力或服务功能。竣工验收的同时，要编制竣工决算，它是反映竣工项目的建设成果和项目财务专业的文件。竣工决算可用来正确地核定新增固定资产的价值，及时办理账务及财产移动，考核建设项目成本，分析投资效果并为今后积累已完工程资料。

三、中国工程造价管理体制

总体上来看，我国政府投资项目管理体制的形成和发展先后经历了改革开放以前的政府高度计划集权型管理体制和改革开放以后逐渐形成的市场型政府投资管理体制两个阶段。在我国计划经济条件下的集权型项目管理体制下，政府为唯一的投资主体，且以中央政府投资为主，由中央政府以指令性计划的方式拨付项目建设资金，广大企事业单位和个人不允许也没有投资能力，外资基本被完全排斥。在这一阶段，政府对工程造价实施较为严格的管理。国家是工程造价管理的主体，工程造价管理部门以法定的形式进行造价管理，与价格行为密切相关的建筑市场主体——发包人和承包人，却没有决策权和定价权。对工程造价普遍采用“量、价合一”的静态管理模式，严格按照统一定额的消耗量和单价确定建筑产品价格。尽管定额的消耗量是根据施工规范、典型工程设计和生产力发展水平等因素，通过统计、计算等方法测定而成，但定额消耗量只反映了社会平均消耗水平，没有考虑施工不同企业管理水平和技术水平等方面存在的个体差异。

党的十一届三中全会后，伴随经济体制改革的发展，我国政府投资项目管理体制不断向前推动了一系列市场化改革。其中以 1979 年实行基建投资拨改贷、1984 年国务院下发《关于改革建筑业和基本建设管理体制若干问题的暂行规定》、1988 年国务院发布《关于投资管理体制的近期改革方案》、1992 年邓小平南巡讲话、2004 年国务院颁布《关于投资体制改革的决定》为标志，我国计划集权型项目管理体制已基本完成向符合社会主义市场经济体制要求的市场型项目管理体制转轨。在新时期、新形势下政府履行“经济调节、市场监督、社会管理和公共服务”职能的要求，政府对原有的工程造价管理体制也做出相应调整，推行政府宏观调控、企业自主报价、市场竞争形成价格、社会全面监督的工程造价管理思路。主要有以下几点：

1. 对工程造价实行有限度的指导性管理

实行工程造价体制改革后，国家对工程造价的管理逐渐由直接管理转变为间接管理。在2003年，由原建设部制订《建设工程工程量清单计价规范》（GB 50500—2003），在全国范围内推广实施工程量清单计价方法，2008年由中华人民共和国住房和城乡建设部在2003版的基础上修订推出《建设工程工程量清单计价规范》（GB 50500—2008），在这个过程中将过去政府控制的指令性定额转变为制定适应市场经济规律需要的工程量清单计价方法，由过去行政直接干预变为对工程造价依法监管，强化政府对工程造价的宏观调控。国家制定统一的工程量计算规则，编制全国统一的工程项目编码和定期公布人工、材料、机械等价格的信息。随着计算机网络技术的广泛应用，国家开始建设工程造价信息网，定期发布价格信息及其产业政策，为各地方主管部门、各咨询机构，其他造价编制和审定等单位提供基础数据。

2. 加强对工程造价咨询企业以及工程造价从业人员的管理

1996年原建设部颁布了《工程造价咨询单位资质管理办法（试行）》（建标［1996］33号）[1]和《造价工程师执业资格暂行制度》，审批了一批工程造价咨询单位，建立了造价工程师执业资格制度，促进了我国工程造价咨询业的发展。目前，由国务院建设行政主管部门负责全国工程造价咨询单位的管理工作。省、自治区、直辖市人民政府建设行政主管部门负责本行政区域内工程造价咨询单位的管理工作。特殊行业的主管部门经国务院建设行政主管部门认可，负责本行业内工程造价咨询单位的管理工作。由国务院建设行政主管部门负责全国造价工程师的注册管理工作，造价工程师注册的具体工作可以委托有关协会办理。省、自治区、直辖市人民政府建设行政主管部门负责本行政区域内造价工程师的注册管理工作。特殊行业的主管部门经国务院建设行政主管部门认可，负责本行业内造价工程师的注册管理工作。

3. 建立新的政府投资项目管理体制

建立了新型的项目投资运行体系，打破传统体制下单一的政府投资主体格局，形成了各级政府、企业、个体、外商等多种投资主体并存的多元化局面；出现了各种经济成分合资、合作以及股份制等多样化投资方式；在所有权与经营权适度分离

---

[1] 2000年3月起实施了《工程造价咨询单位管理办法》，同时《工程造价咨询单位资质管理办法（试行）》失效。

的基础上，国家进一步强调政企分开，力促企业逐步发展成为真正的投资主体；建设资金从主要靠财政拨款，转变为国家、银行、建设单位自筹，通过资金市场募集和利用外资等多种融资渠道。

建立了分层次的项目决策管理体系。简化了项目审批手续，扩大地方和企业投资决策权，取消了非政府投资建设项目审批制。对需要政府投资的项目，仍维持现有审批制管理办法；对不需要政府资金支持，但项目建设涉及国家安全、重要资源开发、产业布局的重大项目，实行核准制管理办法；对不需要政府投资、能够自行平衡建设资金和落实建设条件的一般竞争性产业项目，实行备案登记制管理办法。

引入市场竞争机制，改进项目管理方式，初步培育发展了投资项目市场服务体系，在工程项目可行性研究、设计、施工、监理等方面全面引入市场竞争机制，实行项目招投标、工程承包和法人责任制等制度。政府对公共项目投资、建设、管理方式进行改革，推行非经营性项目代建制、经营性项目法人招标制，充分发挥市场配置资源的基础性作用，使政府直接“生产”的工程越来越少。

建立了项目监管体系。提出政府投资项目从前期论证到建设实施全过程监管的理念，建立公共投资项目的产业政策和行业准入制度，建立重大项目稽查特派员制度、招标投标投诉受理制度，建立国土资源、环境保护、城市规划、安全生产监管等部门协同配合的监管体系，设立专门机构对政府投资的重大项目进行决策论证、概算评审和后评估。

1. 请对比英联邦国家和地区与美国工程造价计价依据的差异。
2. 请描述我国工程造价体系的特点。

第三章 工程造价管理新方法

本章导读

长久以来，人们将注意力集中在通过哪些途径来降低建设项目的工程造价，但随着建设项目的日益繁杂和工程管理思维的转变，人们对建设项目造价的理解也发生变化，从项目建设、运营使用乃至报废拆除所发生的费用都归算在工程造价内，追求全生命周期(Life cycle) 内工程造价的管理。更进一步的是，人们将建设项目不再单纯地看成建设活动的静态产品而是拥有未来收入或收益的动态产品，人们还在思考如何在全生命周期成本最低的基础上追求整个项目的价值，这完全是一次工程造价管理思维的重大转变。这种思维的转变为造价工程师们的职业发展带来契机，使造价工程师们可以从传统的计量计价的工作中解脱出来，投入到更为高端的、为项目创造价值的工作中来。

第一节 全生命周期造价管理

在本节开始之前，首先看两个案例。

【案例 3.1】 某省大多数地区为山区，地质情况较复杂，每年发生的地质灾害（如滑坡、泥石流）和气候灾害（如水毁、积雪）都会造成不同程度的交通中断和引发交通事故，道路养护工作量大，费用高，治理的费用更高。但如在设计阶段换种思路，考虑建成后后期营运维护成本，在地质选线中遵循“躲避为主、处理为辅”的原则，结果就大不一样了。如某国道达坂山越岭段，因冬季经常积雪，行车难，有时几乎无法通车，安全隐患大，后来将积雪最严重的路段改为隧道通过，建设期的投资虽然明显增加，但交通事故率大大降低，运行路线缩短，交通中断情况不再发生，养护工作的难度和压力明显减小，取得了较好的效果。虽然修建隧道的投资大，但从后期管理养护、运行安全以及环境保护等方面综合分析，总成本是降低的。

【案例 3.2】 西宁市丹拉国道主干线湟源至倒淌河一级公路在建设时为节约投资，在原国道 109 线上进行改建，许多地方采用平面交叉，建成通车后，交通事故频发，造成较大的经济损失和人员伤亡，行车速度也大大降低，管理难度大，运营效率降低。为此，该省交通厅提出进行辅道建设，将一级公路改为全封闭、全立交，由于峡谷地形的限制，修建辅道的工程造价高，远超过一般地区，但经过重新建设后降低了交通事故率，提高了通行能力和运输效率，获得了较好的经济效益与社会效益。

现在让我们思考一下，在建设项目决策时，是该选择造价较小的方案呢还是造价较大的方案呢？从上文的描述来看答案是显然的。那这不是与前面所述造价工程师要追求总造价最小化相矛盾了吗？接下来要探讨的工程造价管理的发展——全生命周期造价思想将会给出答案。

项目的全生命周期不仅包括初始阶段，还包括未来的运营维护以及翻新拆除阶段，一般将建设项目全生命周期划分为建造（Creation）阶段、使用（Use）阶段和废除（Demolition）阶段，其中建造阶段又进一步细分为开始（Inception）、设计（Design）和施工（Implementation），如图 3-1。实际上未来项目的运行和维护成本要远远大于它的建设成本，而且先期建设成本的高低对未来的运营和维护成本的高低会产生很大的影响；因此，实施全生命周期造价管理，使自决策阶段开始，将一次性建设成本和未来的运营、维护成本，乃至拆除报废成本加以综合考虑，取得两者之间的最佳平衡，从建设项目全生命周期角度出发去考虑造价问题，实现建设项目整个生命周期总造价的最小化是非常必要的。

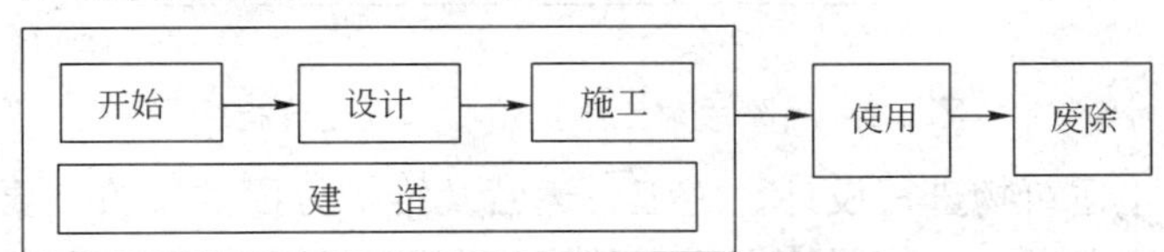

图 3-1　建设项目全生命周期

一、全生命周期造价管理理论的产生与发展

全生命周期造价管理（Life Cycle Costing，LCC）主要是由英、美两国的一些造价界的学者和实际工作者于 20 世纪 70～80 年代提出的，后来在英国皇家特许测量师学会（RICS）的直接组织和大力推动下，逐步成为较为完整的理论和方法体系。此外，RICS 还与英国皇家建筑师学会（RIBA）合作，直接组织了对全生命周期造价管理的广泛而深入的研究和全面的推广，先后出版了一系列的研究著作或报告，如：

《全生命周期造价管理：一个能够使用的范例》；

《建筑师全生命周期造价核算与初略设计手册》；

《建筑全生命周期造价管理指南》；

其他有关工程项目全生命周期造价管理的文件和报告等。

应该说，全生命周期工程造价管理在很大程度上是由英国 RICS 的学者们以及工料测量师们提出、创立和推广的一种全新的工程造价管理的思想理论方法，目前在发达国家已经被普遍采用。首先让我们来看看一些机构与学者的研究成果：

早在 1982 年，Kelly（1982）通过大量的调查研究发现一个项目 80%的工程造价在方案设计阶段就已经确定，所以后续的控制只能影响到其余的 20%投资。Wootoon（1982）的研究认为项目工程造价中能受现场直接控制的部分在 6%～20%之间。两者的研究很好的验证了建设项目各阶段对工程造价的影响程度，见图 3-2。

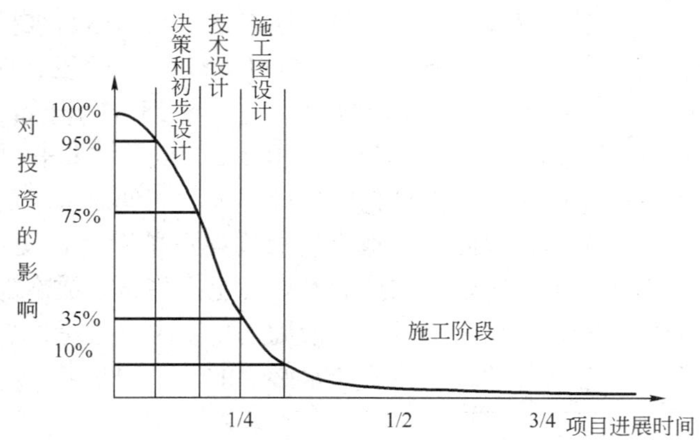

图 3-2　各阶段对工程造价影响程度分析图

因此对一座建筑物进行设计、施工、运营及维护方面的决策，要从项目前期考虑，从项目总体上考虑，使得建筑物在整个生命期内性能良好，而且所发生的生命周期成本最低。

如图 3-3 所示，传统的工程造价管理模式只涉及到基本建设程序各阶段工程造价的核算与控制，不能在项目策划阶段提供一个建设期项目管理与运营期设施管理介入的环境，做到从项目全生命周期角度来降低总造价，而这种职能的缺失正为工程造价专业的学生提供了从事更具创造性工作的机遇。

项目的生命周期成本构成关系如图 3-4。需要注意的是，项目的建设成本与运营维护成本不是独立变量，前期发生的建设成本对建设项目实体的形成和功能水平有决定性影响，同时也由于项目功能水平的确定而极大地影响到项目使用阶段的运营与维护成本。若将两者独立核算其成本最小值，则全生命周期成本不一定能够最优。显然在项目决策与设计阶段选中的方案决定了项目的建设成本与运营维护成本及项目功能水平，而建设成本通过对功能水平的影响又一定程度上决定了未来的运营维护成本。同时，若在决策与设计阶段就考虑到运营、维护成本，则势必也会影响到建设成本。从某种意义上说，建设项目的建设成本与运营成本之间存在着此消彼长的关系。综合考虑建设项目整个生命周期内各阶段成本间的相互制约关系，才有可能实现全生命周期成本的最优，见图 3-4。

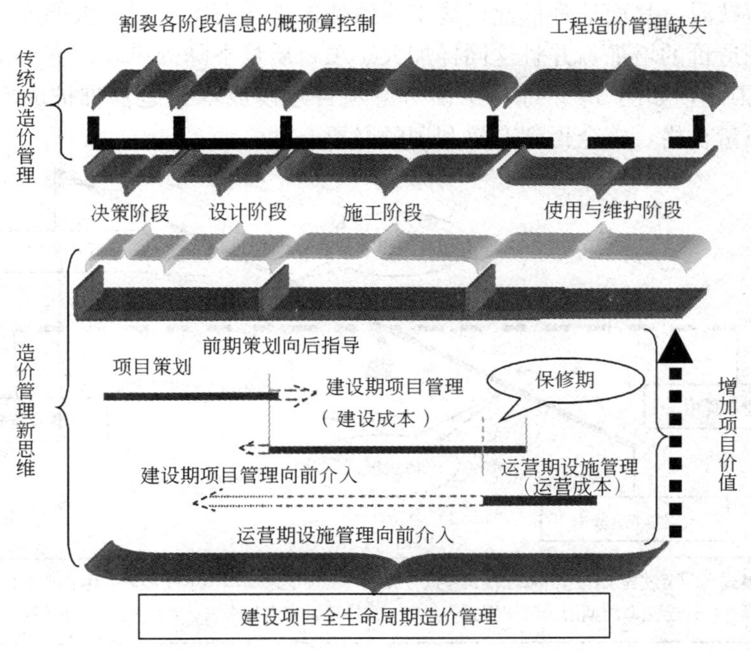

图 3-3　工程造价管理传统思维与新思维对比示意

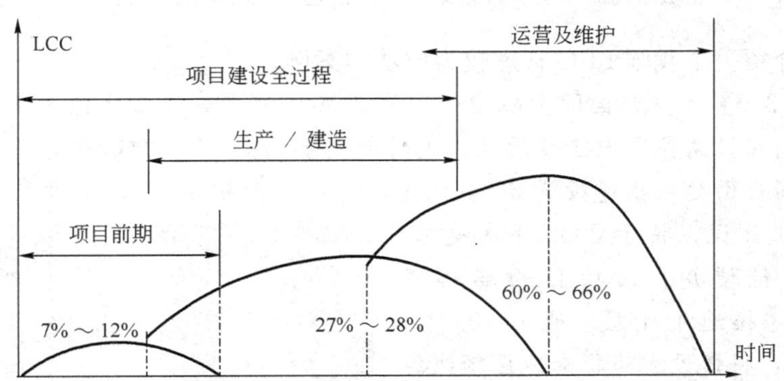

图 3-4　生命周期成本构成关系

从长远观点来看，项目未来运营维护成本要远远大于其建设成本，而且先期的建设成本的高低对未来运营维护成本的高低会产生很大的影响，高的建设成本可能会带来未来运营维护成本的大幅度降低，从而带来建筑物在整个生命期的成本降低。

如果只考虑一次性建设成本，而不考虑未来运营维护成本，这样容易造成在项目资金充足时不考虑服务的年限和使用标准，过度投资，造成不必要的浪费；而在项目资金短缺时，片面地降低建设成本，致使未来运营维护成本大幅度提高，造成全生命周期造价的增加，并且这同样加大了项目质量下降的风险，甚至出现“豆腐渣工程”。因此，如图 3-5，综合平衡考虑项目建设成本与运营维护成本是保障项目功能、质量合格，资金得到有效利用的必要条件。

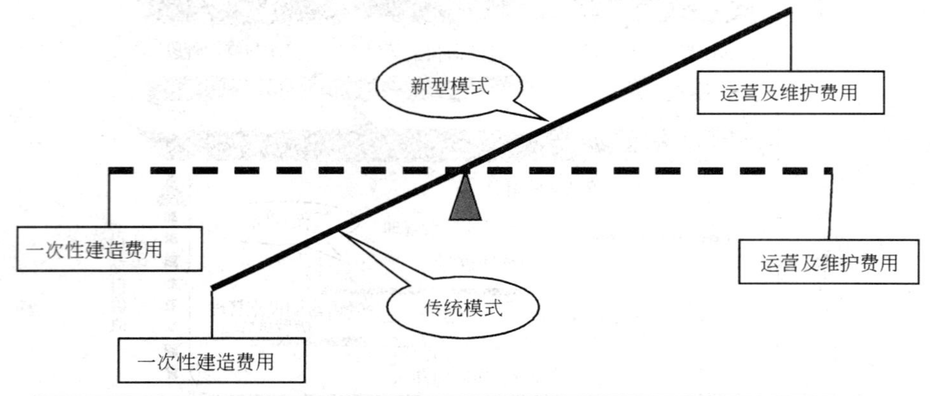

图 3-5 全生命周期造价管理模式下一次性建设成本与运营维护成本的均衡

下面介绍一个我国 LCC 管理较为成功的案例。

【案例 3.3】 广州国际金融中心（即西塔）位于珠江新城核心商务区。广州市政府计划在该商务区内建设两座标志性超高层物业——“双塔”，西塔是其中一幢。西塔项目由越秀城建投资 60 多亿元，总建筑面积 45.6 万平方米，2005 年年底开始动工建设，将于 2009 年底竣工、2010 年交付使用。该项目西塔楼高 432m，主塔楼地下 4 层、地上 103 层，附楼 28 层，将建设成为华南地区顶级综合性商务物业。西塔中标设计方案是由两家英国建筑公司联合体共同设计的“通透水晶”，建筑外表光滑通透、形体纤细，犹如两块细长的水晶沿着中央广场中轴线升起。

广州国际金融中心地上 103 层中，69 楼以下为写字楼，69 楼以上为超五星豪华酒店；地下共 4 层，有珠江新城最大的地下停车场，共 1700 多个车位；28 层附楼则有国际会议中心、酒店式公寓、高档商场等，2007 年底已封顶。

西塔在设计阶段就充分考虑了项目建成后运行与维护费用，并且考虑运营阶段的经济效益（见图 3-6）。

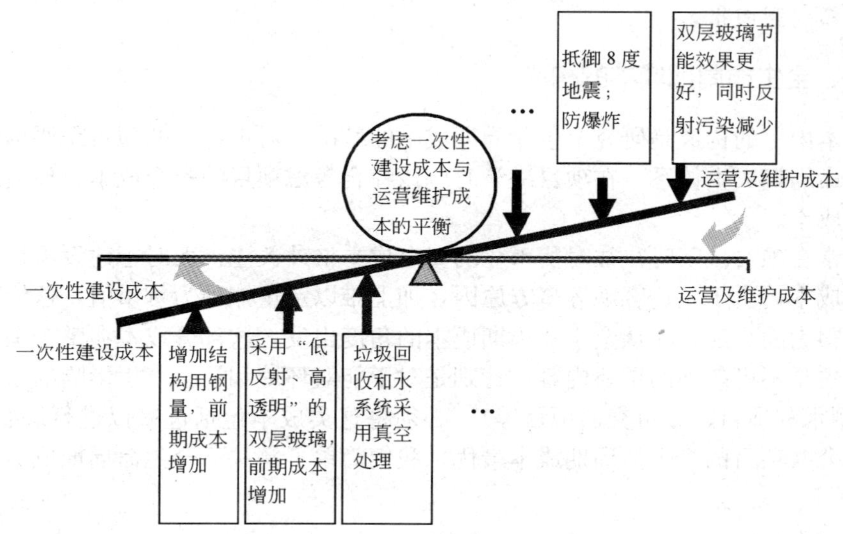

图 3-6　西塔 LCC 的设计理念

（1）西塔安全性——不怕千年罕遇地震，能抵百年一遇大风

防震：抗震设计使其即使在 8 度（广州抗震设防烈度为 7 度）这样广州千年罕遇的地震作用下，西塔仍然能屹立不倒，并且主体结构基本不会受到破坏；同时，国内外机构分别进行的风洞试验结果都显示，在强风或百年一遇的大风作用下，位于塔楼内的人都不会有不舒服的感觉。

防雷：西塔有 1/4 都是在云层中，防雷安全十分重要。广州国际金融中心每个楼层结构钢筋及玻璃幕墙框架均成为避雷设施。

防火：如果广州国际金融中心遇到一个局部的火灾或者爆炸事件，只会局部被破坏，而不会发生连续倒塌。广州国际金融中心外筒在钢管中注入了耐高温且防火的混凝土，内筒钢筋混凝土结构也有良好的防火性能，再加上独特的斜交网格结构，突发冲击只会使受到冲击的网格节点破坏，而不会令整体崩塌。

（2）经济效益

内设超五星豪华酒店已经确定了设计方案。其中，71～72 层为餐饮，74～97 层为客房，98 层为行政酒廊，99～100 层为观光层、休闲中心，设有全国最高的游泳池。70层到顶都是六角形中空中庭，可以直接仰望蓝天白云。93层以上为钻石形镜面反射幕墙，99～100层的楼梯是悬挑在中庭内的玻璃楼梯，在阳光照射下整个中庭就像绚丽多彩的“万花筒”，可作为：①顶级写字楼——提供高档办公场地；②超五星级酒店——提供高层次、高消费能力客户；③高档商场旅游观光——提供旅游收入；④国际会议中心——提升商务层次；⑤高端服务式公寓——涉足房产，获取高额利润回报。

二、全生命周期成本的构成

成本内容的构成是研究全生命周期成本的基础，对于特定的项目需要构建相应的全生命周期成本体系，在项目决策时应该综合考虑项目的资金成本、环境成本以及社会成本。

通常在项目决策时往往对货币化的资金成本格外关注，而对于建设项目的环境和社会成本，由于主、客观等多方原因，加上难以定量体现为货币值，这给项目决策带来很大的难度，而从全生命周期成本的角度出发，这部分成本在整个项目的生命周期内是不可忽视的重要内容。特别是对于能对环境和社会产生影响的重大项目（如大型水利项目、城市交通项目等），必须将这类成本包括进来以进行综合决策，以实现公共项目的全生命周期成本最优。我们简单了解一下全生命周期成本的组成内容。

（一）资金成本

即经济成本，指在工程项目整个生命周期内所发生的一切可直接体现为资金耗费的投入总和。

1．初始建造成本

即一般项目的固定资产投资部分或工程造价。

工程造价的构成按工程项目建设过程中各类费用支出或花费的性质、途径来确定，是通过费用划分和汇集所形成的工程造价的费用分解结构。工程造价基本构成中，包括用于购买工程项目所含各种设备的费用，用于建筑施工和安装施工的费用，用于委托工程勘察设计应支付的费用，用于购置土地所需的费用，也包括用于建设单位自身进行项目筹建和项目管理所花费的费用等，是按照确定的建设内容、建设规模、建设标准、功能要求和使用要求等全部建成并验收合格交付使用所需的全部费用。

2．未来运营成本

工程项目未来运营成本，是指该项目建成交付使用以后，为了维持项目的正常运行和发挥项目设计使用功能而必须支付的维持运行费用。对于不同性质的工程项目运营成本会有所差别，一般会包括运营管理费、维护修理费、环境保护费、能源消耗费等。

（二）环境成本

随着“绿色”、可持续发展等理念对经济活动的影响日益扩大，环境保护在各国愈来愈受到重视，我国在环境保护方面每年也投入大量的资金。体现在工程建设方面，我国2003年9月1日开始实施的《环境影响评价法》规定：建设项目开发建设必须编制环境影响评价文件并且得到有关审批部门的批准，环境影响评价文件包括对可能导致的环境影响进行分析、预测和评估，制定相关的环境保护措施并进行技术、经济论证，对环境影响进行经济损益分析等内容。可见，将项目环境成本纳入项目成本核算是大势所趋。

在西方发达国家，工程项目的全生命周期成本非常重视环境保护因素，把生态平衡、生态环境保护纳入项目建设全寿命周期成本来考虑，如加拿大政府在工程建设中非常关注环境保护，对环境恢复投入大量资金。如在修建某水利工程时，为了了解三文鱼洄游产卵的规律，进行了长达两、三年之久的研究。再如公路修建时虽然没有破坏植被环境，但野生动物迁徙横穿公路时，与汽车发生碰撞，造成人和野生动物伤亡，经济损失很大。公路上死亡的野生动物按拍卖的打猎权价格计算，每年的经济损失达上千万加元，在公路部门修建了专门供野生动物通过的天桥和通道后，野生动物与车辆相撞的事故大大降低，虽然公路建设成本增大，但整体上社会、经济效益显著。我国部分地区生态环境脆弱，一旦破坏、难于恢复。因此，在这些地区进行工程项目建设时，更应该着重于生态平衡、生态环境的保护，不要误以为环境保护就是种树、植草（当然也是一方面），而要从整个生态环境平衡的效益来分析，建设出更经济、更环保的项目，为人类造福。

（三）社会成本

社会成本是指工程产品从项目构思、建成投入使用直至报废不堪再用的全过程中对社会的不利影响。这种影响可以是正面的，也可以是负面的。如某工程项目建设可以增加社会就业率，有助于社会安定，这种影响就不应计算为成本。另一方面，如果一个工程项目的建设会增加社会的运行成本，如由于工程建设引起大规模的移民，可能增加社会的不安定因素，这种影响就应计算为社会成本。

在全生命周期成本中，环境成本和社会成本都是隐性成本，他们不直接表现为量化成本，而必须借助于其他方法转化为可直接计量的成本，这就使得它们比经济成本更难以计量。但在工程建设及运行的全过程中，这类成本是始终发生的。目前，在我国工程建设实践中，往往只偏重于资金成本的管理，而对于环境成本和社会成本则考虑的较少。这也是我国在造价管理上与西方发达国家差距较大的一个地方。

三、全生命周期造价管理的内容与方法

在工程项目全生命周期的各个阶段，都要以全生命周期费用最小化为目标，尤其是在项目的决策和设计阶段，因为项目决策的正确与否和设计方案的优劣直接影响项目的其他阶段，进而影响到整个生命周期造价。

（一）投资决策阶段

在投资决策阶段，从多个可行性方案中选择全生命周期造价最小化的投资方案，实现科学合理的投资决策。资金时间价值理论，成本效益分析、规划理论在投资项目评价时起着重要作用，这些构成了项目投资决策分析的基础理论，并在实际中得到了普遍运用。

在决策阶段，建设规模的论证、建设标准的确定、融资方案的研究、经营方案的研究、建设投资与经营的关系、建设期的投资控制等都是需要考虑的具体问题，另外，论证和研究者的知识和经验、主观的判断还是客观的论证、信息源的广泛性、数据的可靠性、论证和研究的深入程度、论证和研究的科学性等都直接影响决策的结果。

（二）设计阶段

建设项目全生命周期造价管理的思想和方法可以指导设计者系统地、全面地从项目全生命周期出发，综合考虑工程项目的建造费用和运营与维护费用，从而实现更科学的工程设计方案、建筑材料和装备水平的选择，以便在确保设计质量的前提下，实现降低项目全生命周期费用的目标。在设计阶段，要进行全生命周期造价分析和估算，包括对初始建设成本、运营维护成本的计算。

（三）招投标阶段

应根据不同的项目，选择适当的合同方式和适当的承发包模式。目前我国提倡以设计单位为龙头进行工程总承包和以大型施工企业为主体的工程总承包公司进行总承包，这两种模式下，施工单位在设计阶段就可以参与项目的实施，有利于开展可施工性研究。在评标阶段，在进行技术标的评价的时候，不仅要考虑建设方案，还要考虑未来的运营和维护方案，这两者均优的方案才是最好的技术方案；在评价商务标的时候，评价的依据应该由原先的合理的建设成本最低变为合理的建设项目生命周期造价最低。

（四）施工阶段

强调科学管理的重要性，使施工组织设计方案的评价和工程施工方案的确定等方面科学合理，在施工阶段进行质量、造价、工期的三大控制，注重事前控制，发现问题及时解决，对工程的目标实行动态控制，进行风险管理、合同管理、信息管

理等来保证项目按预定工期、预算目标造价、优质地完成。在此阶段，必须严把质量关，工程质量的好坏会直接影响到工程建成后的运营使用，在工期与质量相矛盾时，应首先抓好工程质量。所以在施工阶段不仅要做好工程的成本核算，更要注重工程质量，这样也为运营费用的节约打下了坚实的基础。

（五）运营和维护阶段

要以全生命周期造价最低为目标制定合理的运营和维护方案。运用现代经营手段和修缮技术，按合同对已投入使用的各类设施实施多功能、全方位的统一管理，为设施的产权人和使用人提供高效、周到的服务，以提高设施的经济价值和实用价值，降低运营和维护费用。

第二节 建设项目价值管理

项目建设是一项复杂的系统工程，从前期研究到项目建设，再到最后的投入运营，环节长、参与人员多、涉及因素杂、环境变化快、风险大，如果没有精心的组织与科学的管理，项目是很难取得成功的。由于建设项目自身的特点以及项目实际建设中在管理体制和管理方式等方面存在的问题，我国建设项目的开发常常出现诸如决策失误、效率低下、资源浪费严重、各方要求难以协调满足等问题。因此我国建筑业中一直存在工程造价居高不下的问题。一般认为，对建设项目实施有效的造价控制，是降低成本、提高效率的有效方法，因而有很多研究致力于如何对影响工程成本的各种因素加强管理，如何采取措施将施工中实际发生的各种消耗和支出严格控制在成本计划范围内。但这种思维已经跟不上时代的需要。让我们看下面这个案例：

【案例 3.4】 一提起澳大利亚，人们对这个国家的印象一是憨态可掬的袋鼠和树袋熊，另一个恐怕就要数悉尼歌剧院了。著名的悉尼歌剧院是从 20 世纪 50 年代开始构思兴建，1955 年起公开征集世界各地的设计作品，至 1956 年共有 32 个国家 233 个作品参选，后来丹麦建筑师乌特松（Jorn Utzon）的设计方案“屏雀”中选。该工程原始投资估算为 700 万美元，计划 4 年完成建设。1959 年，乌特松的方案开始付诸实施，于是悉尼歌剧院开始了其曲折、漫长的建设路程。开工后不久，歌剧院就遇到了拱顶壳面建筑结构和施工技术方面的困难。经过修改设计后，才使壳面得以继续施工。但当工程进行到第九年时，坚定不移的支持者当时的总理凯希尔去世了，新上台的自由党人以造价超过原估算为由，拒付所欠设计费，企图迫使工程停止。而此时剧院的主体结构已经完成，形成骑虎难下、欲罢不能之势。而后因改组后的澳洲新政府与乌特松失和，使得这位伟大的建筑师愤而于 1966 年离开澳洲，与悉尼挥泪告别。当时，歌剧院工程仅完成了四分之一，乌特松从此再未踏上澳洲土地。

是金子总要发光，澳洲政府最终还是清醒了过来，认识到了歌剧院的价值，积极筹措经费。乌特松走后，澳洲不得不自己承担建造任务。由于工程的浩大和艰难，在建造中对乌特松的设计难免要进行一些修改。这一任务只好由澳洲的建筑师们合力完成。最后经过多方协商，由政府的三人小组取代乌特松负责工程继续建设，经历了最艰难的七年之后，悉尼歌剧院终于在 1973 年竣工。期间共耗时 16 年，实际花费达 10200 万美元，远远超过了开始的投资估算，澳洲政府为了筹措经费，除了募集基金外，还曾于 1959 年发行悉尼歌剧院债券。为了歌剧院，澳洲政府可谓是“情至财尽”。据说，发行的债券直到近几年才还清。歌剧院竣工后，连油漆的钱也没有了。别说底层（共 4 层）的车库没有任何油漆，到现在为止歌剧院外部接待厅和洗手间，墙壁、梁柱、天花板还是水泥裸露，坑洞依旧。据说后来他们干脆就不再装修了。现在的澳洲政府并非没钱，他们让这些地方保持原貌，或许另有意义。

下面来研究一下这个案例。从造价控制、进度控制等角度上来讲，应该没有人同意悉尼歌剧院是一个成功的建设项目，但自歌剧院建成以来，它就以造型的新颖奇特和雄伟瑰丽引起世人的关注和赞叹，它不仅是悉尼艺术文化的殿堂，也是悉尼的灵魂，澳大利亚的象征，更是人类共同的宝贵财富。这样看来，谁又能否认悉尼歌剧院是一项成功的项目呢？这个问题需要怎样解释呢？

在回答这个问题前需要引入一个概念，那就是建设项目的价值。显然，建设项目价值的含义，不能单纯从过去的项目时间、质量和成本三者来考虑，或者说是不能仅仅对这三个方面的绩效考核来评价项目的价值实现问题。时间、质量、成本等实施的成功与否，只能作为评价项目管理成功的标准，但项目管理的成功并不代表项目就实现了项目价值。比如，当初澳洲政府没有坚持下来，选择严格控制造价的方案，尽管能取得项目管理的成功，但建成的工程项目却成为不了澳洲的标志。同样，项目管理失败也不代表该项目没有价值，因为项目的价值还受到项目管理所不能控制的诸多因素的影响，比如环境、客户满意度等。因此，建设项目价值的准确定义比较困难，要考虑到所有利益相关者期望的实现程度，根据利益相关者的期望实现程度来衡量项目价值的大小。结合建设项目的具体特点，从项目成功的角度出发，可以认为建设项目的价值即以最优的资源配置有效地实现项目利益相关者的需求。回到悉尼歌剧院这个案例上，澳洲政府对悉尼歌剧院的期望是能成为一件地标性的建筑，成为澳大利亚的象征，而它满足了这种需求，具有超出一般项目的价值，因此，尽管造价高昂，我们仍然认为它是一个非常成功的项目。

既然建设项目价值的大小受利益相关者的影响，那么建设项目的价值管理应该体现出利益相关者的满意度。由此出发，对建设项目的价值管理做如下定义：

建设项目价值管理（Value Management，VM）是一种以价值为导向的有组织的创造性活动，它利用了管理学的基本原理和方法，同时以建设项目利益相关者的利益实现为目标，最终实现项目利益各方的最高满意度。

建设项目价值管理范围可包括项目全生命周期的各个阶段（见图 3-7），包括

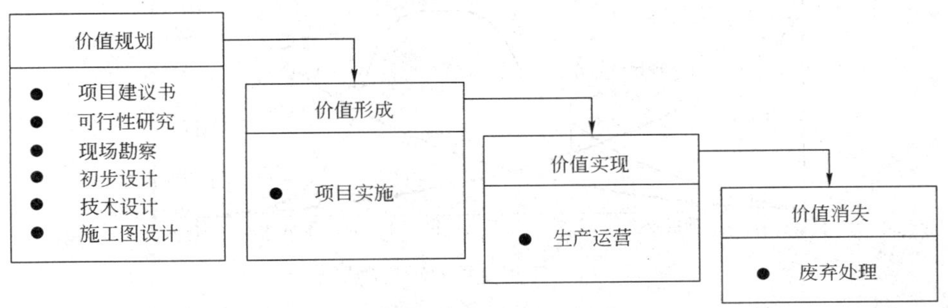

图 3-7　建设项目价值管理范围

项目建议书、可行性研究、现场勘察、初步设计、技术设计、施工图设计、实施、生产运营、废弃处理等各阶段，每个阶段都会对项目的价值造成影响。通常，项目的价值规划阶段（包括项目建议书、可行性研究、现场勘察、初步设计、技术设计、施工图设计）对项目价值的影响是决定性的，因此这阶段也是价值管理介入实施的重要阶段，其服务成果基本上决定了工程价值系统的其他各部分，在该阶段要确定项目利益相关者价值内容、大小与传递方式，因此要进行大量的调研工作，在对项目利益相关者需求进行识别的基础上，平衡他们之间的利益冲突，实现利益相关者价值的最大化；价值形成阶段（包括实施阶段）是价值规划成果的物化，形成价值实体；价值实现阶段（包括生产运营阶段）是组织通过工程的建设实现预定目标，给组织带来经营效益；价值消失阶段（包括废弃处理阶段）拆除报废项目并恢复场地和环境，为策划新项目提供可能。

一、价值管理的研究时间、内容范围和方法

（一）价值管理的研究时间

价值管理是一种综合的系统的方法，从理论上来讲，可以在项目整个生命周期

内的任何阶段应用。但由于建设项目是由一系列相互关联的活动组成，即各活动之间具有依赖性，后期工作都是建立在前期工作之上，项目前期的任何决策都直接或间接影响着后继阶段的工作，因此价值管理研究还是越早进行就越有利可图。前期的决策对项目经济效果的影响大于后期决策所带来的影响。如图 3-8 所示，在机会识别阶段，项目的不确定性最高，这时候变更对项目带来的影响最小，但是随着时间的推移，项目逐渐成形，变更对项目的影响逐渐增大。

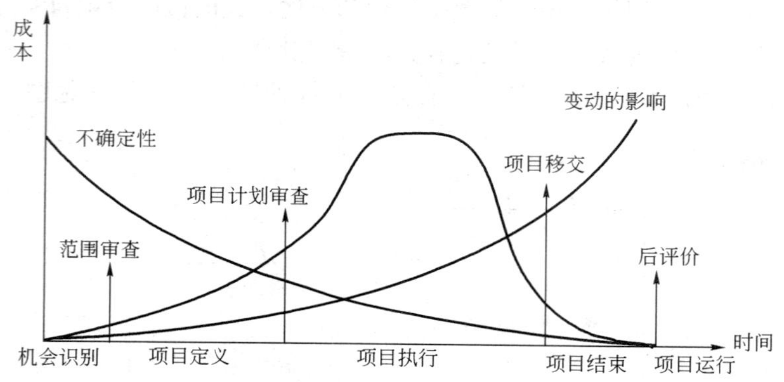

图 3-8　工程变更对项目的影响

由建筑经济学的知识我们可以得出，建设项目成本节约可能性最大的时期是项目机会识别和项目定义阶段。从图 3-8 可以看出，在前期概要阶段、概要设计阶段进行价值管理研究带来的成本的降低幅度远远高于进行价值管理研究带来的成本的增加幅度。为了获得最大的效益，国外价值管理主要应用于建设项目的设计阶段，甚至提前到项目的可行性研究阶段，在设计阶段应用的时间点是整个设计工作完成的 10％～35％之间，相当于国内的方案设计和初步设计阶段。在该阶段实施的主要原因有：

（1）项目设计在这一阶段已经基本上成型，可以借助计算机以及数据库来较为准确地计算出成本，便于功能成本分析。

（2）由于没有进入施工图设计阶段，项目设计在这一阶段还有很大的可塑性，价值管理小组提出改进或变更方案引起的设计变更工程量也不大，这样就不会引起设计人员的阻挠，易于被设计单位采纳。

（二）价值管理的研究范围

价值管理一般都在标志性的时间点进行，比如：在项目建议书开始或完成的过程中；可行性研究的过程中；方案招投标后，在扩充设计之前；扩充设计中或者扩充设计后；施工图设计中或完成后；施工准备阶段应用。也就是说，价值管理是对建设项目在某一个确定的时间点进行研究，而成本控制、质量控制、进度控制和风险控制是在项目的整个过程中持续进行的，通过这些控制方法的持续进行来实现价值管理的目标。如果质量、投资与风险控制不当，也很难实现价值管理的目标。可以说，价值管理是在一定的时间点上对这些控制手段所带来效果的一种检验。

1. 价值管理与成本控制

价值管理的一个功能就是进行成本控制，尤其是通过在投资意向阶段的切入，基于业主的企业发展战略，评估投资意向，来协助业主作出投资决策，避免业主盲目投资造成资金的浪费。另外价值管理还通过功能分析等手段来研究对象的功能，剔除不必要的功能来节省成本，成本的减少通常是价值管理的一个结果，而不是它的目标。

首先，两者的目标是不一样的。价值管理是实现项目价值最大化，而成本控制是确保成本控制在预算范围内。建设项目成本控制是指在成本形成过程中，根据事先制订的成本目标，对项目日常发生的各项生产经营活动按照一定的原则进行控制。在成本控制实施过程中采用专门的方法进行指导、调节、限制和监督并对发生的偏差或问题及时进行分析研究，查明原因，并及时采取措施，不断降低成本，以保证实现规定的成本目标。成本控制过程中必须遵守以下原则：

（1）成本最优化原则。项目成本控制的根本目的，在于通过成本管理的各种手段，促使其不断降低施工项目成本，以达到可以实现最低的目标成本的要求。在实行成本最优化原则时，应注意降低成本的可能性和合理成本的最低化。

（2）全面成本控制的原则。全面成本管理是全企业、全员和全过程的管理，也称“三全”管理。

（3）动态控制原则。也就是在项目的整个过程中持续进行。

（4）目标管理原则。目标管理的内容包括：目标的设定和分解，目标的责任到位和执行，检查目标的执行结果，评价目标和修正目标，形成目标管理的计划、实施、检查和处理。

（5）责、权、利相结合的原则。

其次，两者的方法不同，成本控制的工作程序是制定预测计划、搜集和整理预测数据、选择预测方法、成本预测、分析预测误差，采取组织措施、技术措施、经济措施来实施成本控制。价值管理是一种多专业的活动，在不同的阶段综合利用各种方式来实现项目价值的增加。

2. 价值管理与进度控制

从价值管理的研究过程来看，进行价值管理研究会影响设计的进行，甚至会导致部分设计的中断，导致工期拖延，但是从整个项目的进度安排来看绝大部分情况下并非如此。通过合理安排设计进度，进行价值管理研究就不会延误工期。比如价值管理在对前一部分设计进行研究的时候，设计单位可以进行其他部分的设计，这样就不会过多的干预设计工作的进行。当进行价值管理研究发现问题需要解决的时候，价值管理在表面上看来会带来工期的延误，但是随着项目的逐步开展，不尽早排除潜在的问题，修改设计的成本和工期的延误会越来越大。因此，价值管理研究发现的问题越早，越有利于进度控制，对进度和成本的影响越小。

另外，价值管理对设计的可施工性进行分析加快了施工进度。在设计分析阶段进行施工工艺的分析能尽早发现施工中的问题，并创造替代方案，尽早解决设计和施工的衔接问题，减少因施工难度大造成的工期延误。比如奥运场馆“鸟巢”的暂停事件，就可以充分体会到价值管理研究的重要性。该项目存在三大难题：第一大难题是屋顶的钢结构，目前在世界上还没有这种形状的钢结构，该屋顶工程是重型结构，每平方米承担500kg用钢量（悉尼奥运场馆平均用钢量30kg/m^2，亚特兰大奥运场馆为50kg/m^2），整个工程耗钢50000t，预算投资38.9亿元；第二大难题是开启屋顶，该体育场是具有10万人坐席的开启屋顶体育场，目前世界上是没有的，开启屋顶需要解决开启屋面和钢结构之间衔接的技术问题；第三大难题是钢结构外面的维护膜，在这么大的工程中采用这种产品在世界上也是没有的，施工中关键是要解决膜的强度与钢结构之间的衔接问题。这些难题都需要我们在具体的施工过程中加以解决，就是这些困难导致了该项目停工。停工后才又进一步从安全、质量、功能、工期、造价五个方面对该项目设计方案展开全面、细致的校核和论证，最终根据专家的反复研究论证，将原设计方案中的可开启屋顶取消，屋顶开口扩大，并通过钢结构的优化，大大减少了用钢量。调整后的设计方案不但没有降低设计质量，而且进一步提高了结构的安全度，并使工程造价降低到合理的范围。由此可以看出，进行价值管理研究不仅不会带来工期的延误，甚至有可能会缩短工期，更有利于项目的顺利开展。

（三）价值管理的研究方法

根据建设项目阶段的不同，价值管理研究可以采用Charette法（设计方案审核法）、40小时工作法（40 hour workshop）、价值管理评审法（The value engineering audit）和承包商建议法（The contractors change proposal）等方法。不同的方法适用于不同的阶段，参与研究的人员、研究的内容和重点也不相同，当然效果也可能不同。

1. Charette法（审核法）

其流程见图3-9，即在项目总体构思完成后，由全体设计人员和参与项目总体构思的业主或代表参加的一个分析讨论会。在价值管理专家的主持下，分析讨论业主需要的项目功能是什么，项目主要功能是什么，所需功能的合理性如何等。在该阶段运用Charette方法从事价值管理研究，可以使项目总体构思更加完善、合理，可以防止因遗漏或失误而导致设计返工；可以使设计者充分理解业主的意图，创造出符合业主需求的优秀设计方案；并且，在该阶段进行价值管理研究，所花费的时间和成本都比较少，不会增加设计变更费用，对项目将会产生较大的有利影响。

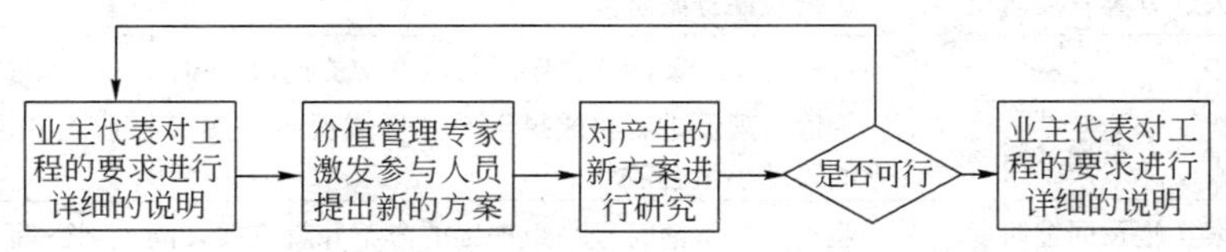

图 3-9　Charette 法流程

2. 40 小时工作法（40 hours workshop）

40 小时工作法是价值管理研究在建筑业中经常采用的方法，也是美国价值工程师协会最为推崇的方法。在应用该方法时，常由一名价值管理工程师组织价值管理研究小组对设计人员所提出的设计方案进行研究和审核。主要工作过程：第一，组建价值管理研究小组。业主委托价值管理工程师负责整个价值管理的研究工作。价值管理工程师（Value Management Engineer）根据工程的具体情况选择专家组成价值管理研究小组，同时把相关资料分发给他们，并做好集中研究的准备工作。第二，信息收集和功能分析阶段。价值管理研究小组根据业主对项目的要求和设计单位的设计情况对设计方案进行功能成本分析，确定研究对象。第三，方案创造与创新阶段。通过头脑风暴法，对原设计方案提出改进意见或创造新的替代方案。第四，方案的筛选对比阶段。对改进了的或创造出的新的替代方案进行筛选，选出可行方案，然后对其发展，使其具体化、详细化，接着将各种新方案同原方案进行成本、功能对比，去掉不适用方案。第五，方案的实施及反馈阶段。价值管理工程师将研究成果提交给业主和设计单位运用实施。传统的 40 小时工作法是集中在 40 小时内完成的（即在五天工作日完成，所以 40 小时工作法又被称为五天工作法），但在具体应用时，可根据工程情况灵活处理，并非一定需要集中的 40 小时。因为在研究中，大量参与研究的人员长时间离开原来的工作岗位是不现实的，因此，就要求研究时间必须缩短，而且价值管理研究与信息技术的结合也为缩短研究时间提供了可能性。表 3-1 为 40 小时工作法流程示范。

40 小时工作法流程示范　　表 3-1

星期一上午（信息收集和功能分析阶段）	首先，业主代表和设计单位代表分别介绍建设项目的要求和设计情况；然后，价值管理小组对设计方案进行功能成本分析，确定价值管理研究对象
星期一下午（方案创造阶段）	通过头脑风暴法对原设计提出改进意见或创造新的替代方案
星期二上午（方案创新阶段）	继续进行方案创新
星期二下午（方案筛选阶段）	对前一阶段所提出的方案进行筛选，选出最优的方案

续上表

星期三整天（方案发展阶段）	将前一阶段筛选出来的方案具体化、详细化，发展到可以实施的水平
星期四整天（方案发展阶段）	继续发展方案阶段
星期五上午	将所有新方案同原方案进行成本功能比较，排除不适用的方案
星期五下午（方案提交阶段）	价值管理促进者将成果汇总，形成报告并提交给业主和原设计单位，价值管理小组解散
之后（方案实施及回馈阶段）	业主实施价值管理小组提出的方案并就有关疑问个别咨询工作组成员

该方法的优点有：

（1）从全寿命周期的角度出发来选择替代方案；

（2）为概要设计的完成确定了一个期限。由于事先决定要进行 40 小时研究，这样能够督促设计小组更快地完成设计。

（3）在绝大部分情况下，进行该研究的费用仅仅是节约额的很小一部分，价值工程师认为，任何一个项目至少有 10％的不必要成本，并且通常能够为业主带来 10∶1 的回报率。

3. 承包商变更建议法（The contractors change proposal）

承包商变更建议法是一种利用承包商丰富的工程经验和技术改进项目设计的方法（见图 3-10）。为了提高项目功能，积极利用价值管理降低工程成本，业主在与承包商签订工程承包合同时，可以在合同中约定对承包商的激励措施：如果承包商提出项目的改进方案被业主采纳，并且降低了项目成本，则可以按照成本降低额度的一定比例对承包商给予奖励。具体的奖励比例根据工程合同的承包方式有所不同：在美国，固定总包合同条件下是 55％，而在建成结算合同条件下是 25％。这一方法的优点是，经济上的奖励使得承包商更加自主地运用其在工程施工经验和技术等方面的优势来改进项目设计，可以有效降低工程成本，实施项目的目标，从而提高建设项目的价值。

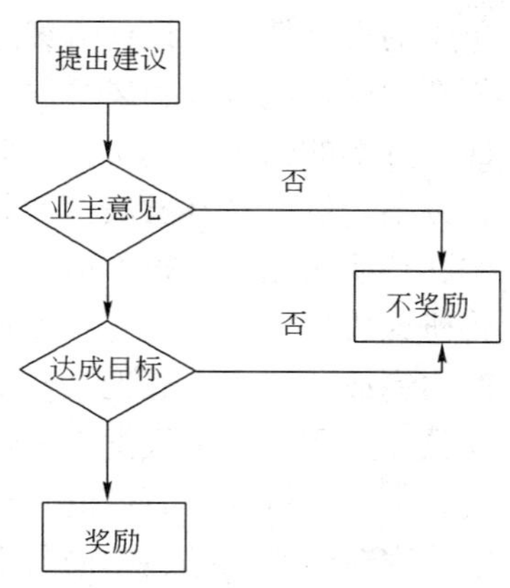

图 3-10　承包商变更建议法

二、建设项目价值管理的组织

（一）价值管理的参与人员

价值管理的研究涉及到工程、环境、建筑等很多领域，需要各个专业的人才，人员的专业组成与项目类型和特点、价值管理研究对象和目标有很大的关系。如房屋建筑项目的价值管理研究，至少应该包括建筑师、机械工程师、结构工程师、电器工程师等。而对于地铁项目的建设，价值管理研究团队肯定是不同的。选择恰当的参与人员是价值管理研究成功的关键，既要有各个专业的专家，也要有适当的规模，因为人员过多就难以控制，影响价值管理的效率，也有可能抑制那些性格内向的参与者发表自己的看法，不利于调动每个参与者的积极性。另外，对于那些规模大、技术复杂的项目，需要很多的参与者才能保证价值管理研究的可靠性，需要对团队成员进行分组，分别讨论和研究。

另外，建立参与人员之间的沟通也是非常重要的。在价值管理研究过程中，要恰当的处理价值管理研究人员与原设计人员的关系。价值管理研究是对原设计方案的再加工过程，可能只是对原方案的细枝末节的修改，也有可能要推翻原来的设计方案，可能会导致原设计人员对价值管理研究产生抵触心理，特别是当价值管理小组聘请外部人员时，抵制情绪可能会更加严重，因此这就涉及价值管理研究小组如何与设计小组进行有效沟通的问题。在工程设计中，设计单位必须保证结构设计的安全，如果他们不加入到价值管理研究小组中，他们就可能提出各种各样的理由拒绝对原方案的改动，这样就使得研究成果无法实施。如果原设计人员参与，他们就可能为了顾及自己的面子而为自己的设计方案寻找理由，掩盖缺陷，影响价值管理研究的效率，也达不到价值管理研究的目的，因此要建立有效的沟通渠道，确保价值管理研究的顺利进行。

价值管理团队的领导人，通常称为价值管理促进者（Value Management Promoter，VMP），是确保价值管理研究的关键因素，需要具备综合的技能，包括功能分析能力、小组和团队建设、对项目可选择方案进行评估的知识，以及施工方面的知识。价值管理研究是一项以经验为基础的研究，设计小组中的成员可能不具有该方面的技能，因此尽可能聘请外部价值管理促进者。为了能够胜任该角色，一个合格的价值管理促进者应该具备下面的特性和技能：

（1）价值管理的经验；

（2）对价值管理程序、过程和技术全方位的理解；

（3）掌握各种人力资源管理技能，以及沟通、分析、解释、提问和横向思考的能力；

（4）由业主或项目发起人为了特定目的而任命；

（5）具有领导气质；

（6）必须要独立，可以从组织内部选择或从组织外部选择。

（二）建设项目价值管理与造价工程师

通过上节叙述，可以看出价值管理是针对建设项目全面发展的一种管理方法，不单纯属于造价工程师所服务的范围，因此价值管理从本质上来说与传统的造价工程师之间没有直接的联系，这并不是说造价工程师没有能力将其业务范围扩展到价值管理领域，越来越多的造价工程师已经意识到这一点，他们正在这样做而且实践中已经提供了价值管理服务，并且取得了巨大的经济效益。

大量研究表明，鉴于英国皇家特许测量师学会（RICS）对价值管理的发展所起的巨大促进作用，造价工程师比设计人员、结构工程师、监理工程师等更适合于价值管理促进者的角色。

首先，造价工程师具有丰富的专业知识：相关的经济理论；项目投资管理和融资；建筑经济与企业管理；财政税收与金融实务；市场与价格；招投标与合同管理；工程造价管理；工作方法和动作研究；建筑制图与识图；施工技术与施工组织；相关法律法规和政策；计算机应用和信息管理；现行各类计价依据等。

其次，与专业素质相对应，其执业范围包括：建设项目投资估算的编制、审核及项目经济评价；工程概算、工程预算、竣工决算、工程招标标底、投标报价的编制、审核；工程变更和合同价款的调整及索赔费用的计算；建设项目各阶段的工程造价控制；工程经济纠纷的鉴定；工程造价计价依据的编制、审核；与工程造价有关的其他事项等。

造价工程师在建设项目中的主要任务和作用是：

1. 立约前阶段

（1）在可行性研究阶段，造价工程师根据建筑师和工程师提供的建设项目的规模、厂址、技术协作条件，对各种拟建方案制订初步估算，有的还要为业主估算竣工后的经营费和维护费，从而向业主提交估价和建议，以便业主决定项目执行方案，确保方案在功能上、技术上和财务上的可行性。

（2）在总体设计阶段，造价工程师根据不同的设计方案编制估算书，除反映总投资额外，还要提供分部工程的投资额，以便业主确定拟建项目的布局、设计和施工方案。造价工程师还应为拟建项目获得当局批准而向业主提供必要的报告。

（3）在初步设计阶段，根据建筑师、工程师草拟的图纸制定建设投资分项初步概算。根据概算和工作程序制定资金支出初步估算表，以保证投资得到最有效的运用，并可制定项目投资限额。

（4）在详细设计阶段，根据近似的工程量及当时的价格，制订更详细的分项概算，并将他们与项目投资限额相比较。

（5）对不同的设计及材料进行成本分析研究，并向建筑师、工程师和设计人员提出成本建议，协助他们在投资限额内进行限额设计。

（6）就工程的招标程序、合同安排、合同内容等方面提供建议。

（7）制定招标文件、工程量清单、合同条款、工程量说明书等，供业主招标或供业主与选定的承包人议价。

（8）研究并分析回收的标书，包括进行详尽的技术及数据审核，并向业主提交对各项投标的分析报告。

2. 立约后阶段

(1) 工程开工后，对工程进度进行测量，并向业主提出中期付款额的建议。

(2) 工程进行期间，定期制订成本估算报告书，反映施工中存在的问题及投资的支付情况。

(3) 制定和审查工程变更清单，并与承包人达成费用上增减的协议。

(4) 就工程变更的大约费用，向工程师提供建议。

(5) 审核及评估承包商提出的索赔要求，并与之进行协商。

(6) 与建设项目的业主、工程师等紧密合作，在施工阶段严格控制成本。

(7) 协助办理工程竣工决算。

(8) 回顾分析项目管理和执行情况。

通过对比知识结构体系、工作内容和目标以及在项目建设中的地位，并且随着造价工程师对自己角色的不断建设、执业范围的进一步拓展，事实上促进了价值管理在建设项目中的应用，我国的造价工程师具备成为价值管理促进者的潜质。在英澳等国的建筑行业中一般倾向于由工料测量师经过必要的价值管理培训充当价值管理活动促进者的角色。但是，从中国造价工程师在建设项目中的任务和作用来看，普遍忽视工程建设项目前期工作阶段的造价控制，而往往把控制工程造价的主要精力放在施工阶段——审核施工图预算、结算工程款，进行事后控制，这样做尽管也有效果，但毕竟是事倍功半。造价工程师应该参与到建设项目全过程管理当中，在项目机会研究阶段和设计阶段发挥应有的作用，这样才能满足建设项目价值管理的要求，成为中国的价值管理促进者，值得庆幸的是造价工程师如今已经朝着这个方向发展，正在适应这个角色的转换。

三、日本中部国际机场应用价值管理示例

日本中部国际机场位于日本爱知县名古屋以南的常滑市知多半岛海岸 3km 外的伊势湾海面上的一个人工岛上，是日本继成田、关西之后的第三个主要国际机场，它是日本第一个民营国际机场，由中央政府、地方政府以及丰田汽车等 700 家企业共同出资组建的“中部国际机场公司”负责建设和经营，其中政府资本 49%，民间资本 51%，该项目工程造价为 7680 亿日元（约 73 亿美元），于 2005 年投入使用。

中部国际机场建设时，在采用全生命周期成本的基础上实施项目价值管理，在项目策划阶段由日本佐藤技术咨询公司（SFC）负责价值管理团队的组织，识别利益相关者的需求，见图 3-11。

SFC 通过大量的调查研究发现日本政府期望中部国际机场具有一流的国际品

质，为2005年在日本召开的国际博览会提供交通上的支持，并且他们要求将中部国际机场建设对自然环境产生的影响减至最低；中部国际机场公司的投资者们则倾向于机场建设尽可能的节约并且运营时减少支出，获得较好的经济效益；机场的使用者们希望建成的机场能为他们出行带来便利，24h都有航班乘坐，当然还有重要的一点是，他们希望能少支出费用。在这些需求下，价值管理团队共同设定了建设项目的目标。

中部国际机场
(Centrair 2005年1月24日拍摄)

对于中部国际机场国内客运大楼，建筑设计师原本构思的设计是让客运大楼建成像折纸鹤的模样，带有浓郁的日本文化。但是VM团队发现这并不是一个好的主意，于是就此展开研究，结果一致同意将“折纸鹤”修改成“T”形楼，这样一来不仅使得机场建设节约了1200亿日元，同时还使旅客由登记柜台步行至登机闸口的距离少于300m，大大节约了旅客时间，同时在后期的运营费用上也有不少节俭。

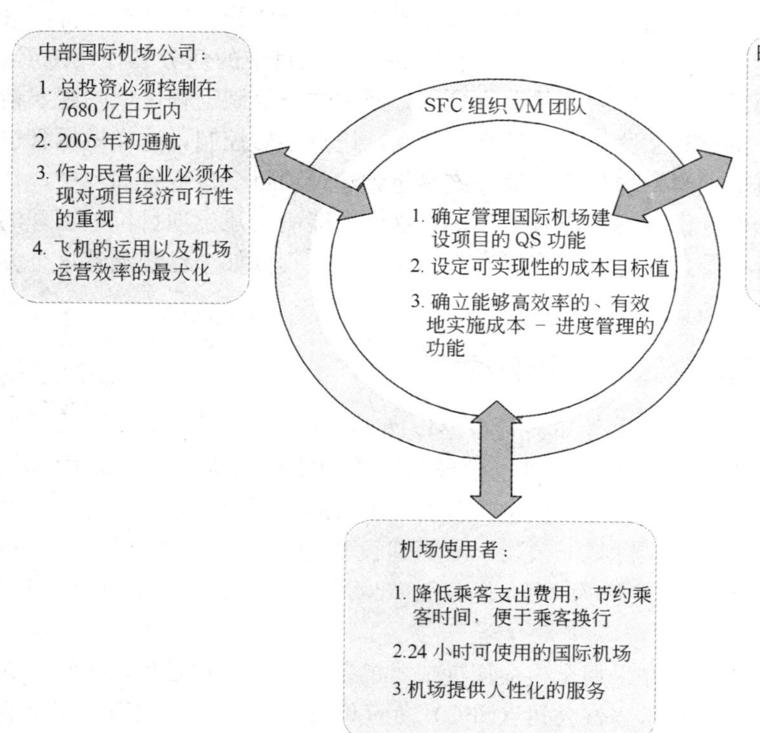

图3-11　日本中部国际机场项目价值管理示例

除了各项减轻成本政策外，中部国际机场亦有多项为保护环境而作的设计。人工岛建成英文字母D字的形状，令海湾内的水流维持畅通。其岸边部分以天然石块建成并倾斜，以协助海中生物在此栖息。

思考题

1. 请谈谈你对项目价值的理解。
2. 作为一名造价工程师，在项目价值管理中应该起到什么样的作用。
3. 造价工程师必须具备哪些素质才能在价值管理中发挥作用。

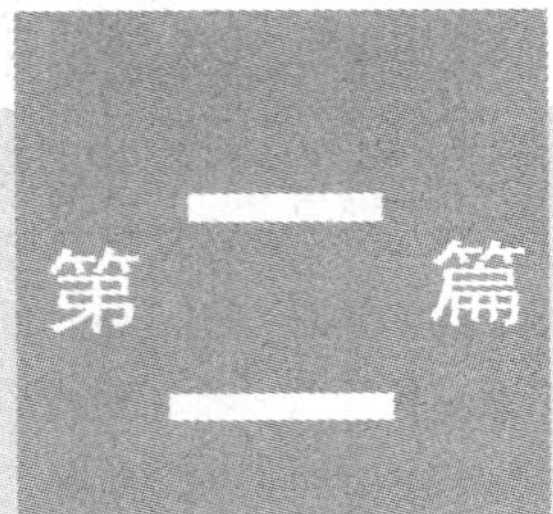

工程造价咨询业及造价工程师

现在的大型工程项目投资额巨大，投资方根本没有相应的人力资源来进行全过程的项目管理工作，比如项目可行性研究、工程设计、工程造价控制等。这就需要借助“外脑”把相关的业务外包出去，由专门的工程咨询公司来做。下面我们就以北京地铁 5 号线为例，简单介绍一下工程咨询的相关内容。

北京地铁 5 号线是北京轨道交通的形象工程，同时也是北京为迎接 2008 年举办的第 29 届夏季奥运会所建设的一系列轨道交通线路之一，是奥运工程的一部分。5 号线北起昌平区太平庄，南至朝阳区宋家庄，全长 27.6km，其中地下 17km，地面及高架线 10.8km。全线共设 23 座车站，地下 16 座，地上 7 座，其中高架站 6 座，地面站 1 座。线路连接丰台、崇文、东城、朝阳、昌平五个城区，途经天坛、地坛等著名景区，以及东单等商业区。

这么一个大的地铁项目，单独靠投资方或地铁运营方是无法完成的。北京地铁5号线有一支咨询团队，这个咨询团队有千余名工程咨询工作者参与，包括北京城建设计研究总院、铁道部第一、二、三勘察设计院、中铁（洛阳）隧道设计院、北京市市政设计研究总院、中铁大桥设计研究院、天津电化院、深圳利得行顾问公司、德港清水建筑设计有限公司、都市建筑设计咨询有限公司等多家咨询单位。5号线的工程咨询工作在科学发展观和奥运理念的指导下，力求开拓创新。

工程造价的控制也在5号线中有所体现。大家知道地铁是地下交通工具，因此地铁的通风系统就显得尤为重要，这直接影响到地铁运营期的成本。北京地铁5号线，从全生命周期成本控制的角度采用可开启式空气表冷器、通风器，通风季节还可以降低能耗28%。经计算通风空调系统的各项节能措施可使一座地下车站每年的运营费用节省30万元。这些无不凝聚着工程造价工作者、设计人员等咨询人员的智慧和劳动。

可以看出，北京地铁5号线是包括工程咨询单位、业主和承包商在内的众多建设者配合共同完成的庞大系统工程。

那么何谓咨询？从咨询者的角度解释，咨询（Consulting）就是指征求意见，从被咨询者的角度来看，咨询就是当顾问、出主意。现代社会，由于科学技术和生产力高度发展，社会分工越来越细，许多领域都发展了自己的专业咨询，如工程咨询、管理咨询和心理咨询等。现代咨询以信息为基础，依靠专业人士的知识和经验，对客户委托的任务进行分析、研究，并提出建议、方案和措施，在需要时协助实施。可见，咨询活动是一种智力密集型服务活动。

因此，我们就要分析工程造价咨询业和作为专业人士的造价工程师的执业内容。历史会告诉我们社会发展的轨迹，那么工程造价咨询业的发展历程如何呢，在整个发展的过程中，是否有深层次的经济学上的原因呢，我国同西方发达国家的工程造价咨询业有哪些不同，本篇的第四章将会对此展开论述。另外，第四章还包括工程造价咨询的内容、全过程造价咨询的业务流程以及典型工程造价咨询机构等内容。那么，造价工程师到底都做些什么呢，他们的执业内容都包括什么，这些内容都会在第五章中阐述。通过这一篇的学习，希望能够使读者对工程造价咨询业有一个概括地了解，熟悉造价工程师的执业内容，为将来进入到工程造价咨询行业、成为一名专业人士提供帮助。

第四章 工程造价咨询业

本章导读

工程造价咨询业发轫于英国，它的历史可以追溯到18世纪上半叶。在英国，最早的特许测量师公司是建于1725年的Drivers Jonas和1745年的Cluttons。1868年英国测量师学会成立，1881年准予皇家注册，1946年准予使用皇家特许测量师学会称号。在工程造价咨询业的整个形成与发展的历史进程中，社会分工的演进、克服信息不对称以及降低交易费用这三个方面起到了重要的促进作用。工程造价咨询活动是一项要求具有很强专业技能的知识密集型服务活动，其特点决定了必须走专业咨询的道路。随着社会的发展，工程建设的规模和投资不断加大，中国工程造价咨询业作为一个新兴的行业开始发展壮大起来。本章围绕工程造价服务的咨询性质，介绍了工程造价咨询业的发展历程，工程造价咨询业产生的经济学分析，工程咨询与工程造价咨询的概念和业务内容，最后有代表性地列举了国内外的工程造价咨询机构。通过本章的学习，使大家对工程造价咨询有一个宏观的了解，对未来的工作岗位和职责有所认识，能够更好的从事工程造价咨询工作。

第一节　工程造价咨询业的发展历程

一、工程造价咨询业的产生与发展

（一）工程咨询业的产生与发展

工程咨询业产生于18世纪末19世纪初的第一次产业革命，是近代工业化的产物。工程咨询业的产生、发展与社会分工息息相关，也可以说是社会分工的产物。

18世纪中叶，英国发生了产业革命，极大促进了欧洲大陆城市化和工业化的进程，社会上大兴土木带来了建筑业的空前繁荣，许多业主越来越感到难以单靠自己的力量监督管理项目建设活动。因此，工程咨询的必要性和重要性进一步为人们所认识。1818年英国土木工程师学会（The Institution of Civil Engineers，ICE）成立，但工程咨询还没有完全从建筑工程领域分离出来，建筑师受业主雇佣负责设计和组织施工。1830年，英国政府以法律手段推出了总承包合同制度，要求每个建设项目由一个承包商进行总包。从此，在许多欧洲国家，承包方式取代了自营方式，随后出现了业主、咨询工程师、承包商相互制约，鼎足而立的三角局面。承包制的实行导致了招投标交易方式的出现，同时也促进了工程咨询制度的发展和业务的扩充，包括协助业主计算标底，协助招标、管理合同等。1840 年代，工业革命的结果使建筑技术复杂化，导致设计与施工分离，工程承包市场形成，建筑师的作用开始转变，由为业主设计并组织施工演变为业主的顾问。1852 年美国土木工程师学会（American Society of Civil Engineers，ASCE）成立，1913 年国际咨询工程师联合会（FIDIC）成立。这些组织的成立表明工程咨询作为一个行业已经形成并进入了规范化的发展阶段。

1950 年代信息技术的产生和发展掀起了第三次产业革命的高潮，并促使工程咨询业向科技化和智力密集型的产业演进；而 1970 年代开始的国际项目管理热潮使国际工程咨询业跨越到新的台阶，工程咨询的外延不断扩大，咨询理念日益更新。

国际工程咨询业的发展一共经历了三个阶段，分别是个体咨询阶段、合伙咨询阶段和综合咨询阶段，在这 100 多年的历史中呈现出阶段性发展。

1. 个体咨询阶段

19 世纪 50 年代美国成立土木工程师学会，批准土木工程师可以独立承担土木工程建设中的技术咨询业务。此后，一些个人公司开始出现，如著名的美国柏克德（Bechtel）公司的创始人 W. A. Bechtel 的出身为估价师，他于 1909 年创立了个人执业的公司 W. A. Bechtel Co. 。当时的工程咨询以土木工程和铁路工程为主，另有少量的公路工程。

2. 合伙咨询阶段

第一次世界大战前后，欧洲和北美的铁路交通业受到来自公路交通业的挑战，公路交通、能源及石油化工行业飞速崛起，工程咨询也从土木工程拓展到工业、交通、能源等领域，为提高竞争力，咨询业者之间开始出现联合，咨询形式也由个体独立咨询发展到合伙咨询，综合工程咨询以新兴的项目总承包的形式在一些大型工程中也开始出现。根据公司的产权性质，合伙咨询阶段又分为松散合伙阶段和紧密合伙阶段。松散合伙体现为两个以上的个体咨询者（或公司）根据项目的需要形成的联盟（Consortium），如 1931 开始施工 1936 年投入使用的胡佛水坝（Hoover Dam）的项目总承包是以柏克德公司（Bechtel）为首的六公司联盟（Six Companies，Inc.）；紧密合伙是指根据个体咨询者的产权比例规定各自权利义务的合伙公司，并一直持续到现在。

3. 综合咨询阶段

第二次世界大战以后，全球掀起了一股建设的热潮，工程咨询业也由此发生了几大变化：工程咨询向纵深发展，全过程咨询不断成熟并成为主流；咨询理念不断创新，从工程技术咨询发展到项目管理咨询和战略咨询；管理思想不断创新，20世纪80年代后的核心竞争力和企业再造理论的应用使得一些巨型公司开始出现，从国内咨询发展到国际咨询，涌现了一些著名的国际工程咨询公司，如柏克德公司（Bechtel）、阿美科公司（AMEC）、福陆公司（Fluor）等。

综合咨询阶段一直延续至今，主要特点如下：

（1）国际工程咨询市场在半个多世纪的发展中已经初步形成了独特的产业分工体系。以美国为首的欧美国家基本上控制了各行业高技术含量的制高点；日本和德国等国由于工业制造技术发达，在建筑工程相关的设备供应方面握有主动权。除欧美发达国家之外，较早进入国际工程市场的韩国、土耳其等国，在大型项目施工总承包市场也确立了一定地位。

（2）受世界经济总体环境的影响，国际工程咨询市场的业主结构和承发包模式在发展中不断变化。国际金融机构的投资增长缓慢，各国政府发包的项目有所减少，而私人资本对基础设施的投资明显增加。许多国家政府鼓励本国私营部门参与基础设施投资，通常所说的PPP（public private partnership）项目，就是属于此类投资，在此领域的私人投资呈现出具体的潜力。

（3）在工程咨询方式中，总承包成为最盛行的方式之一。为了节省成本并提高项目投产的时效性，业主不再像20世纪90年代中期以前那样倾向于工程分包，而是希望由一个总承包商负责工程项目的前期规划、总体设计、设备采购甚至施工管理。这样，一方面对承包商提出了更高的经济、管理和技术素质要求，加大了国际竞争的难度；另一方面，为提高融资能力，国际工程咨询公司之间的新的战略联盟正在形成，日本、美国、英国和韩国甚至早在几年前就开始协商成立国家间的工程咨询和承包业的保险担保联盟。与此同时，专业工程管理公司的地位日渐突出，而且利润水平也比较高。

（4）全球化和本地化趋势日益明显。在全球范围内为当地带来更多的利益已经逐步成为工程咨询公司的一项重要规则和经营策略。各大咨询公司不断调整策略，在各地市场增大投资，通过在当地的子公司或合资公司拓展业务，为投资者提供一切有助于业主投资的决策和经营管理的信息。

美国《工程新闻记录》（Engineering News-Record，ENR）是工程建设界国际知名的杂志，由美国McGraw-Hill公司出版，通过提供业界新闻、分析、评论以及数据而帮助工程建设业专业人士更加有效的工作。根据其对国际工程设计咨询公司（top international design firms）进行的分类统计情况，国际工程设计咨询公司按业务类型分主要有以下几种类型：

ENR.com
Engineering News-Record

E，engineer，工程设计公司　设计为主导，以设计、采购、工程咨询、项目管理和项目融资等为主业，服务领域包括建筑、化工、制造、国防、电信等多种行业。著名公司有荷兰的FugroNV公司，该公司2007年位居全球200强国际设计公司第3位，2008年跃居首位。

EC，engineer-contractor，工程总承包公司　服务多行业，以项目管理、工程咨询、工程总承包等为主业。著名公司有澳大利亚的Worley Parsons Ltd. 公司，该公司2007年位居全球200强国际设计公司第6位，2008年上升至第2位，排在EC类公司的首位。美国的Fluor Corp.，公司，该公司2007年居全球200强国际设计公司第2位，2008年位于第3位。属于该类型的中国公司有中国石化工程建设公司（SINOPEC Engineering Incorporation）、中国电力工程顾问集团公司（China Power Engineering Consulting Group Co.）、中国机械集团公司（China National Machinery Industry Corp.）等。

AE，architect-engineer，建筑设计公司　为建筑业服务，属专业类型的设计公司。中国企业有中国香港的巴马丹拿建筑及工程师有限公司（P & TArchitects & Engineers Ltd.）和上海现代建筑设计（集团）有限公司（Shanghai Xian Dai Arch’l Design（Group）Co.）。

ENV，environmental，环境工程公司　以环境工程的规划设计及工程咨询为主业。

G，soils or geotechnical-engineer，岩土工程公司　以地质勘察设计及工程咨询为主业。

P，planner，规划公司　以各行业工程的前期规划、勘察、设计为主业。

中国真正意义上的工程咨询业始于20世纪80年代初期，其中最早的工程咨询企业是1982年8月由原国家计委组建的中国国际工程咨询公司，1983年原国家计委要求重视投资前期工作，明确规定把项目可行性研究纳入基本建设程序，随后各省、自治区、直辖市、计划单列市相继成立了由计委归口管理的41家省级工程咨询公司。1985年中国政府又决定对项目实行“先评估、后决策”的制度，规定大中型重点建设项目和限额以上技术改造项目，都必须经过有资格的咨询公司的评估。为适应改革形势的需要，各地勘察设计单位扩大业务范围，增加了可行性研究的内容。

在20世纪80年代中国工程咨询机构大体上包括两个部分，绝大部分是诞生在当时的计划经济体制下的勘察设计单位，其次是依托各级计经委等部门或建设银行等金融机构而成立的各类工程咨询服务公司，这一时期主要的咨询内容是可行性研究。

进入20世纪90年代以来，工程咨询的业务内容呈现出多样化发展的趋势。1990年7月成立了中国建设工程造价管理协会及1992年底成立了中国工程咨询协会，1994 年国家颁布了《工程咨询业管理暂行办法》以后，中国工程咨询的产业化进程不断加快，工程咨询市场逐步发育，行业的业务范围也渐渐多样化，随着产业的进一步分工，出现了以工程造价咨询为主的咨询公司以及工程监理公司，90 年代后期在一些沿海城市还出现了一些为建设项目进行全过程造价咨询的工程咨询公司，与此同时，国外工程咨询机构开始大力开拓中国市场，在中国设立办事处或合资合作公司，国内工程咨询业也开始尝试进入国际市场。进入 20 世纪 90 年代后期及 21 世纪的初期，尤其是中国 2001 年加入 WTO 后，随着政府机构改革、科研设计单位的全面转制及各类工程咨询单位脱钩改制、工程咨询市场的进一步开放，使我国工程咨询业的发展进入一个全面迎接国际竞争的时代。

（二）工程造价咨询业的产生与发展

工程造价咨询业的产生同样也是社会分工的产物。随着建筑业的进一步发展，建筑技术越来越复杂，工程造价越来越高，这就加大了工程造价管理的控制难度。项目业主或施工工匠需要有专门的人才在工程造价咨询领域提供服务，造成了工程咨询行业内部进一步的细分，单独的工程造价咨询呼之欲出。

英国从 16 世纪开始出现工程咨询行业的细分，当时施工工匠需要有人帮助他们去确定或估算一项工程所需的人工和材料，以及测量和确定已经完成的项目的工程量，以便据此从业主或承包商处获得应得的报酬；同时，项目业主逐渐开始同项目脱离，需要专业的测量师为其提供造价管理服务，办理与施工工匠的价款结算。工程咨询行业细分使工料测量师（Quantity Surveyor）这一从事工程项目造价确定与控制的专门职业在英国诞生了。

从 19 世纪初开始，英国等国家在工程建设中开始推行招标投标制，要求工料测量师在施工前对工程进行测量和估价，根据图纸算出实物工程量并汇编成工程量清单，为招标者确定标底或为投标者做出报价，工程造价咨询业有了独立存在的理由。1868 年英国“特许测量师学会（ICS）”成立，1881 年准予皇家注册，1946 年准予使用皇家特许测量师学会称号标志着工程造价咨询业形成了独立的行业。这些表明工程造价咨询作为一个行业已经形成并进入了规范化的发展阶段。

20 世纪的 30 年代到 40 年代是工程造价咨询业的初步发展阶段，这一时期工程造价咨询业务逐步拓展开来，许多经济学的原理被应用于工程造价领域。工程造价从一般的工程造价确定和简单的工程造价控制的初始阶段，开始向重视投资效益的评估、重视工程项目的经济与财务分析等方向发展，工程造价咨询业务拓展到投资计划和控制等造价管理领域。

20 世纪 50 年代以后，西方工程造价咨询业进入了行业规范发展阶段。澳大利亚、美国、加拿大以及其他一些发达国家的测量师学会或造价工程师学会相继成立，这些学会成立以后积极组织本学会的成员对工程造价的确定、控制、风险的管理等许多方面的理论与方法开展了研究，同时在大专院校开设工程造价管理专业教育。这使得 20 世纪 50 到 60 年代工程造价从理论方法的研究到专业人才培养等各个方面都有了很大的发展。20 世纪 70 到 80 年代，各国的造价工程师学会先后开始了造价工程师执业认证工作，提出了造价工程师所必须具备的资格与完成的学业及实践和培训的基本要求。

1976 年，由美国、英国、荷兰、墨西哥等国发起成立了国际造价工程师联合会，自成立以来积极组织各成员国的造价工程师学会共同工作，以提高人类对工程造价管理理论、方法、与实践的全面认识。经过多年的努力，20 世纪 80 年代末、90 年代初，工程造价管理理论与实践研究进入综合抽象阶段。这一时期，以英国工程造价管理学界为代表，提出了“全生命周期造价管理”（Life Cycle Costing，LCC）的建设项目投资评估与造价管理的理论与方法。稍后，以美国工程造价管理学界为代表，推出了“全面造价管理”（Total Cost Management，TCM）。美国造价工程师协会为了推动全面造价管理理论和方法的发展，并于 1992 年更名为“国际全面造价管理促进会”（The Association for the Advancement of Cost Engineering International-though Total Cost Management，AACE-I）。自此，国际工程造价管理进入了一个全新的阶段，并为行业规范化发展提供了良好的组织基础和理论支持。

中国工程造价咨询业是随着国家基本建设投资管理体制的改革而产生、发展的。20 世纪 80 年代，由于改革开放的实施，基本建设投资管理体制发生重大变化。即投资主体多元化，国家已不再是唯一的投资主体，承包商不单是国有制企业，承包商队伍不断壮大。建设市场出现了业主和承包商利益对立的局面，这在客观上要求要明确工程概预算人员的中立、公正地位。

20 世纪 90 年代初的全国工程概预算人员持证上岗制度，基本上认可了工程概预算人员的专业人士地位。90 年代后期，工程招投标制度、工程合同管理制度、建设监理制度、项目法人责任制等工程管理基本制度也基本确立，工程造价咨询人员面临着项目融资、工程项目可行性研究、工程索赔等新业务。可见，随着中国由计划经济全面向社会主义市场经济过渡，原有的工程概预算人员的专业定位已不能满足建设项目管理对工程造价管理人员的要求。原建设部标准定额司和中国工程造价管理协会经过认真准备和充分论证，于 1996 年底公布了造价工程师考试大纲以及相应的准入制度规定等文件。1998 年在全国考试。工程造价咨询行业随之产生。

改革开放不断深入，我国逐步建立了项目法人责任制、工程建设监理制度、工程合同管理制度、工程招投标制度等工程管理基本制度。这一时期我国的工程造价咨询业也得到了迅速的发展，并且建立起了与国际接轨的造价工程师执业资格制度。特别是随着我国《建筑法》、《招标投标法》等一批法律、法规的实施，工程造价咨询业的发展速度明显加快。

为了规范工程造价管理中介组织的行为，保障其依法进行经营活动，维护建设市场的秩序，原建设部先后发布了《工程造价咨询单位资质管理办法（试行）》、《工程造价单位管理办法》、《工程造价咨询企业管理办法》等一系列文件。并按照国务院办公厅《关于经济鉴证类社会中介结构与政府部门实行脱钩改制的意见》精神，部署了工程造价咨询单位从人员、财务、业务、单位名称等方面与政府部门及受委托行使管理职能的事业单位、社会团体和集团公司脱钩，并改制为主要由造价工程师执业资格的人员出资的合伙制或有限责任制公司。工程造价咨询机构的脱钩改制，解除了工程造价咨询机构与政府部门的行政管理关系，初步建立起工程造价咨询机构自主经营、自担风险、自我约束、自我发展、平等竞争的新秩序。近年来，工程造价咨询单位的发展已具备一定规模，至 2007 年底，全国已有甲级工程造价咨询企业近 1200 家。

如今的造价工程师工作范围远远超出简单的概预算编制与审核工作，已深入到工程管理的各个方面，包括提供诸如协助招标、合同管理、索赔管理、支付管理、结算管理、定额管理等工程管理咨询服务。工程造价咨询行业经授权直接参与建筑物的招标、支付，并承担相应的法律责任。

二、工程造价咨询业产生的经济学分析

任何事物的存在和发展都有其历史根源，对工程造价咨询业而言也是如此。下面就从经济学视角中的分工理论、信息不对称理论以及交易费用理论来说明工程造价咨询业产生的历史根源。

（一）分工理论与工程造价咨询业的产生

工程造价咨询及专业人士的产生、发展与社会分工息息相关，是社会分工的产物，随着社会分工的产生而产生，并随着社会分工的发展而演进。

最早论述劳动分工必要性的是古希腊著名的思想家色诺芬[1]（Xenophon，公元前约 430～354），他从个人角度指出，一个人不可能精通一切技艺，而专门从事一种技艺会使产品制造得更好。威廉·佩蒂（William Petty，1690）在 17 世纪末也认识到了专业化和社会分工对生产力进步的意义，并指出荷兰人之所以有较高的商业效率，就是因为他们使用专业的商船来运输不同的货物。真正系统地研究分工的经济影响的是亚当·斯密，他在经典著作《国民财富的性质和原因的研究》中就指出了劳动分工有三大好处。第一，劳动者的技巧因业务专一而每天都有长进；第二，由一种工作转到另一种工作，通常须损失不少时间，有了分工，就可以免除这

---

[1] 色诺芬（Xenophon），古代希腊作家，历史学家。《经济论》（Oeconomicus or Economics）反映了色诺芬的经济思想。

种损失；第三，许多简化劳动和缩减劳动的机械的发明，使一个人能够做许多人的工作。

分工演进使以上三个方面的好处得以充分展现在经济发展的进程中。一方面，均衡分工水平的不断提高，导致专业化、规模经济以至生产率的提高，并促进生产集中度和市场一体化程度提高，人均收入增加，贸易发展乃至市场规模扩展，从而提高交易效率。另一方面，交易效率的提高又会反过来进一步提高均衡分工水平。这是一个良性循环的正反馈系统，它描述了一个移动的均衡和一个不可逆的增长过程。在这一过程中，生产成本是递减的，规模收益是递增的，而这正是分工的利益所在。

最早的建筑业组织形式是由业主自己施工建设，然后发展到业主直接雇用各种工匠进行施工，而业主自己做主要技术人员和管理人员去完成全部工程建设的设计和组织工作。此时施工人员和业主直接形成雇佣关系，他们各自完成自己分工的任务，工匠从业主处获得报酬。在这种组织分工情况下，不存在不同利益主体或组织之间的利益冲突。16 世纪前在欧洲，建筑师就是总营造师，他们受雇于业主，负责设计和采购材料、雇用工匠和组织管理施工。

随着社会的进步与发展，建筑业的分工开始逐步细化，最先是业主与工程项目实现者（设计与施工者）的分工和独立。这创造了建筑业的买卖双方——业主和承建商两大不同利益主体，从而奠定了在工程造价管理上，工程项目的买卖双方各自为了维护自己利益而对立的基础。随后，建筑设计与建筑施工又发生了进一步的专业划分和分工，这使得建筑业在造价管理中出现了三个利益主体的格局。为了更好地进行工程项目管理，又出现了专门向社会传授建筑技术、为业主提供建筑技术咨询、解答建设项目的有关疑难问题的机构。这样，最初的工程造价咨询机构就应运而生了。

工程造价咨询的形成与演进过程如图 4-1 所示。

（二）信息不对称理论与工程造价咨询业的产生

我们生活在一个信息化的时代，并且信息是有价值的，人们愿意为获得信息而付费。在现代市场经济中，随着专业分工的不断深入和发展，信息不对称（asymmetric information）是难以避免的，也就是说信息对每个人而言是不对称的。一些人可能具有其他人未知的私人信息（private information），这样便产生了委托代理（principal-agent）问题。在法律上，当甲授权乙代表自己从事某项活动时，委托代理关键就产生了，甲称为委托人，乙称为代理人。经济学上的委托代理关系，泛指任何一种涉及不对称信息的交易，凡是某些人的行为将会影响另一些人的利益，都被称为委托—代理关系，掌握信息多的一方称为代理人，另一方称为委托人。简单地来讲，知情者（informed player）是代理人，不知情者（uninformed player）是委托人。如果信息不对称发生在合同签订之前，也就是说代理人在合同签订之前隐蔽了一些信息，导致委托人面临受到损失的可能，这一现象就是“逆向选择（adverse selection)”；如果信息不对称发生在合同签订之后，即代理人在合同签订之后隐蔽了一些信息，导致委托人的利益面临风险，这一现象就是“道德风险(moral hazard)”。

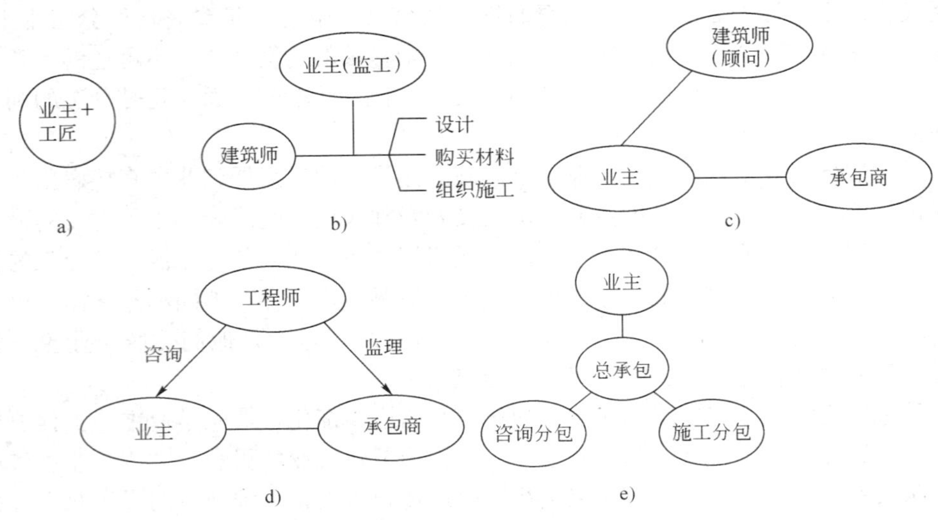

图 4-1　工程造价咨询的形成与演进过程

“逆向选择”是由隐蔽知识导致的委托—代理问题，当不同质量的产品在买卖过程中没有充分的信息来确定产品的实际质量，从而不同质量的产品可能会以一种价格出售时，“逆向选择”就出现了。由于交易双方信息不对称和市场价格下降产生的劣质品驱逐优质品，进而会出现市场交易产品平均质量下降的现象。交易协议签订之后，交易一方利用多于另一方的信息，有目的地损害另一方的利益而增加自己利益时，“道德风险”就出现了。“逆向选择”和“道德风险”都属于信息经济学的范畴，感兴趣的同学可以进一步查阅相关书籍，这里就不再作过多分析。

工程咨询的产生是市场经济发展的必然结果。在市场经济中，交易活动频繁发生，每当交易双方的一方对于交易内容的有关信息相对掌握较少时，都可能出现由于双方信息不对称而产生的交易不公平现象。建设项目所处的建筑市场环境正属于这种不完全信息的情况。业主或建设方通常对于整个项目建设各个过程的费用、进度、质量的控制以及专业技术和信息管理等方面不是很了解，对于承包商的行为不能作出准确的判断，因此在业主方与承包商（包括供应商）之间存在着信息不对称的情况。用信息经济学的观点，在这种信息不对称的市场中业主属于信息拥有量较少的一方，而承包商则属于信息拥有量多的一方，双方都想追求自身利益的最大化。

在这种矛盾下，只有两种可能的情况发生。一种可能是所谓“逆向选择”和“柠檬市场”[1]的出现。由于承包商的行为真实与否存在着外部效应，当业主对承包商的行为作出不好的决策时，可能对承包商支付他认为适合的较低的价格；承包商为了自身获取最大的利益，在建设过程中偷工减料，延迟完工时间等，影响了项目的质量和进度。这种情况最终可能导致市场失灵。

另一种情况是“道德风险”的出现。业主按照承包商的要求负担相应的费用，由于承包商自己不承担整个建设项目的费用，而且还要通过项目的实施获取自己的利益，因此可能在项目的实施过程中，浪费资源（成本、时间等），使业主蒙受损失。

在上述的信息不完全的市场中，最终可能导致市场运作失败，资源不能得到合理的分配和利用。因此，市场双方都认为有必要寻求第三方（外脑）的帮助。第三方在这种市场中拥有较多的信息资源，并能以独立、公正的态度对双方利益进行调和，使业主和承包商都能追求自身利益的最大化。这种寻求第三方以帮助信息较弱方的行为就是所谓的“信息救济”。也就是需要一批掌握着工程建设所需的组织、管理、技术、经济等方面的知识、技能和经验，工作内容涉及项目开发策划、可行性研究、规划、设计、专业技术咨询、工程项目管理等的专业人士。对于业主来说，这些人掌握的信息正是他们所需要的。而对于承包商来说，这些专业人士的加入也可以消除“次货市场”给他们带来的损失。对业主和承包商双方来说，雇用第三方对双方均有利。因此，需要对这种专业人士来承担建设项目的工程咨询活动，利用其充足的专业知识和技能为雇佣者（信息相对缺乏方）提供帮助，而且这种帮助还是代表社会正义的，即是真实、正确的。工程咨询业正是由符合这种条件的专业人士组成的行业。

在这种不完全信息的市场环境中，围绕工程项目建设活动的主体主要有三方，即业主方、工程咨询方（包括建筑师，结构工程师以及水、暖、电、声、光、热等专业工程师，造价工程师，项目管理工程师，建造师等等）和承包商（包括供应商）。他们在有关建筑法规的约束下，构成相互制约的合同关系，即国际上通用的工程项目建设管理机制。在这种机制中，咨询工程师接受委托方的指令，对工程建

---

[1] 柠檬（lemon）在美国俚语中的意思是“次品，有瑕疵的物品（unsatisfactory or defective thing，esp a car)”，按照美国俚语，在质量不确定的旧货市场，如果客户买到一件好的东西，就说买到了一个“洋李(plum)”，如果买到了一件差的东西，就说买了一个“柠檬（lemon)”。柠檬市场，因此也被称为次品市场，在信息不对称的市场中，产品的卖方对产品的质量拥有比买方更多的信息，在极端情况下，市场会止步萎缩和不存在。柠檬市场效应则是指在信息不对称的情况下，往往好质量的商品遭受淘汰，而劣质品会逐渐占领市场，从而取代好质量的商品，导致市场中到处都充斥着劣质品。

设项目进行全过程（包括设计准备阶段、设计阶段、施工阶段、使用前准备阶段和保修期）、全方位（主要指费用控制、进度控制、质量控制、合同管理、信息管理以及组织协调等）的管理。

（三）降低交易费用促进工程咨询业的产生

市场经济中到处充满着交易，但交易不是无代价的，它是要花费一定的成本。对此，斯蒂格勒❶（Stigler）所打的比喻十分恰当："一个没有交易费用的社会，就像自然界没有摩擦力一样，是非现实的，在现实的经济生活中任何交易总是要花费成本的，只不过交易费用借以反映的方式不同罢了。"

交易费用的概念最早由科斯❷（Coase）于1937年提出，威廉姆森（Williamson，1985）在科斯理论的基础上对交易费用作了进一步的发展。他认为交易费用产生的原因可以分成两个方面，即市场的客体方面与市场的主体方面。市场的客体方面主要包括市场的不确定性和潜在对手的数量、交易的技术机构、交易频率和交易所涉及的资产专用性等。市场的主体方面主要包括人的有限理性和机会主义行为。张五常（Cheung，1987）又进一步发展了交易费用的含义，他认为，在最广泛的意义上，交易成本包括所有那些不可能存在没有产权、没有交易、没有任何一种经济组织的鲁宾逊·克鲁索经济中的成本。在这种意义上，交易成本可以看作是一系列制度成本，包括信息成本、监督管理的成本和制度结构变化的成本，即包括一切不直接发生在物质生产过程中的成本。

新兴古典经济学家杨小凯又将交易费用分为外生交易费用和内生交易费用。外生交易费用是指在交易过程中直接或间接发生的那些费用，而不是由于决策者的利益冲突导致经济扭曲的结果。内生交易费用则是信息不对称的必然产物，由特定的人类行为——机会主义决策行为引起的。机会主义决策行为是一个参与者的利益以损害他人的利益为代价的。这种决策行为是内生交易费用产生的根源。

由此可见，信息不对称对于内生交易费用有决定性影响。信息不对称程度越大，机会主义倾向越大，产生的内生交易费用越高。

建设市场中业主和承包商即为交易的双方。他们的交易过程同样存在着交易的三个维度，即交易的不确定性、交易的频率和资产专用性。一方面，社会分工的存在必然会导致不同分工的人在经济活动中信息的不对称，造成交易不公平的后果；另一方面，建筑技术的复杂化和建筑本身的复杂特性，导致不确定性因素的增加，

---

❶乔治 J. 斯蒂格勒（George J. Stigler，1911～1991），美国经济学家、经济学史家、芝加哥大学教授，1982年诺贝尔经济学奖得主。

❷罗纳德 H. 科斯（Ronald Harry Coase，1910～），英国经济学家，交易成本理论及科斯定理的提出者，对产权理论、法律经济学与新制度经济学有极大贡献，1991年诺贝尔经济学奖得主。

也促进了业主和承包商之间信息不对称的发生。如果没有专业人士帮助，业主在和承包商的交易活动中将面临一系列内生交易费用增大的可能。

在选择承包商时，因为信息传播效率及业主有限理性的约束，业主通常对承包商自身资质、能力、信誉等方面不能掌握充足的信息，为了避免“逆向选择”的发生，业主不得不进行大量的调研、考察，以获得必要的信息。这些工作需要花费时间和费用，从而导致内生交易费用的增加。

在合同的签订过程中，因为建设工程周期长，易受诸多外界因素的影响，承包商为了能实现自己利益的最大化，利用自己的信息优势，或者选择对自己最有利的合同形式，或者在合同条款中故意使用模棱两可的字句暗中为自己日后逃脱责任或索赔创造机会。业主如果想获得谈判的标准、合同形式和索赔条款、合同谈判注意事项等，必须在合同签订前进行信息搜集和度量，这无疑会增大内生交易费用。

在施工过程中，由于业主自身工作繁忙，不可能经常在现场监督承包商的工作，而且受自身知识的限制，也不能完全了解各项工程的技术、各项工序的质量，从而使得承包商的工作过程不能完全被业主监督。承包商可能利用自己的私人信息，在施工过程中偷工减料，利用私人关系购买廉价的原材料和机械设备并从中获得价差等，以此来谋取利益，发生“道德风险”，从而增大内生交易费用。

因此，业主需要既掌握工程建设全过程的知识和专业技能，又能以公正、独立的态度为其提供咨询服务的专业人士，并且可以与这类人士签订合同，规定其职责，为业主服务。这类人士的工作内容涉及承包商的选择、合同形式的选择、合同的谈判、工程价格的计算、合同条款的确定、监督承包商的工作等等。他们可以通过自身拥有的知识、专业技能和对市场信息的了解，在对承包商的选择、合同的签订、意外事件发生导致的索赔等事宜占据控制权，减少了整个交易活动中的信息不对称问题；通过不断地与承包商接触和监督行为，抑制了承包商的机会主义行为；无论在时间上，还是在诸如信息搜索等一系列工作的成本上，比业主亲自度量所需的成本和时间要少得多，因而节约了内生交易费用。

三、中国内地与西方发达国家工程造价咨询业的比较

中国工程造价咨询业的实际发展时间只有 20 多年的时间，相对于已经发展了 100 多年的西方发达国家工程造价咨询业，虽然产业规模增长很快，但与之相比仍有相当大的不同与差距，主要体现在如下几个方面。

（一）市场准入制度

工程造价咨询业与传统的服务业具有共性，即市场进入、退出壁垒小，不需要太多的硬件投入，专用性资金少。所不同的是工程造价咨询提供的是智力服务，对执业人员素质要求较高，应具有一定的知识结构、专业技术、实践经验和策划能

力。因此，发达国家一般不对工程造价咨询公司进行资质认证，对注册资金也没有限制，只对执业人员进行执业资格认证。只要具有一定数量的高级执业资格的人员即可注册登记公司，参与市场竞争，赢得业绩和声誉。工程造价咨询公司既不隶属国家政府部门，也不依附于其他经济实体，经营具有独立性。

中国工程造价咨询业则较注重企业资质，市场准入是以企业资质和注册资金的限制为前提的，而个人执业资质只是依附于企业资质。中国明确规定所有执业人士必须隶属于企业，不得独立执业。比如，造价工程师就只能注册在一个单位从事工程造价的相关活动。在企业资质方面，中国工程造价咨询业分为甲、乙两级。这些特性决定了中国工程造价咨询业的市场准入限制较多。

（二）行业管理体系

发达国家对工程造价咨询市场的监管只由立法部门制定明确的法律条文，没有直接管理的政府部门。自律性行业协会规范执业人员和公司的行为，法制化程度较高，它拥有很高的地位，如美国的国际全面造价管理促进会（AACE-I）和成本估算与分析学会（SCEA），英国的皇家特许测量师学会（RICS）等，在国际市场上按照国际商贸通行的惯例执法。国际咨询工程师联合会（FIDIC）是国际上最具权威性的全球性自律组织，它所制定的职业准则及各种规范性文本在国际工程咨询之间业务活动中常作国际惯例使用。

中国对工程造价咨询业的监管采用的是行政管理，有依法监管的政府部门。1990 年 7 月成立的中国建设工程造价管理协会，是由从事工程造价咨询服务与工程造价管理的单位及具有注册资格的造价工程师和资深专家、学者自愿组成的全国性的工程造价行业协会。该协会是工程造价咨询行业的自治组织，协会的业务主管部门是住房和城乡建设部（原建设部），并接受住房和城乡建设部、民政部的业务指导与监督管理。

（三）企业组织形式

合伙制企业是国外工程咨询公司典型的产权体制，许多国际性大公司的所有权都掌握在合伙人手里。这些合伙人分布在各个地区，既是股东，又是业务经理和咨询专家。工程咨询公司对工程咨询执业人员管理较严，只有具有执业资格注册证书的人员才可从事工程咨询工作。咨询人员具备一定的实力和经验，就可以晋升为合伙人。合伙人业绩不佳也要离开公司。随着企业理论的不断发展和实践，国际工程咨询业中一种新兴的企业组织形式也开始出现，即合伙公司制，也叫有限合伙制，这种体制在美国较为流行。

中国工程造价咨询企业的构成主体是国有企事业单位，近年来大多数企业均实行了脱钩转制的改造。近年来一些沿海开放城市相继出现了合伙制企业，也有一些合伙企业取得了较好的业绩和声誉，但与其他企业在相同的市场平台上还存在着不公平竞争的情况。中国工程咨询业已出台了相关政策鼓励合伙制企业的发展，但多数新成立的企业仍极力避免采用合伙制，而采用公司制的企业组织形式（主要是指有限责任公司和股份有限公司），这种情况也间接地影响了个人执业资质的权威性，影响了中国在体制上与国际惯例接轨。

（四）执业内容

在执业内容上，英美等西方发达国家除了传统的工程造价咨询服务外，更多是偏重于全生命周期造价管理。20 世纪 70 年代末和 80 年代初，英美的一些造价工程界的学者和实际工作者提出了全生命周期造价管理。英国皇家特许测量师学会对全生命周期造价管理的发展投入了大量的力量。因此，西方发达国家的工程造价咨询服务注重于提升项目的价值，进行建设项目投资管理，涉及到建设项目决策、可研、设计、实施、使用与维护各个阶段的造价确定与控制，特别强调建设项目全生命周期造价控制。

20 世纪 80 年代中期，徐大图、刘尔成、龚维丽等中国工程造价管理领域的理论与实际工作者先后提出了对建设项目进行全过程造价管理的思想。中国建设工程造价管理协会对这一思想的实际应用工作进行了推动和引导。因此，中国工程造价咨询的服务侧重于建设项目决策、可研、实施、竣工结束这一全过程的造价控制。

虽然看似全生命周期造价咨询涵盖了全过程造价咨询，但是在具体应用中，全生命周期造价咨询还存在一定的局限性。全生命周期造价管理的思想可以作为我国全过程造价咨询工作的进一步发展的方向。

四、中国工程造价咨询业的发展方向

随着我国社会主义市场经济的发展和投资体制改革的深化，工程造价咨询业作为与之相配套的市场服务体系的组成部分，必须适应改革和发展的需要。为工程造价咨询市场的进一步发展创造条件，要由主要为本国政府决策服务转向为包括国内外市场在内的各种客户服务，业务范围也将扩大到全过程工程造价咨询。同时，为适应这种转变的需要，工程造价咨询机构自身也要转变运营机制，特别是要加强工程造价咨询业的能力建设。因此，我国工程造价咨询业的进一步发展将着重强调以下几个方面。

（一）加强对我国工程造价咨询业的管理

西方发达国家的工程造价咨询业管理体系虽各有特色，但是在体系的构建上他们所遵循的基本原理大体相同：即在市场经济大前提下，以管理体制为核心，以法制为出发点，以市场的运行机制为保障。因此，可以从以下途径加强对我国工程造价咨询业的管理。

1. 健全法律法规体系

随着我国各类行政法规和一批规范性文件的颁布实施，工程造价咨询市场的法律框架已经基本建立。健全的法律法规体系，有利于规范工程造价咨询市场，促进工程造价咨询业的发展。工程造价管理与国际接轨并健康发展也必须有法律法规的保障和规范。工程建设的各个环节和阶段都要有具体的可操作的法律、法规制度可遵循，防止办事人员行为不受约束，产生推诿、扯皮、腐败等现象。另外对于建设项目管理中的各方人员的责、权、利也应该以法律的形式予以定位。继续完善法律法规的可操作性，特别是针对政府投资项目的造价控制的措施。合理的工程造价咨询服务费，有利于促进工程造价咨询业的健康持续发展，因此，要继续完善工程造价咨询收费标准。

2. 规范市场

由于我国工程造价咨询业发育较晚，政府部门主要抓了企业资质审批这一环节的工作，对规范市场的问题抓得不够。因此对市场管理应摆到重要的位置，要加大工作力度。一是建立市场准入制度。工程造价咨询机构发展到一定数量，管理职能逐步理顺后，要从提高质量入手，规范资质评审程序，通过建立严格的评审程序，严把准入关。二是建立清出制度。应该加强对造价咨询人员的注册管理，特别是违规的处罚，建立违规登记制度，对违规人员进行处罚，或清除出咨询业队伍，道德规范和法律约束双管齐下。

3. 继续加强行业协会的管理作用

脱钩改制后的工程造价咨询机构，多数属于无主管企业，对自身建设和提高的要求十分迫切，对市场和市场秩序更加关注。他们希望通过行业自律管理制度和行业中介组织，加强业务交流，并保护他们的合法权益。

在国际上，工程造价咨询业有专门的协会进行管理，政府极少进行直接的管理工作，工程造价的确定与控制主要由协会与市场来调节。中国建设工程造价管理协会是我国工程造价咨询业的行业自律组织。从长远看，我国的工程造价咨询业要与国际惯例接轨，就必须继续加强行业协会对行业管理的作用，整顿和规范行业发展环境，促使工程造价咨询企业加强行业自律，加强对造价咨询企业的行为监督，引导工程造价咨询业良性发展。

（二）建立工程造价咨询业的风险约束机制

1. 大多数工程造价咨询机构应该实施合伙制

合伙制企业是由两个以上的个人联合经营的企业，合伙人分享企业所得并对营业亏损共同承担责任。多数合伙制企业规模较小，合伙人数较少。合伙制与个人业主制企业相比有许多优点，主要优点：(1) 可以从众多的合伙人处筹集资本，合伙人共同偿还责任减少了银行贷款的风险，使企业的筹资能力有所提高。(2) 合伙人对企业盈亏负有完全的责任，这意味着所有合伙人都以自己的全部家产为企业担保，因而有助于提高企业的信誉。但是，合伙企业由于所有合伙人都负有连带无限清偿责任，使得那些不能控制企业的合伙人面临很大风险。

由于合伙制企业的特点，一般来说，规模较小，资本需求量较小，而合伙人个人信誉有明显重要性的企业，如律师事务所、会计师事务所常常采取这种组织形式。随着市场经济的发展和企业规模的扩大，合伙制成为律师事务所、会计师事务所、工程造价咨询机构的主要形式。它将通过组织体制上的强有力的风险约束，促使咨询机构强化风险意识，提高执业质量，得到社会公众的信任，使行业得到发展。工程造价咨询业除了一些大型的，比如承担从项目立项到项目建设“交钥匙”的总承包任务的咨询服务机构，大多数社会中介机构都应该实行合伙制。合伙制这种公司形式对其债务承担无限风险，大大增强了其责任风险，因而必将对业主高度负责完成咨询业务，以信誉争市场。当投资方的风险责任较强时，它们也乐于将工程咨询任务交给这类承担无限风险责任的机构去完成。

2. 建立责任赔偿制度

工程造价咨询机构在脱钩改制之后，从行业自律和信誉角度看，造价咨询机构应该做到公正、公平、不损害委托人的利益。当造价咨询人员或机构产生错误，给委托方造成损失时应该进行赔偿。与此配套要建立专业人士或机构的“专业责任保险”制度。国际上，投保职业责任保险是咨询职业人员开业的前提条件之一。

职业责任保险是一项较具有时代性的保险。工程造价咨询职业保险尚未引起业内人士的重视。从我国目前工程造价咨询业的发展前景看，建立该专业的职业责任保险势在必行，它对我国工程造价行业的发展以及我国工程风险管理体制的改革有着不可忽视的影响。

目前我国工程造价咨询机构大部分为股份有限责任公司，仅承担有限责任，同时也未像国外工程造价咨询机构一样投保专业责任保险，如果出错，大多数造价咨询机构不愿意也无力承担赔偿责任。一旦国门打开，负有无限责任的且有专业保险作为信誉支撑的国外工程造价咨询机构进入我国，就将在竞争中处于有利地位。

3. 建立中介机构和从业人员的信用评级制度

由信用评级机构根据中介机构及其从业人员的履约记录、营业记录、资信情况等进行信用评级，以促进咨询人员自觉遵守市场经济秩序，形成良好的职业道德，严谨认真的完成工作任务。

4. 推广担保制度

推广担保制度可以提高工程造价咨询单位的信誉水平。要求造价咨询机构竞争承揽业务时，提供金融或其他担保机构出具的保函，由于提供担保的金融机构会慎重的审查中介机构的承担能力、信用情况，才会决定是否给予担保，这将促使中介机构努力提高自身的业务素质，不断提高服务质量，以增强市场竞争能力。

（三）拓宽工程造价咨询的服务领域

市场和客户的需求是工程造价咨询业务开展的导向，工程造价咨询企业要根据市场和客户的需求积极拓宽服务领域，制定合理的企业发展战略。中国加入 WTO 并完成了过渡期后，面临着国外咨询公司的竞争，这也要求我国的工程造价咨询企业要密切关注国际工程造价咨询市场的发展，积极拓宽服务领域。为此，就要把造价咨询业务延伸到为建设项目服务的全过程和全生命周期，为客户提供工程造价方面的全过程和全生命周期的咨询服务，注重提高客户的投资价值。

根据未来发展趋势看，造价工程师的执业岗位将从传统的建筑业，扩展到以建筑业、房地产业以及投资行业为主，涉及银行业、保险业等金融服务行业，法律、税务部门。

（四）加强工程造价专业人才的培养

工程造价咨询业的发展要与国际的工料测量师、造价工程师制度接轨，人才的培养是关键，因此造价咨询人才的培养上一定要高起点，加强高素质的复合型造价人才的培养。一是要提高造价工程师的“门槛”；二是把造价工程师的注册资格、执业资格与业绩挂钩；三是优化人员知识结构。通过制度去推动我国造价工程师执业技能和素质的提高，从而促进造价工程师职业定向与国际接轨。具体来讲，包括两个方面：一是要完善我国造价工程师职业资格认证制度，促使造价工程师掌握本专业的知识、技能和方法，使造价工程师成为既懂工程技术，又懂经济、管理和法律，并具有丰富实践经验和良好职业道德的复合型人才；二是要进一步完善我国造价工程师继续教育制度。通过短期培训和继续教育等途径，使国内的一批优秀造价工程师的水平能够达到国际上相同专业人员的能力水平。加强国际学术交流与学习，提高国内工程造价从业人员的理论水平和实践能力。

第二节　工程造价咨询的内容

一、建筑市场的构成

市场这一名词大家并不陌生，普通百姓一般都把市场理解为社会经济活动中人们进行商品和劳务交换的场所，是买主和卖主进行交易的地方。比如生活中最为普遍的蔬菜市场就是商品市场，而劳动力人才市场就是劳务市场。其实，从经济学角度讲，市场是指社会经济活动中参与商品和劳务交换的一群交易主体之间的经济关系。市场是社会分工和商品经济发展的必然产物。劳动分工使人们各自的产品互相成为商品，互相成为等价物，使人们互相成为市场。

建筑市场是众多市场中的一个，它是国民经济总市场中的一个组成部分，有自身的运行规律，同时又服从一般市场的运行规律。根据上面对市场的两种含义的理解，我们也可以从狭义和广义两个方面来理解建筑市场。狭义的建筑市场，可以理解为建筑产品的买卖双方进行商品交换的场所，而广义的建筑市场可以理解为建筑产品生产过程中形成的各种关系的总和。进一步明确建筑产品生产过程中各种关系，可以这样来定义建筑市场：建筑市场是整个市场的一部分，是建成空间以及有关产品和服务，即建筑产品和服务交易活动的总和，包括交易主体、建筑产品和服务（交易物），还包括反映价值规律和等价交换原则并支配交易主体行为的法律、法规和道德规范以及市场的管理者。

上述对建筑市场的定义可以看出，构成建筑市场的三个主要要素是：建筑市场的主体、客体以及交易的行为规范。广义的建筑市场中主体包括的范围很广，比如业主、承包商、供应商、勘察设计企业、造价咨询企业、政府主管部门以及社会公众等，这些都是建筑市场中的围绕建筑产品的利益相关者（stakeholders）。同样，广义下的建筑市场客体除了包括有形的建筑产品外，还包括建筑服务，比如工程勘察服务、建筑设计服务、施工管理服务、造价咨询服务、建设项目融资服务、政府监管等等。广义的建筑市场的完整模型可以用图 4-2 表示。

可以看出，建筑市场的完整模型中包含的交易关系是十分复杂的，并且涉及到了相互关联的市场主体自身的许多问题。为了突出表明咨询企业在建筑市场中的关系，我们给出了建筑市场的简化模型，如图 4-3 所示。

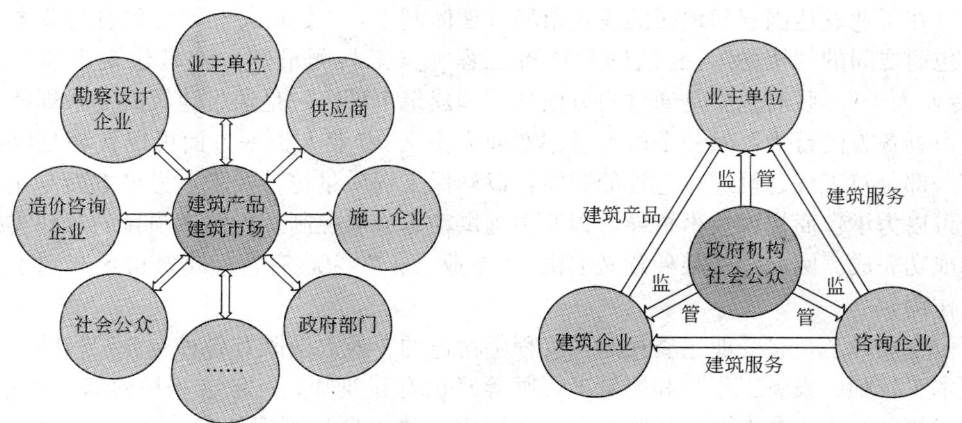

图 4-2　建筑市场的完整模型　　　图 4-3　建筑市场的简化模型

资料来源：宋巍巍．建筑市场秩序分析及评价［D］．北京：清华大学，2004：12-15（改编）

在建筑市场简化模型中，构成建筑市场主要要素有三个：

(1) 建筑市场主体。包括了业主、承包商、咨询企业。

(2) 建筑市场客体。主要可以分成两类：一类是建筑物等直观的建筑产品；另一类是在建筑物的生产过程中所产生的各种服务。

(3) 建筑市场中交易的行为规范。

在这一简化模型中，建设行政主管部门没有被算作是建筑市场的主体，但是它对建筑产品交易的行为规范的制定与实施起到十分重要的作用。

根据建筑市场的简化模型，传统上一个建设项目的参与者主要有业主、建筑师和设计师、项目经理、造价咨询企业、承包商和供应商等，各参与者的职责如表4-1所示。

传统上一个建设项目的参与者 表4-1

参与方	职责
业主	项目所有者和出资人
建筑师和设计师	建筑、结构、电气工程、机械和景观等设计
项目经理	具体管理建设项目，担当业主和建筑施工队伍的纽带
造价咨询企业	工程造价计划与控制等
承包商	提供专业技术服务
供应商	提供建筑材料和设备等要素

在工业发达国家和地区的建筑市场管理体制中，“专业人士”是政府与业主和承包商之间的“桥梁”，建筑师和造价工程师（工料测量师）就是建筑市场中的“专业人士”。政府主要是通过两方面来管理建筑市场，一是通过建筑法规来规范建筑市场各方的行为，另一个就是靠“专业人士”。专业人士一方面可以代替政府行使一部分对工程建设进行监管的职能，以确保工程质量符合要求；另一方面专业人士可以为承包商提供技术指导，为业主提供动态成本控制，以保证项目的顺利实施和成功完成。因此，从某种意义上讲，“专业人士”为政府管理建筑市场起到了关键作用。

在国际上，接受业主委托充当工程师角色的专业人员既有各种专业工程师（如土木工程师、设备工程师和测量工程师等）也有建筑师。一般在房屋建筑工程中，以建筑师为主，各专业工程师配合，共同完成建设项目管理任务；在土木工程中，则是由相应的专业工程师起头进行监督管理活动。例如在英国，接受业主委托从事业主方项目管理的专业人员就包括特许工程师（Chartered Engineer）、特许建筑师（Chartered Architect）和特许工料测量师（Chartered Quantity Surveyor）。国际上，工程师的工作机构有很多种，比如工程咨询公司、设计事务所、工料测量师事务所和其他中介组织。

二、工程咨询与工程造价咨询

（一）工程咨询

工程咨询（Engineering Consulting）是咨询的一个重要分支，是适应现代社会经济发展和工程建设的需要而产生的。工程咨询专业人士利用各种工程建设信息、数据，融合自己的智慧和经验，运用经济学、管理学、会计学、项目管理、法律和工程技术等方面的知识，为工程建设项目决策和管理提供智力服务。即工程咨询是受客户的委托，将知识和技术应用于工程领域，为寻求解决实际问题的最佳途径而提供服务。根据 FIDIC 的定义，工程咨询的业务范围覆盖工程项目建设的全过程，因此，工程咨询单位应该在工程项目的全过程中为业主提供咨询服务。

工程咨询是一个很广泛的概念，可以分为工程技术咨询和工程管理咨询两大类。工程技术咨询是对工程建设中所涉及的现代科学技术、工程技术等方面进行咨询，如建筑勘察和设计等。前面提到的北京地铁 5 号线的咨询工作就涉及到很多这类的咨询工作。工程管理咨询，顾名思义则是从管理的角度从事工程项目的咨询工作，如工程项目管理咨询、工程造价控制咨询等。但是，这两者也不是完全相互独立的，很多技术上的问题需要通过一定的管理手段才能得以顺利解决；而管理工作中又必须运用先进的科学技术，才能提高管理效率。因此，这两种咨询工作是相互联系和相互制约的。

（二）工程咨询的内容

工程咨询涉及的内容广泛，我们通过表 4-2 来分别从业主和工程咨询企业两个方面来说明项目各阶段工程咨询的内容。

工程项目各阶段工程咨询的内容 表 4-2

建设项目阶段	业　主	工程咨询企业
投资前阶段	投资意向 项目决策、立项	规划研究、投资机会研究 项目建议书 预可行性研究、评估 可行性研究、评估
准备阶段	投资审定 项目采购、招标	基本设计 详细设计 编制招投标文件 评标 合同谈判

续上表

建设项目阶段	业　　主	工程咨询企业
实施阶段	实施监理 验收投产	项目管理 施工监理 生产准备（含人员培训） 竣工验收准备
总结阶段	总结	后评价

项目各阶段中工程咨询所涉及的内容分别介绍如下。

1. 项目投资前的咨询

工程建设项目投资前的阶段通常也称为项目前期工作阶段。在这一阶段工程咨询公司所提供的咨询服务即为投资前咨询，一般包括投资规划咨询、项目选定咨询和项目决策咨询等内容。

在本阶段咨询工作的三个内容中，项目决策咨询是该阶段咨询工作的核心，其中又以可行性研究和评估为重点。内容涉及：项目的目标（包括市场需求、发展规划和运营策略等）；资源评价（包括物质资源、资金来源、技术资源和人才资源等）；建设条件分析（包括基础设施条件、厂址条件等）；经济效益分析（包括财务评价和国民经济评价等）；社会和环境影响评价等等。

2. 建设准备阶段的咨询

建设准备阶段的咨询是在项目确定以后，直到施工开始之前。这个阶段为项目建设准备工作所提供的咨询服务，主要包括工程设计、设计审查、工程和设备采购中的服务等。

工程设计以批准的可行性研究报告为依据，一般分为概念设计、基本设计和详细设计，任务是为项目建设制定一个完整的方案，编制一整套设计图纸、施工方法和规范。设计审查是对已有的工程设计从项目目标、采用的设计标准和规范、工艺流程以及基础数据的选取等方面进行审核。

工程和设备采购方面的咨询服务是帮助客户做好采购工作，为项目准备好一切设备、材料和施工力量。主要服务内容为编制工程与设备采购招标文件以及准备工作、评标、合同谈判等。

3. 项目实施阶段的咨询

项目实施阶段的咨询服务是项目从开工到竣工这一阶段的咨询工作，为项目实施建设所提供咨询服务，总的任务是保证项目按设计或计划的进度、质量和投资预算顺利实施建设，最后达到预期的目标和要求，即项目管理或施工监理。

4. 项目总结阶段的咨询

项目总结阶段的咨询业务就是帮助客户对已经建成和运营的项目进行总结，以获得有益于改进今后工作的经验，一般称为后评价。

后评价是指对已完项目的目的、执行过程、效益、作用和影响进行公正客观和科学系统的分析，通过总结，考察项目预期的目的是否达到，项目是否合理有效，项目能否持续发展，并通过可靠的信息反馈，为未来项目决策提供经验教训。

（三）工程造价咨询

相对于工程咨询业而言，工程造价咨询业应该是工程咨询业的一部分，而工程咨询业又是咨询业的一部分。工程造价咨询业是咨询业和工程咨询业进行细分、专营化后的产物。

工程造价咨询业在国际上也已经有近130年的历史，包括工程造价咨询业在内的工程咨询业都是社会分工的产物，随着社会分工的产生而产生，同时随着社会分工的发展而演进。在下面的内容中，我们还会进一步从经济学角度来分析工程咨询产生的原因。

那么工程造价咨询具体是指什么呢，它是指面向社会接受委托，承担建设项目的可行性研究投资估算，项目经济评价，工程概算、预算、工程结算、竣工决算、工程招投标标底、投标报价的编制和审核，对工程造价进行监控以及提供有关工程造价信息资料等业务工作。工程造价咨询是受客户委托，在规定时间内，充分利用准确、适用的信息，集中专家的群体智慧和经验，运用现代科学理论及工程技术、工程造价确定与控制方法及相关的经济、管理、法律等方面的专业知识，为工程建设特别是工程项目的决策、设计、施工、管理提供智力服务。

世界贸易组织《服务贸易总协定》将服务分为贸易性服务和非贸易性服务。贸易性服务主要是指金融、保险等资金密集型服务和通信、咨询等知识密集型服务。工程造价咨询服务作为工程咨询服务的一种，属于贸易性服务中的知识密集型服务。按照《国民经济行业分类》国家标准（GB/T 4754—2002）的分类，工程造价咨询业属于商务服务业中的咨询与调查业。

三、工程造价咨询的业务内容

（一）基本业务内容

为了提高工程造价咨询单位的业务管理水平，中国建设工程造价管理协会制定了《工程造价咨询业务操作指导规程》（中价协［2002］第016号），该规程对工程造价咨询的业务范围进行了说明。内容如下：

建设项目投资策划、编制项目建议书与可行性研究报告、建设项目投资估算及建设项目财务评价；

编制或审核工程概算、预算、竣工结（决）算、项目后评估；

工程中招投标策划，编制或审核工程招标文件、招标标底、投标报价、施工合同；

建设项目各阶段工程造价的确定、控制及合同管理（含工程索赔的管理）、工程造价的鉴证、工程造价的信息咨询及其他相关的咨询服务。

工程造价的计价具有动态性和阶段性（多次性）的特点。工程建设项目从决策到竣工交付使用，都有一个较长的建设期。在整个建设期内，工程造价的表现形式是不同的：决策阶段表现为投资估算，设计阶段表现为设计概算与施工图预算，招投标阶段表现为招标控制价、投标价与合同价，竣工验收阶段表现为竣工结算与竣工决算。这几种不同表现形式的工程造价的确定是工程造价咨询的最基本业务内容之一。

合同管理是控制工程造价的重要手段之一，因此也是工程造价咨询的业务内容之一，确定合理的合同价格、完善合同条款以及合同履行的咨询服务是合同管理的主要内容。

工程建设中各个环节都有可能引起工程造价纠纷，因此，工程造价鉴定也是工程造价咨询的业务内容之一，它是建筑经济活动中特殊条件下的造价计价业务。这里的特殊条件是指，民事主体之间在建筑经济活动中发生分歧，使工程造价无法确定而产生了经济纠纷，当合同当事人中的某一方向法院提出诉讼或向仲裁委员会提出仲裁，法院或仲裁委员会委托造价咨询机构对建筑经济纠纷的标的物价格进行鉴定。鉴定工程造价采用四方参与制，即法院或仲裁委员会为一方，做鉴定的造价咨询机构为一方，纠纷双方各为一方。

目前，工程造价鉴定的主要内容有：在招投标活动中，易引起工程造价争议的中标价；在施工合同签订中，工程计价依据、合同价、结（决）算方式、合同价款调整方式、工程价款支付等易于引起造价纠纷的活动；在施工过程中，工程变更、工程索赔、预付款、工程计量、工程款支付、工程进度等活动；在工程决算中，工程质量、工程总造价、工程其他费用以及工程款的支付方式等。

（二）拓展业务内容

针对当前市场的客观情况，工程造价咨询机构除了做好目前的基本业务之外，必须以市场需求为导向，积极拓宽业务范围，发展与工程造价相关的新的咨询业务种类。

1. 全过程工程造价咨询

全过程工程造价咨询是全过程工程咨询的一部分，最主要的特点就是对工程项目成本的全过程的动态控制，即有效地利用专业、技术的专长与方法去计划和控制资源、造价、利润和风险，并使之贯穿于整个项目的始终，而不是仅仅停留在某一阶段。20世纪90年代后期，上海的一些工程咨询公司率先进行全过程工程造价咨询的探索，即根据项目的进程，为业主提供估、概、预、结、决在内的项目全过程的工程造价咨询，并协助业主对工程造价进行动态控制。这种咨询方式有效地避免了以往经常出现的“三超”情况的发生，并提高了建筑产品的交易效率。

原建设部也明确提出，工程造价咨询机构的业务范围要向工程建设全过程发展，要为委托方提供以工程造价为龙头的全方位、全过程的咨询服务，包括项目投资估算、协助或代理招投标、工程合理管理、支付和索赔管理等内容的服务。

基于活动的管理（Activity-Based Management，ABM）原理与方法，是建设项目全过程造价管理的理论基础，同时也是全过程造价咨询服务的理论基础。这种管理思想是在活动的造价核算的思想和理论基础上发展起来的，但是它进一步开创了一种全新的企业或组织开展各种工作或获得的管理思想和方法。与基于日常经营管理的传统指导思想和方法不同，这种现代管理思想和方法是面向企业或组织中最基本的具体活动的。

工程造价全过程咨询服务范围包括建设项目策划、立项、可行性研究、项目投资、工程设计、工程招投标、工程施工、工程监理、工程项目管理、工程结算、工程决算及竣工验收、生产运行等。国际上普遍做法或国际惯例是全过程咨询服务。中国现阶段工程造价咨询服务内容，主要围绕工程造价的确定与控制，其业务与工程造价或建设投资（建设费用）有关。

建设项目全过程造价咨询服务可以分为以下几个阶段（图4-4）：项目建议书及可行性研究阶段；设计阶段；施工招投标阶段；施工阶段；竣工结（决）算以及项目后评价阶段。实行全过程造价咨询服务的项目各阶段一般包括的内容有：项目

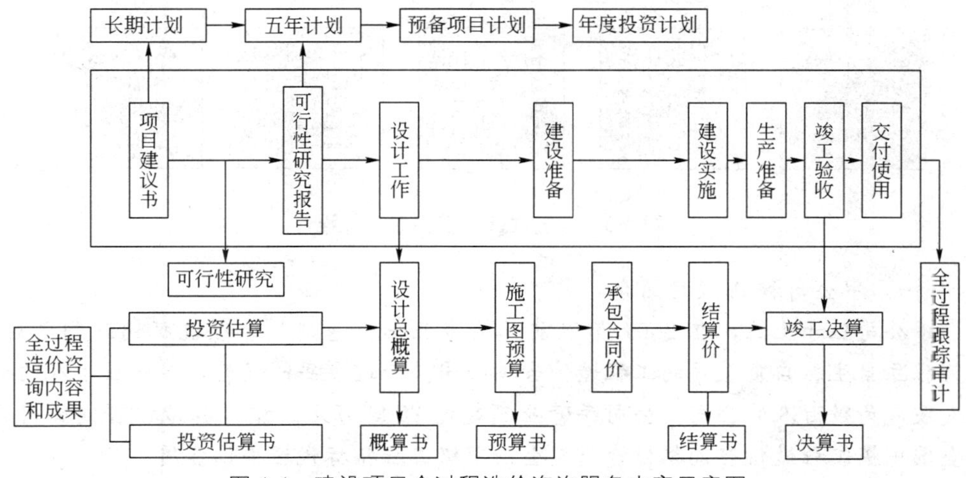

图4-4　建设项目全过程造价咨询服务内容示意图

可行性研究，编制投资估算、经济评价；工程设计，设计技术经济评价，设计概算，施工图预算；工程项目承发包，招投标，标底与报价，合同价款确定；工程成本控制，工程变更、索赔，工程结算。

全过程工程造价咨询在国际上尤其是英联邦国家的发展势头很好，在世界银行贷款和亚洲开发银行贷款的一些项目中也有应用，因此发展全过程工程造价咨询在我国应该作为一个重要的事情来做，把它作为与国际惯例接轨的一部分来重视。

2. 全生命周期工程造价咨询

这种咨询方法主要是应用全生命周期工程造价管理理论与方法进行工程造价咨询服务。建设项目全生命周期造价管理范式的核心思想，就是将一个项目的建设期成本与项目运营期成本进行综合考虑，即建设项目全生命周期成本等于项目建设期的成本加上项目运营期的成本，通过科学的设计和计划设法使项目全生命周期成本最小。有关全生命周期造价管理的理论与方法请阅读第一篇中的相关内容。

案例分析：工程造价咨询企业参与全过程造价咨询的业务流程

工程造价咨询企业开展建设项目全过程造价咨询的业务流程如图 4-5 所示。

下面就以某工程造价咨询公司开展某项目全过程造价咨询为例，通过该案例分析公司如何进行造价咨询业务以及构建相关业务流程的支撑体系。案例中的造价咨询公司定名为甲工程造价咨询公司，开展的项目暂定名为 A 项目。

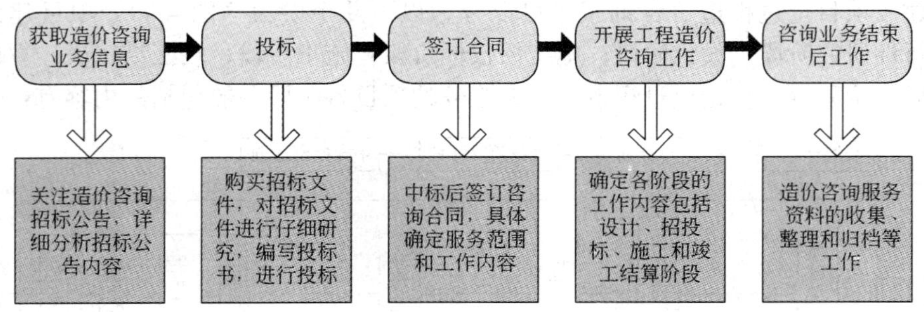

图 4-5　全过程造价咨询业务过程

（一）甲公司和 A 项目简介

甲公司位于上海，在 2001 年以前是某事业单位基建处，经过脱钩改制之后，成为独立自主、自负盈亏的工程造价咨询公司。经过多年的发展已经从数十人的公司发展成为数百人的公司，公司年营业额超过 2000 万元。该工程造价咨询公司具有全国甲级工程造价咨询单位资质、全国甲级工程招标代理单位资质。

服务工作内容：建设工程全过程造价咨询；建设项目全过程合同管理；建设工

程招标代理；建设工程结算审价；建设工程项目管理；建设工程可行性分析；建设工程咨询与投资监理。

公司人才构成包括多名中国注册造价工程师、中国注册监理工程师、中国注册房地产估价师、中国注册咨询（投资）工程师、某市政府采购评标高级专家、某市招标工程师、高级经济师、高级工程师等。

甲公司在脱钩改制后初期，由于业务范围比较狭窄，进行的主要项目仅仅局限于编制工程量清单、工程概算、工程预算与招标标底的编制。组织结构主要分为三个部门——概算部、预算部以及招标部，但是由于某些工程造价咨询公司已经向全过程造价咨询业务拓展，对当地的工程造价咨询公司业务产生影响。因此公司决策层大力引进人才，包括造价工程师、监理工程师等专业技术人员，并重新设计组织结构，积极投身于全过程造价咨询业务中。其组织结构划分为三个造价咨询项目部，开展工程造价咨询业务，并且单独设立一个招投标代理部，开展招标代理业务。

A项目是商务办公楼项目，坐落于S市，准备通过公开招标的方式选择一个造价咨询公司进行全过程造价控制。该商务办公楼项目，由3层地下室、2层商业裙房及一幢24层的塔楼组成，总建筑面积约为56600平方米，本项目的大致情况如表4-3所示。

项目概况 表4-3

部位	地块面积（m^2）	建筑面积（m^2）	用地性质
地下	27301	5500	停车、商业
地上		51100	办公、酒店、商业

A项目总投资为2000万元（包含建安费、市政配套增容、设计/测量顾问及工程管理费等）。本项目预计于2007年3月开工，预计最终竣工期为2008年3月。

（二）全过程工程造价咨询业务的开展

1. 获取造价咨询业务信息

甲公司在中国建设招标网（http：//www.zhaobiao.gov.cn/）获知A项目进行造价咨询招标，并获取相应投标文件。

2. 投标

甲公司将该项目委派给项目经理B，B组织人员成立项目部，按照指定时间指定地点购取招标文件。项目部对招标文件进行仔细研究，项目经理B决定投标，开始编写投标书。投标书分为商务标和技术标。本投标文件包括以下内容：

（1）商务标：①法定代表人授权委托书；②投标函；③报价清单；④咨询团队及服务措施。

(2) 技术标：①公司的特点；②企业营业执照及资质证明；③公司介绍；④公司主要客户；⑤专业经验；⑥项目经理简介；⑦咨询服务策划；⑧咨询服务内容；⑨项目投资控制的风险和对策；⑩单体工程清单及其他。

项目部除了项目经理B之外还包括项目副经理、土建工程负责人、土建工程师、机电工程负责人、机电工程师、招标及合同工程师、造价工程师等。

3. 签订合同

甲造价咨询公司与业主签订合同如下。

A项目全过程造价咨询合同

本合同协议书订立双方：

甲方：＊＊＊公司

乙方：甲工程造价咨询公司

鉴于甲方委托乙方承担A项目工程全过程造价咨询工作，双方就具体工作内容，按照《中华人民共和国合同法》等有关法律、法规的规定，本着平等互利，协商一致的原则进行了充分的协商，达成的协议条款如下：

1 工程概况

1.1 工程名称：A项目

1.2 工程地点：S市

1.3 工程投资：2000万元

1.4 建筑面积：56600m^2

2 乙方服务范围及全过程工作内容

2.1 服务范围

2.2 乙方的责任和工作内容

3 根据上述服务内容，乙方在建设过程各阶段的具体工作和责任细化

3.1 工程前期

3.2 设计阶段

3.3 招投标阶段

3.4 施工阶段

3.5 竣工结算阶段

3.6 其他服务内容

4 甲方的权利与义务

5 乙方的权利与义务

6 合同价款及支付

7 合同的转让

8 工程停建或缓建

9 不可抗力

10 合同的生效、结束与终止
11 违约责任
12 争议的解决
13 其他约定

4. 开展工程造价咨询工作

甲工程造价公司的主要工作内容如表 4-4 所示。

主要工作内容与成果 表 4-4

阶　段	主要工作内容	主要成果
1. 设计阶段	编制投资估算； 制定年度投资计划及资金流量预测； 设计方案	投资估算报告； 方案比选意见
2. 招投标阶段	协助招标活动； 标段划分，制定招标方案和招标计划； 编制工程量清单； 合同谈判，编制合同文件； 审核投标文件	工程量清单； 招标文件； 合同文件； 投标文件分析报告
3. 施工阶段	编制每月工程款支付表； 定期实地评估工程进度款及工程量，计算每月的中秋工程款； 修改合同价格，商讨工程变更金额，制定工程变更清单； 处理索赔问题	工程款支付表； 中期付款证书/中期付款建议书； 工程变更报告
4. 竣工结算阶段	结算工程款、材料款； 提交审计报告	工程审计报告； 结算报告

5. 咨询业务结束后的工作

全过程造价咨询服务的资料在服务过程组中由项目组自行保管。项目结束后，项目组负责本项目档案资料的收集、整理、组卷、装订工作，及时归档。

工程造价咨询信息应在技术总负责人领导下，由项目经理或专人负责整理归档。项目组的文秘人员在项目经理的领导下负责日常的档案资料的收集、整理、编目和项目竣工后的组卷、装订工作。所有文件经专人统一收发登记，项目经理审阅后，统一编号、分类保存。在项目咨询服务完成后一个月内，项目经理申请资料归档。同时公司根据《项目组项目检查评比管理办法》的相关规定，对该造价咨询项目进行评价，并打分作为奖惩依据。公司将检查评比结果公布，并按照公司的相关规定对存在的问题进行指出，交由项目组整改。

第三节　典型的工程造价咨询机构

本小节有代表性地列举了几家国内外的工程造价咨询机构，并介绍了各机构的服务内容。❶

一、上海第一测量师事务所有限公司

上海第一测量师事务所有限公司创建于1994年，是由一批到国外进行专业培训并获得英国皇家特许工料测量师资格的专业人士组建的，专业从事建设工程项目全过程造价咨询的顾问服务机构。该公司具有全国甲级工程造价咨询单位资质、全国甲级工程招标代理单位资质，全国乙级工程咨询单位资质、上海市政府采购招标中介业务资格，并在工程项目管理、工程造价咨询（含招标代理）和工程建设监理三个领域获得ISO9001—2000质量管理体系的认证。承接的项目主要有浦东机场、磁悬浮、轨道交通、新天地广场等。

该公司聚集了一批造价咨询专业人才，包括多名英国皇家特许工料测量师(MRICS)、英国皇家特许建造师（MCIOB)、中国注册造价工程师、中国注册监理工程师、中国注册房地产估价师、中国注册投资咨询工程师、上海市招标工程师、高级经济师、高级工程师等，能胜任中外投资方的委托，对建设工程项目进行全方位、全过程的造价咨询、招标代理和项目管理专业服务。

公司服务项目除中方投资和政府投资外，还包括美、英、日、德、澳、新等国投资者的项目，范围包括高级住宅小区、高级办公楼、宾馆、机场设施、轨道交通、大型综合性商业区、工厂、学校、超市等各类建设工程项目。该公司与国际造价工程师联合会、英国皇家特许测量师学会、英国皇家特许建造师学会、亚太区工料测量师协会（PAQS)、新加坡国立大学等境外同行保持着密切的交流与合作。

上海第一测量师事务所有限公司的主要服务内容包括：

建设项目投标咨询、策划、可行性研究、编制建议书、可行性报告及招标咨询；

---

❶中国的企业依据中国建设工程造价管理协会公布的《2006年度工程造价咨询企业营业收入百名排序名单》(中价协［2007］024号)，选择了两家企业，一是排名第8位的上海第一测量师事务所有限公司，二是排名第40位的北京金马威工程咨询有限公司。之所以选择这两家公司，一是因为这两家公司的核心业务是工程造价咨询，其他排名靠前的单位设计院居多，除了工程造价咨询外还有其他很多的业务，不具有代表性。二是因为分别选择一家提供全过程造价咨询服务的企业和一家具有英联邦体系下的工料测量背景的公司。国际工程造价咨询机构选择的是利比公司和威宁谢公司，这两家公司历史都很悠久，服务专业性强。

建设工程项目招标代理，包括设计招标、勘察招标、施工监理招标和施工招标；

合同策划、合同文件编制、参与合同谈判；

投资估算、工程概算、工程预算以及各种费用估算、设计施工方案的比较和评议；

建设工程的投资监理、全过程造价跟踪管理和结算审价；

房地产和物业评估，包括前期效益评估、市场价格评估、不动产保险理赔评估；

建设工程项目计算机管理软件系统的开发和培训。

按工程项目过程划分，上海第一测量的服务内容如表4-5所示。

上海第一测量师事务所有限公司的服务内容 表4-5

服务项目	具体内容
设计阶段	提供投资估算的编制和项目经济评价；详细的工程成本计划与资金流量预测；为业主提供物料、设备、工程价格信息及选型意见；为业主提供工程造价证明书，供业主办理规划许可证
招标阶段	为业主预先审核所有投标单位的资格，并制定招投标计划；编制承包工程及/或分包工程及/或材料/设备供应招标文件所需的工程量清单，招标文件；作出详细的价格评估，以作为工程招标标底；分析和审核所有收到的投标书，并在合理的时间内为业主提供详细的投标书分析报告
施工阶段	编制每月的详细工程款现金流量表/月度工程用款计划表；向业主预先报告因任何设计修改所可能引起的成本增减，并每月将因工程修改所引致的造价增减额向业主呈报；对承包单位及/或分包单位提出的费用与工期索赔问题，向业主提供专业评估意见及估算书；根据工程进度及现场实际情况，每月修改及更新工程成本报告，分析成本超支或节省的因素
竣工结（决）算阶段	结算各个承包合同及/或分包合同及/或供应合同内赋予承包单位及/或分包单位及/或材料/设备供应单位应有的工程款及/或材料款总价；对项目工程竣工后二十四个月免费维修保养期内的缺陷整改方案所涉及的工程费用项目，依据合同或市场价提供评估咨询服务；编制最后工程结算书，并将更改或其他因素引致的总价增减包含在决算内

二、北京金马威工程咨询有限公司

北京金马威工程咨询有限公司成立于1998年，工程造价咨询甲级资质，中国建设工程造价管理协会会员单位，是以建设项目全过程造价咨询、建设项目全过程管理审计和建设项目全生命周期管理为主要咨询模式，提供建设领域从项目立项至竣工验收结决算全方位、全过程管理一体化工程咨询企业，全过程咨询服务是该公司的主要特点。该公司对我国建设项目全过程造价管理、全过程管理审计、全生命周期项目管理的咨询模式、方法、流程、标准及评价体系等进行了改革与创新，并通过了 ISO9001：2000 国际质量管理体系认证。

该公司在全国率先开展了建设项目全过程管理审计和造价管理业务创新，并公开出版了跟踪审计和造价管理书籍，先后在北京、湖北、河北、新疆、吉林、广东、陕西、江苏、广西、河南、山东、海南、湖南、天津、云南等省市各级各类研讨会和培训班上介绍建设项目全过程管理审计作法，多次为国家部委、省市有关部门、行业协会制定文件、办法和标准提供专业支持。

金马威公司提供的咨询服务主要包括如下内容，如表 4-6 所示。

金马威公司服务内容 表 4-6

服务项目	具体内容
建设工程全过程造价管理及跟踪审计	对项目前期可行性研究阶段，设计阶段、招标阶段、施工阶段、竣工结（决）算及项目后评估阶段等全过程，把造价管理和工程审计进行整合，实施造价监控和审计监督
建设工程以全过程造价管理为基础的项目管理	接受建设单位委托，运用系统的观点、理论和方法对建设工程项目进行的策划、组织、实施、监督、控制、协调等全过程的管理
其他相关咨询业务	投标报价书的编制、工程造价信息咨询、工程招投标代理、接受司法机关与仲裁机构委托对工程经济纠纷进行鉴定、提供工程技术经济等相关知识的培训，以满足客户建设工程全过程造价管理及跟踪审计和项目管理需求的相关业务

资料来源：http：//www.bjjmw.com。

三、利比有限公司

利比（Levett & Bailey）是一家全球专业服务公司，于 1962 年在香港成立，成立之初仅为香港一家小规模的工料测量顾问公司。随着香港经济不断发展，经过多年积极经营，今天该公司的规模已位居全球前列。2007 年 6 月 25 日，利比与澳洲跨国工料测量公司 Rider Hunt 及英国著名工料测量公司 Bucknall Austin 合组为全球专业服务公司，英文名称改为 Rider Levett Bucknall，中文名称仍沿用利比。该公司在北京、上海、广州、深圳均设有办事处，职员人数达四百人，包括 10 名董事、22 名助理董事及经理。

该公司在中国内地从事工料测量事务，早在 1979 年，该公司获中国政府委任，参与中国内地第一栋现代化高层酒店南京金陵饭店的筹建工作。此后，该公司的测量业务不断扩展至中国内地其他省市，所承办的工程项目有酒店、领事馆、大学校舍、会议及商贸中心，工商及住宅发展等。

利比在全球拥有一千七百五十名员工，在美洲、亚洲、欧洲、中东和非洲以及大洋洲设立六十多个办事处。提供的主要服务：造价咨询、工程项目管理及顾问服务。

作为涉足各领域的集团，利比提供房地产及建筑业客户所需的广泛服务，包括策略建议、建筑物审核及测量。除具备造价咨询和项目管理能力外，该公司也以能为客户提供与众不同的顾问系列服务。

利比提供的服务内容如表 4-7 所示。

利比有限公司服务内容 表 4-7

服务项目	具体内容
造价咨询	评估及成本规划：成本规划能完成两个主要目标估算；预计建筑成本及所需最低成本，包括未来成本估计。 成本管理：可为全球客户提供所需的所有成本管理技能及专业知识。 合约建议：为客户提供全方位的合同咨询服务，包括争端解决。 审核与资金监控：具有丰富的私人财务计划/公私合营项目采购经验，监控项目资金状态及潜在风险问题。 采购建议与招标准备：通过全球网络，提供采购建议以及材料供应，可以代表客户实际采购材料
项目管理	项目评估：定期进行项目后评估，并将其作为项目管理职责的核心服务之一。 委托人代理：定期代为履行通常应为委托人所承担的职责。这一重要职责是确保客户要求得到满足，并且达到成本、质量与项目中关键参数的要求。 风险管理：拥有丰富经验，考虑各种风险因素，提供风险管理计划，弥补客户现有的风险知识结构。 项目群管理：实现项目间的对接，形成一种架构，由此整合可交付使用的项目，为客户带来全面的商业利益。 项目监控：与客户通力协作，确保客户的关键项目在整个实施过程中能够按照预算按时进行
顾问服务	资产咨询：主要服务包括：成本/利益分析、能量表现评级与可持续性评定、完整使用周期成本计算、延长资产寿命。 设施顾问：量化及评估设施品质。 建筑物勘测：提供多技能、多方面的楼宇勘测服务。 房地产税收：提供税收建议及资本补贴顾问服务。 风险减轻 采购策略 诉讼支援：在诉讼领域拥有经验丰富的资深专家团队，可为您提供所需的专业知识

资料来源：http：//www. rlb. com/。

利比良好的声誉完全取决于它能够聘用及培养优秀的人才。下面通过表 4-8 来介绍一下利比公司在人员素质及培养等方面的要求。

利比的人员素质及培养与人员资质要求 表 4-8

人员素质及培养	人 员 资 质
新上任的大学毕业生均有机会接受完善的入职培训； 员工接受的训练包括持续专业发展课程、领袖训练计划等； 公司积极鼓励员工参加合适的训练课程和研讨会，以期提升其专业技能与知识； 工料测量师皆接受过严格的专业训练，持有专业教育学历，具备与建筑及土木工程有关的专门知识，包括成本管理、合同管理、工程项目管理等。 公司向来积极推行工料测量专业在香港和中国内地的发展和本地工料测量师的培训。全力培训华人出任工料测量师；拓展工程估算、成本研究及成本顾问服务	英国皇家特许测量师学会（资深）会员； 香港测量师学会（资深）会员； 加拿大测量师学会会员； 澳洲测量师学会会员； 英国估值工程师学会会员； 英国项目管理学会会员。 英国特许仲裁人学会会员； 香港国际仲裁中心认可调解员； 香港仲裁司学会会员； 香港国际仲裁中心认可调解员

资料来源：http：//www.rlb.com/。

四、威宁谢有限公司

威宁谢（Davis Langdon & Seah Quantity Surveyors：Construction Cost Consultants）于 1934 年创立，事务所遍布中国、新加坡、马来西亚、文莱、印尼、菲律宾、泰国，越南和韩国。此外，亦有参与孟加拉、印度、日本、台湾和柬埔寨等地的建筑项目。威宁谢是东南亚及远东区规模最大的建筑工料测量师、成本工程师与建筑造价顾问事务所，拥有员工约 1000 名。

威宁谢于 1949 年在旧历山大厦开设事务所，开始为香港提供专业建筑工料测量师服务。1983 年开始，已在中国提供工料测量及建设本值顾问服务。

随着中国实行开放政策，威宁谢在中国国内工程项目的参与亦迅速地增多。为此，威宁谢于 20 世纪 90 年代初在北京及上海设立了代办处。其后，在广州及最近在深圳亦增设了代办处，并构成威宁谢在中国的四所主要服务中心。

威宁谢提供十多项服务，分别是工料测量、项目管理、保险估价、尽职审查、促导服务、投资评估、法律支援服务、借贷管理、管理咨询服务、研究工作、施工规范撰写、可持续性研究/生命周期成本分析。该公司的主要业务如表 4-9 所示。

威宁谢公司在人员素质及培养等方面的要求也非常严格，具体如表 4-10 所示。

威宁谢有限公司的主要服务内容 表 4-9

服务项目	具体内容
工料测量	初步预算以评估设计的可行性； 以其他设计、物料、系统和方法的造价，与原设计作出比较； 拟出详细的造价规划和进行监察，以确定工程费用不超出预算； 利用工程价值分析对设计作出选择以善用金钱； 提供有关合约分拆、招标和采购方式方面的意见； 管理已确定的招标采购方式； 编制招标文件并管理招标过程，以选出合适的承包商； 合约后的管理：包括分阶段付款估价、定期报告预计支出和总成本并协定最终结算金额
项目管理	既定计划； 所需设计； 协定程序； 确定建安价格； 招标采购； 建筑安装； 竣工及交收； 搬迁和入伙的安排
投资评估	投资评估、土地价值和资金流动预算以计算项目的合适条件及可得到的回报； 地盘分析以估计和决定项目发展的最佳方向
施工规范撰写	提供施工规范草拟服务，特为那些对文件素质要求极严格的设计师而设。协助项目队伍把设计概念落实为可行而适用于该项目的施工规范，此等规范融合了有关标准及功能上的要求
可持续性研究/生命周期成本分析	服务集中于生命周期成本分析，并对投资决定所受的长远影响作出评估，利用回本期及回报率研究资本投资的不同方案。向客户提供有关物料、组件及楼宇的详细生命周期评估，协助客户对物料选择及设计作出明智决定

资料来源：http：//www. davislangdon. com/Global/。

威宁谢的人员素质及培养与人员资质要求 表 4-10

人员素质及培养	人员资质
员工的优良素质是威宁谢最宝贵的资产； 中国国内各事务所的当地雇员全是具认可资格之工程师或造价工程学系之毕业生； 对初级员工在工料测量专业方面有完整的培训课程； 员工的日常工作均受董事、副/助理董事监察和督导； 熟练掌握和运用电子媒介招投标和 Web 为主的工程及文件管理系统； 可通过庞大的威宁谢国际集团（DLSl）网络，攫取额外所需的外国资料。	香港测量师学会（资深）会员； 英国皇家特许测量师学会（资深）会员； 英国造价工程师学会会员； 英国特许仲裁师学会会员； 英国特许仲裁师学会资深会员； 仲裁及纠纷调解学硕士。

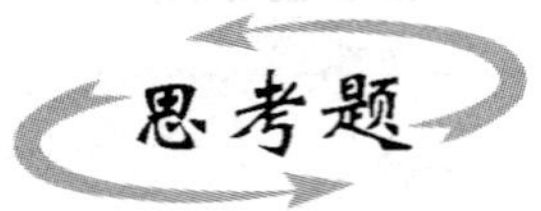

1. 随着中国近年来经济的不断发展，某互联网公司的业务也逐渐发展，公司规模不断扩大。为了更好地发展，公司董事会决定建造一座新的办公大楼作为公司的总部。由于公司没有人能够对建设项目进行管理，因此该公司委托了一家咨询公司对该项目进行管理。试从信息不对称理论的角度解释这家互联网公司的行为。

2. 有三名英国的工料测量师，通过媒体了解得知中国的房地产市场前景广阔，决心去中国创业。虽然这三名工料测量师精通专业，但是他们并不了解中国的造价工程师制度。请你给这三名工料测量师提些建议，是到中国内地创业好，还是到中国香港创业；如果来中国内地，他们该如何做。

3. 如果你是某一工程造价咨询公司的经理，面对现在竞争激烈的造价咨询市场，你会重点发展哪些业务，如何对公司的发展战略进行定位?

4. 通过互联网了解一些工程造价咨询公司的业务内容。

第五章 造价工程师的执业

本章导读

工程造价咨询是受客户的委托，将知识和技术应用于工程造价领域，为解决工程造价及相关领域的实际问题而提供服务。因此工程造价咨询行业离不开各类专家——工程造价专业人士，通常称为造价工程师（工料测量师）。造价工程师在执业过程中离不开所处的政治、经济、法律法规、行业和企业等环境，同时造价工程师也面临着承担职业责任的风险。本章围绕造价工程师的执业展开论述，主要内容包括：中国造价工程师执业的环境分析，中国内地造价工程师的执业内容，中国香港、英国工料测量师的执业内容，美国造价工程师的执业内容，造价工程师的责任风险管理。通过本章的学习，使大家对造价工程师的执业环境和具体的执业内容有所认识。

第一节　造价工程师执业的环境分析

造价工程师执业离不开其所在的环境。下面我们从政府与行业协会管理环境、经济环境和企业环境来分别阐述造价工程师的执业环境。

一、造价工程师执业的政府与行业协会管理环境

我国目前对工程造价咨询业和造价工程师的管理，基本上采用政府主管部门与所授权的行业协会共同管理的组织形式。

在工程造价咨询业的管理中，政府主管部门的管理占主导地位。现阶段我国政府主管部门进行行业管理的主要内容有：建立统一开放、竞争有序的市场，为全行业创造一个有利的外部环境；建立、健全行业法规体系，加强执法监督，依法规范市场；调整行业发展政策，制定各项行业管理制度，市场准入制度；实行专业人员执业资格注册制度等。实现管理的途径是分部门、分层次设立相关政府部门，对工程造价咨询进行分级管理，并实行法制化管理。

我国工程造价咨询业行业协会包括中国建设工程造价管理协会与地方工程造价

管理协会，在政府主管部门的领导下开展工作，协助政府实现部门职能。中国建设工程造价管理协会（简称中价协）成立于1990年7月，是由从事工程造价咨询服务与工程造价管理的企业及具有注册资格的造价工程师、资深专家和学者，自愿组成的全国性的工程造价行业协会。

中价协在全国各个省市设有25个地方建设工程造价管理协会（截至2007年4月）。地方工程造价管理协会在各自行政区域内，根据国家宏观政策并在中价协的指导下，针对本地区工程造价咨询业的具体实际制订有关制度、办法，并在贯彻实施的同时进行业务指导。

中价协及地方工程造价管理协会对我国工程造价咨询业发展起到了巨大的推动作用。目前协会日常工作包括：造价工程师资质注册及管理，咨询企业资质管理，建立行业自律机制，规范执业行为，教育培训，科研项目管理和研究工作等方面。

从长远看我国的工程造价咨询业要与国际惯例接轨，就必须由专业协会负责对行业管理。政府应主动将相关权力放权给行业协会，并积极进行引导。

政府主管部门和行业协会一般都是通过一系列法律、法规和规章制度等对工程造价咨询业和造价工程师的执业进行规范。关于工程造价咨询及造价咨询师执业的法律法规还有很多，其中有不少是从整个建筑业的视角立的法。有关各个法律法规的具体条文请大家参阅相关文献，这里就不一一具体展开论述了。下面就从以下三个方面做一简单介绍。

1. 投融资体制方面

《国务院关于投资体制改革的决定》（国发［2004］20号）规定：对非经营性政府投资项目加快推行“代建制”。所谓“代建制”，即通过招标等方式，选择专业化的项目管理单位负责建设实施，严格控制项目投资、质量和工期，竣工验收后移交给使用单位。建立政府投资责任追究制度，工程咨询、投资项目决策、设计、施工、监理等部门和单位，都应有相应的责任约束，对不遵守法律法规给国家造成重大损失的，要依法追究有关责任人的行政和法律责任。虽然《决定》是一个指导性的文件，但是也明确指出了对工程咨询的责任约束机制。

2. 咨询企业开展招投标业务方面

主要包括《中华人民共和国建筑法》和《中华人民共和国招投标法》等。

《建筑法》是在中华人民共和国境内从事建筑活动，实施对建筑活动的监督管理，应当遵守的法律。《建筑法》所称建筑活动，是指各类房屋建筑及其附属设施的建造和与其配套的线路、管道、设备的安装活动。全文共分八章八十五条，包括总则、建筑许可、建筑工程发包与承包、建筑工程监理、建筑安全生产管理、建筑工程质量管理、法律责任和附则。《建筑法》规定，建筑工程的发包单位与承包但应当依法订立书面合同，明确双方的权利和义务。发包单位和承包单位应当全面履行合同约定的义务。《建筑法》中对工程造价方面的规定是，建筑工程造价应当按照国家有关规定，由发包单位与承包单位在合同中约定；公开招标发包的，其造价的约定，需遵守招标投标法律的规定；发包单位应当按照合同的约定，及时拨付工程款项。

《招标投标法》是在中华人民共和国境内进行招标投标活动必须遵守的法律制度。全文共分六章六十八条，分别是总则、招标、投标、开标评标和中标、法律责任、附则。《招标投标法》中规定了必须进行招标的建设工程项目，对招标投标活动及其当事人依法进行监督。

3．咨询企业和执业人员的市场准入方面

主要包括《工程造价咨询企业管理办法》、《注册造价工程师管理办法》等。

《工程造价咨询企业管理办法》主要是为了加强对工程造价咨询企业的管理，提高工程造价咨询工作质量，维护建设市场秩序和社会公共利益而制定。依据该办法对从事工程造价咨询活动的工程造价咨询企业进行监督管理。全文共分六章四十四条，包括总则、资质等级与标准、资质许可、工程造价咨询管理、法律责任和附则。

《注册造价工程师管理办法》对注册造价工程师的注册、执业、继续教育和监督管理做了规定，加强对注册造价工程师的管理，规范执业行为。全文共分六章四十条，分别是总则、注册、执业、监督管理、法律责任和附则。

二、造价工程师执业的经济环境分析

20 世纪 90 年代中期，中国国内逐步形成了工程造价咨询市场。近几年，工程造价咨询业迅速发展，在服务政府职能转变方面发挥了积极的作用。

工程造价咨询行业的市场容量与建筑业及工程咨询业的市场容量息息相关，我国建筑业自改革开放以来取得了巨大成就，从 1996 年到 2006 年，中国的建筑总产值呈不断上升的趋势，如表 5-1 所示，近些年平均年增长率为 17.65％。

1996～2006 年中国建筑业总产值 表 5-1

年　　份	当年建筑业总产值（单位：万元）	比上一年增长百分比（%）
1996	82822497	
1997	91264777	10.19
1998	100619922	10.25
1999	111528640	10.84
2000	124975961	12.06
2001	153615626	22.92
2002	185271753	20.61

续上表

年　份	当年建筑业总产值（单位：万元）	比上一年增长百分比（%）
2003	230838663	24.59
2004	290214510	25.72
2005	345520968	19.06
2006	415571580	20.27
平均值	193840445	17.65

资料来源：http：//www.stats.gov.cn/tjsj/ndsj/。

以这个平均的增长速度计算，到2010年我国的建筑业总产值将接近达到8万亿元，是2005年的两倍强，可见中国的建筑市场有巨大的潜力，这也就为中国的工程造价咨询提供了广阔的经济市场。

中国工程造价咨询市场的发展还表现在工程造价咨询行业的营业额的逐年大幅增加，表5-2列举了中国工程咨询行业从1997年到2005年的营业额。工程造价咨询的营业额大约占到工程咨询营业额的15%，因此根据表5-2估算出我国工程造价咨询行业的营业额，即为表5-3。

1997～2005年我国工程咨询行业营业额　　表5-2

年　份	1997	1999	2001	2003	2005
营业额（单位：亿元）	8.72	45.81	180.77	250.28	336.3

资料来源：中国科学技术协会．http：//www.cast.org.cn/n435777/n435795/n435864/8257.html/．全国科技咨询业统计调查分析报告［R］．

注：2005年的数据是根据1997～2003年的数据回归分析而得。

1997～2005年我国工程造价咨询行业营业额　　表5-3

年　份	1997	1999	2001	2003	2005
营业额（单位：亿元）	1.31	6.87	27.12	37.54	50.45

三、造价工程师执业的企业环境分析

造价工程师既可以在工程造价咨询机构执业，也可以在业主和承包商等其他企业执业。业主和承包商也可以委托工程造价咨询机构进行有关的工程造价计价与控制等管理工作。由于对受聘于工程造价咨询企业的造价工程师的执业能力要求最高，因此，下面就从工程造价咨询企业分析造价工程师执业的企业环境。

中国工程造价咨询机构经脱钩改制后，从全行业总的情况看，绝大多数已经变为自主经营、自担风险、自我约束、自我发展和独立承担经济、法律责任的社会中介机构。目前主要有4种形式：一是专营工程造价咨询机构，为合伙制和有限责任合伙制；二是具有工程造价咨询资质的工程咨询类机构（如勘察设计、工程监理、招标代理、工程咨询公司等)；三是具有工程造价咨询资质的建设银行；四是具有工程造价咨询资质的会计师事务所、评估事务所，这些事务所按照国务院清理整顿办公室和住房和城乡建设部的要求，与原挂靠单位从人员、财务、业务、名称等方面彻底脱钩。

1. 工程造价咨询企业的数量及分布

工程造价咨询企业按资质等级分为甲级和乙级。截至 2007 年 12 月，全国共有甲级工程造价咨询企业 1153 家，乙级咨询企业 5500 家左右，其中专营类工程造价咨询企业占约为 49%。甲级工程造价咨询企业地区分布如表 5-4。截至 2006 年底，中国注册造价工程师共有 81212 人，其中分布于不同省、市、自治区的有 73286 人，分布于不同行业的有 7926 人。

2007 年度我国甲级工程造价咨询企业地区分布 表 5-4

地区	个数	地区	个数	地区	个数	地区	个数
北京	182	四川	45	黑龙江	25	广西	14
山东	101	辽宁	40	安徽	24	甘肃	6
江苏	91	陕西	37	山西	21	海南	6
重庆	87	福建	37	云南	20	宁夏	5
广东	83	湖南	36	内蒙	19	贵州	4
上海	74	河北	32	新疆	19	青海	4
浙江	52	河南	30	吉林	18	西藏	0
湖北	48	天津	29	江西	14		
合计	1153						

2. 工程造价咨询企业的资质标准

原建设部令第 149 号《工程造价咨询企业管理办法》把工程造价咨询企业资质等级分为甲级、乙级两种等级类型，并对资质标准做了规定。这两种等级的造价咨询企业的资质标准对比如表 5-5 所示。

工程造价咨询企业资质标准的对比 表 5-5

企业资质等级 / 资质等级要求	甲级工程造价咨询企业	乙级工程造价咨询企业
企业注册资本	不少于人民币 100 万元	不少于人民币 50 万元
已经取得资质证书	已取得乙级工程造价咨询企业资质证书满 3 年	——
企业出资人中，注册造价工程师人数及额度要求	不低于出资人总人数的 60%，且其出资额不低于企业注册资本总额的 60%	与甲级企业要求相同

续上表

资质等级要求＼企业资质等级	甲级工程造价咨询企业	乙级工程造价咨询企业
技术负责人要求	已取得造价工程师注册证书，并具有工程或工程经济类高级专业技术职称，且从事工程造价专业工作15年以上	已取得造价工程师注册证书，并具有工程或工程经济类高级专业技术职称，且从事工程造价专业工作10年以上
专职从事工程造价专业工作的人员（专职专业人员）要求	不少于20人，其中，具有工程或者工程经济类中级以上专业技术职称的人员不少于16人；取得造价工程师注册证书的人员不少于10人，其他人员具有从事工程造价专业工作的经历	不少于12人，其中，具有工程或者工程经济类中级以上专业技术职称的人员不少于8人；取得造价工程师注册证书的人员不少于6人，其他人员具有从事工程造价专业工作的经历
劳动合同、职业年龄与人事档案关系要求	企业与专职专业人员签订劳动合同，且专职专业人员符合国家规定的职业年龄（出资人除外），专职专业人员人事档案关系由国家认可的人事代理机构代为管理	与甲级企业要求相同
企业近3年工程造价咨询营业收入要求	累计不低于人民币500万元	——
暂定期内工程造价咨询营业收入要求	——	累计不低于人民币50万元
企业管理制度要求	技术档案管理制度、质量控制制度、财务管理制度齐全	与甲级企业要求相同
申请核定资质等级之前的禁止行为*	申请核定资质等级之日前3年内无规定禁止的行为	申请核定资质等级之日前无规定禁止的行为
其他要求	企业为本单位专职专业人员办理的社会基本养老保险手续齐全，具有固定的办公场所，人均办公建筑面积不少于10平方米	——

*：禁止行为指：

①涂改、倒卖、出租、出借资质证书，或者以其他形式非法转让资质证书；

②超越资质等级业务范围承接工程造价咨询业务；

③同时接受招标人和投标人或两个以上投标人对同一工程项目的工程造价咨询业务；

④以给予回扣、恶意压低收费等方式进行不正当竞争；

⑤转包承接的工程造价咨询业务；

⑥法律、法规禁止的其他行为。

第二节 中国内地造价工程师的执业

《注册造价工程师管理办法》（建设部令第150号）对造价工程师的注册、执业、继续教育和监督管理进行了规定。该管理办法对注册造价工程师的表述为："通过全国造价工程师执业资格统一考试或者资格认定、资格互认，取得中华人民共和国造价工程师资格，并按照本办法注册，取得中华人民共和国造价工程师注册证书和执业印章，从事工程造价活动的专业人员。"根据该办法对注册造价工程师注册条件的要求可以看出，造价工程师不仅仅可以在工程造价咨询企业执业，还可以受聘于工程建设领域的建设、勘察设计、施工、招标代理、工程监理、工程造价管理等单位从事工程造价的管理工作。

一、造价工程师的执业范围

《注册造价工程师管理办法》对注册造价工程师的执业范围也作了详细的界定，具体内容如下：

(1) 建设项目建议书、可行性研究投资估算的编制和审核，项目经济评价，工程概、预、结算、竣工结（决）算的编制和审核；

(2) 工程量清单、标底（或者控制价）、投标报价的编制和审核，工程合同价款的签订及变更、调整、工程款支付与工程索赔费用的计算；

(3) 建设项目管理过程中设计方案的优化、限额设计等工程造价分析与控制，工程保险理赔的核查；

(4) 工程经济纠纷的鉴定。

可以看出，这些执业范围与中国造价工程师专业能力标准体系中的大部分核心能力的要求相对应。

按照建设项目基本建设程序划分，各阶段的造价工程师的执业内容如图5-1所示。

尽管这个范围是对造价工程师执业内容的整体规定，但是造价工程师在不同的单位有不同的执业范围要求。比如，在业主方执业的造价工程师就要进行全过程的造价控制管理，从建设项目投资决策一直到竣工决算，如果从全生命周期的角度考虑，还包括项目运营期直至项目结束的造价控制管理。在承包商方执业的造价工程师就不用进行全过程的造价控制，一般是从编制投标报价开始，到竣工结算为止的造价控制管理。

因此，造价工程师在不同的单位执业，具体的执业内容就有所区别，如表5-6所示。

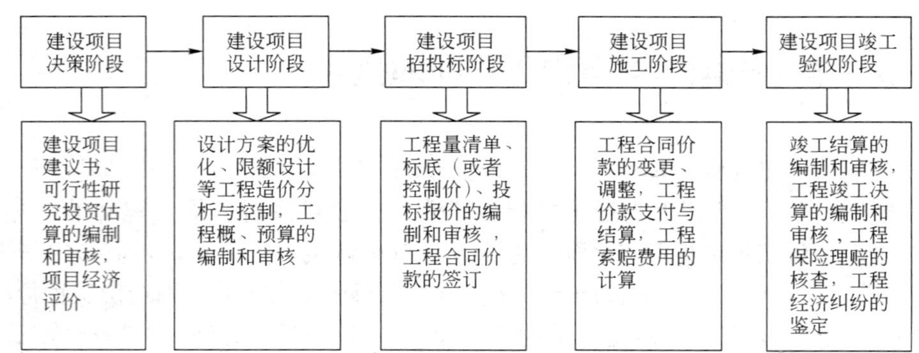

图 5-1　按基本建设程序划分造价工程师的执业内容

在不同单位注册的造价工程师执业内容　　表 5-6

内　容		建设单位（业主）	施工单位（承包商）	工程造价咨询企业
建设项目决策阶段	建设项目建议书、可行性研究投资估算的编制和审核，项目经济评价	√		√
建设项目设计阶段	设计方案的优化、限额设计等工程造价分析与控制			√
	工程概、预算的编制			√
	工程概、预算的审核	√		√
建设项目招投标阶段	工程量清单、标底（或者控制价）的编制			√
	工程量清单、标底（或者控制价）的审核	√		√
	投标报价的编制		√	√
	投标报价的审核	√		√
	工程合同价款的签订	√	√	√
建设项目施工阶段	工程合同价款的变更、调整		√	√
	工程价款支付与结算	√	√	√
	工程索赔费用的计算		√	√
建设项目竣工验收阶段	竣工结算的编制		√	√
	竣工结算的审核	√		
	工程竣工决算的编制	√		√
	工程竣工决算的审核	√		√
	工程保险理赔的核查	√	√	√
	工程经济纠纷的鉴定	√	√	√

1. 在建设单位（业主）执业

造价工程师在业主单位执业，从事的造价工作主要集中在投资决策阶段、设计阶段、招投标阶段以及竣工决算阶段的工程造价文件的审核。部分有能力的业主也要求造价工程师进行一些工程造价文件的编制工作，但大部分工程造价工作会委托给有相应资质的工程造价咨询机构来编制。业主方的造价工程师一般要参与全过程的工程造价管理工作，但主要是协调和审核工作。

2. 在施工单位（承包商）执业

造价工程师在承包商单位执业，主要是从招投标阶段开始到工程竣工结算完成的过程中的造价文件的编制和管理工作，比如，编制投标报价文件、提供人工和材料的预算用量、编制工程结算文件等等。很显然，承包商参与建设项目的过程决定了造价工程师的执业内容。

3. 在工程造价咨询企业执业

工程造价咨询企业是造价工程师执业的最广泛的单位。由于工程造价咨询企业即可以为业主提供造价咨询服务，也可以为承包商提供服务。因此，造价工程师如在工程造价咨询企业执业，就要求掌握全过程的造价咨询执业内容。也就是说，凡是《注册造价工程师管理办法》规定的造价工程师的执业范围，工程造价咨询企业都应该能够提供。

二、不同阶段造价工程师的执业内容

下面我们不再区分造价工程师所执业的具体单位，从整体上对造价工程师的执业内容进行具体阐述。

（一）建设项目决策阶段的执业内容

在项目决策阶段，造价工程师的主要工作是对项目建议书、可行性研究投资估算的编制以及对该项目进行经济评价。据有关资料统计，在项目建设各阶段中，投资决策阶段对工程造价的影响程度最高，可达到70%～90%。由此可见，造价工程师在决策阶段做好造价控制是相当重要的。

1. 项目建议书的编制与审核

项目建议书主要论证项目建设的必要性，是可行性研究的依据之一。目前在项目建议书阶段，通常都是由建设单位向上一级单位或部门投资计划部提出投资估算，内容相对来说比较简单，往往容易造成漏项。因此，这就给造价工程师留下了很大的工作空间。造价工程师在编制项目建议书时要通过调查类似的项目并收集相关资料来对该项目建设的必要性进行评估，并要对项目目标系统进行评价，对该方案的风险进行识别和评价。造价工程师应根据国民经济的发展、国家和地方中长期规划、产业政策、生产力布局、国内外市场、所在地的内外部条件，来完成项目的建议书的编制，内容应该包括：项目的必要性、项目的市场预测、产品方案或服务的市场预测、项目建设必需的条件。

2. 可行性研究的编制与审核

项目可行性研究是对拟建项目的技术先进性和适用性、经济合理性和有效性，以及建设必要性和可行性进行全面分析、系统论证、多方案比较和综合评价，由此得出该项目是否应该投资和如何投资等结论性意见，为项目投资决策提供可靠的科学依据。

可行性研究包括的内容有：总论；市场预测；资源条件评价；建设规模与产品方案；厂址选择；技术方案、设备方案和工程方案；主要原材料、燃料供应；总图布置、场内外运输与公用辅助工程；能源和资源节约措施；环境影响评价；劳动安全卫生与消防；组织机构与人力资源配置；项目实施进度；投资估算；融资方案；项目的经济评价；社会评价；风险分析；研究结论与建议。具体的内容请大家参阅相关文献，这里就不展开论述。

3. 投资估算的编制和审核

投资估算就是项目投资决策过程中，依据现有的资料和特定的方法，对建设项目的投资数额进行的估计。它是项目决策的重要依据之一。我国建设项目的投资估算划分为4个阶段，每个阶段的精度要求不同。项目规划阶段的投资估算要求为允许误差大于±30％，项目建议书阶段的投资估算要求为误差控制在±30％以内，初步可行性研究阶段的投资估算要求为误差控制在±20％以内，详细可行性研究阶段的投资估算要求为误差控制在±10％以内。

从满足建设项目投资设计和投资规模的角度，建设项目投资的估算主要包括固定资产投资估算和流动资金估算两部分。

依据费用的性质来划分，固定资产投资估算包括建筑安装工程费、设备及工器具购置费、工程建设其他费用、基本预备费、涨价预备费、建设期利息、固定资产投资方向调节税。

流动资金则是生产经营性项目投产后，用于购买原材料、燃料、支付工资及其他经营费用所需的周转资金。

造价工程师编制投资估算的步骤如下：

(1) 分别估算各单项工程所需的建筑工程费、设备及工器具购置费、安装工程费。

(2) 在汇总各单项工程费用的基础上，估算工程建设其他费用和基本预备费。

(3) 估算涨价预备费和建设期利息。

(4) 估算流动资金。

造价工程师进行项目的投资估算方法有很多种，具体见表5-7。

投资估算方法 表 5-7

	投资估算方法	计算公式	
静态投资部分的估算方法	单位生产能力估算法	$C_2=\left(\frac{C_1}{Q_1}\right)Q_2 f$	C_1——已建类似项目的静态投资额； C_2——拟建项目静态投资额； Q_1——已建类似项目的生产能力； Q_2——拟建项目的生产能力； f——不同时期、不同地点的定额、单价、费用变更等的综合调整系数
	生产能力指数估算法	$C_2=C_1\left(\frac{Q_2}{Q_1}\right)^x f$ x——生产能力指数；	其他的符号含义同上
	比例估算法	$I=\frac{1}{K}\sum_{i=1}^{n}Q_i P_i$	I——拟建项目的建设投资； K——主要设备投资占拟建项目投资的比例； n——设备种类数； Q_i——第 i 种设备的数量； P_i——第 i 种设备的到厂单价
	系数估算法（以设备系数法为例）	$C=E(1+f_1P_1+f_2P_2+f_3P_3+\cdots)+I$	C——拟建项目投资额； E——拟建项目设备费； P_1、P_2、P_3…——已建项目中建筑安装费及其他工程费等与设备费的比例； f_1、f_2、f_3…——由于时间因素引起的定额、价格、费用标准等变化的综合调整系数； I——拟建项目的其他费用
	指标估算法	把建设项目划分为建筑工程、设备安装工程、设备及工器具购置费及其他基本建设费等费用项目或单位工程，再根据各种具体的投资估算指标，进行各项费用项目或单位工程投资的估算，在此基础上，汇总成每一单项工程的投资。另外再估算工程建设其他费用及预备费，即可以求出建设项目总投资。	
动态投资部分的估算方法	涨价预备费的估算	$PF=\sum_{i=1}^{n}I_t[(1+F)^t-1]$	PF——涨价预备费； I_t——第 t 年投资计划； F——年均投资价格上涨率； n——建设期年份数
	建设期利息的估算	各年应计利息＝（年初借款本息累计＋本年借款额/2）×年利率 年初借款本息累计＝上一年年初借款本息累计＋上年借款＋上年应计利息 本年借款＝本年度固定资产投资－本年自有资金投入	
流动资金估算方法	分项详细估算法	流动资金＝流动资产—流动负债 流动资产＝应收债款＋存货＋现金 流动负债＝应付账款 流动资金本年增加额＝本年流动资金—上年流动资金	
	扩大指标估算法	年流动资金额＝年费用基数×各类流动资金率 年流动资金额＝年产量×单位产品产量占用流动资金额	

除了需要编制投资估算，对投资估算的审核也造价工程师的执业内容之一，具体需要开展的工作如下：

（1）认真对照可行性研究报告和政府的有关批文，审核拟建项目的建设规模和建设内容。

（2）根据拟建项目的建设规模和建设标准、建设目标和建设内容，审核拟建项目的工程量。

（3）根据相关的计价原则和计价标准，审核投资估算各项目的单价。

（4）根据拟建项目的建设内容和建设标准，审核设备和材料价格。

（5）根据政策规定和相关文件要求，审核工程建设的其他费用。

（6）根据审核情况和审核结果撰写审核报告。

总之，决策阶段的投资估算意义重大，造价工程师应准确地做好项目投资估算，以有效地对工程造价进行控制。

4. 项目经济评价

建设项目经济评价是项目建议书和可行性研究报告的重要组成部分，其任务是在完成市场预测、厂址选择、工艺技术方案选择等研究基础上，在可行性研究和评估过程中，造价工程师采用科学的经济分析方法，对项目建设期和生产期内投入产出诸多经济因素进行调查、预测、研究、计算和论证，经过比较选择，推荐最佳决策项目方案。

建设项目评价一般包括财务评价和国民经济评价，建设项目的财务评价是在项目市场研究的基础上进行的，基本程序和内容如下：

（1）收集、整理和计算有关基础财务数据资料。根据项目市场研究和技术研究的结果，并对现行价格体系及财务制度进行财务预测，以此来获得项目投资、销售收入等一系列财务基础数据。

（2）编制基本财务报表。由上述财务预测数据及辅助报表，分别编制反映项目财务盈利能力、清偿能力及外汇平衡情况的财务报表。

（3）财务评价指标的计算与评价。根据基本财务报表计算和财务评价指标，得出结论。

（4）进行不确定性分析。通过盈亏平衡分析、敏感性分析等不确定性分析方法，分析项目可能面临的风险及抗风险能力，最终得出在不确定情况下的财务评价结论。

（5）作出项目财务评价的最终结论。由上述的分析结果，对项目的财务可行性作出最终的判断。

国民经济评价是造价工程师按照资源合理配置的原则，从国家整体角度考察项目的效益和费用，用货物影子价格、影子工资、影子汇率和社会折现率等经济参数分析，计算项目对国民经济的净贡献，以此来评价项目的经济合理性。

（二）建设项目设计阶段的执业内容

在项目决策阶段，造价工程师的主要工作是：设计方案的优化、限额设计等工程造价分析与控制；工程概、预算的编制和审核。

1. 设计方案的优化

造价工程师一方面应针对单项工程、单位工程、部分分部分项工程中的某项技术经济指标过高的情况，及时反馈给业主和设计、监理单位，提出优化设计的建议，协助建设单位、设计单位进行设计方案的优化；另一方面对建设项目参与各方提出的优化设计建议，应充分运用价值工程、全生命周期成本分析等理论，进行全面的技术经济分析，以降低投资提高工程质量为目的，提出是否实施的合理化建议。

造价工程师在执业过程中，可以通过以下途径优化设计方案，控制建设项目造价。

（1）通过设计招标和设计方案竞选优化设计方案

采用设计招标和设计方案竞选方式，有利于设计多方案的选择和竞争，从而择优确定最佳设计方案，达到优化设计的目的；有利于控制建设工程造价；有利于加快设计进度、提高设计质量、降低设计费用。

（2）运用价值工程原理优化建设项目设计方案

价值工程是以提高实用价值为目的，以功能分析为核心，以开发集体智力资源为基础，以科学分析方法为工具，用最少的寿命周期成本可靠的实现使用者所需的功能，以获得最佳综合效益的一种科学方法。价值工程中的“价值”被定义为功能和实现这个功能所耗费成本的比值。价值工程中的“工程”指为实现提高价值的目标所进行的一系列分析研究活动，即以最低的寿命周期费用，可靠地实现产品的必要的功能，对产品的功能、成本所进行的有组织的分析研究活动。价值工程原理可用下式表达：

$$V = F/C$$

式中：V——价值系数；

F——功能系数；

C——成本系数。

价值工程一般工程程序框图见图 5-2 所示。

2. 限额设计

限额设计就是按照设计任务书批准的投资估算额进行初步设计，按照初步设计概算造价限额进行施工图设计，按施工图预算造价对施工图设计的各个专业设计文件做出决策。在整个设计过程中，造价工程师要与设计人员积极配合，及时进行造价计算，为设计人员提供信息，改变设计过程不算账、设计完成见分晓的现象，达到动态控制投资的目的，做到技术与经济的统一。

造价工程师可以从两方面入手进行限额设计。一种是纵向控制，就是按照限额设计过程从前往后依次进行控制。另一种是横向控制，造价工程师可以受业主委托，对设计单位及其内部各专业、科室及设计人员进行考核，实施奖惩，进而保证设计质量，控制造价。

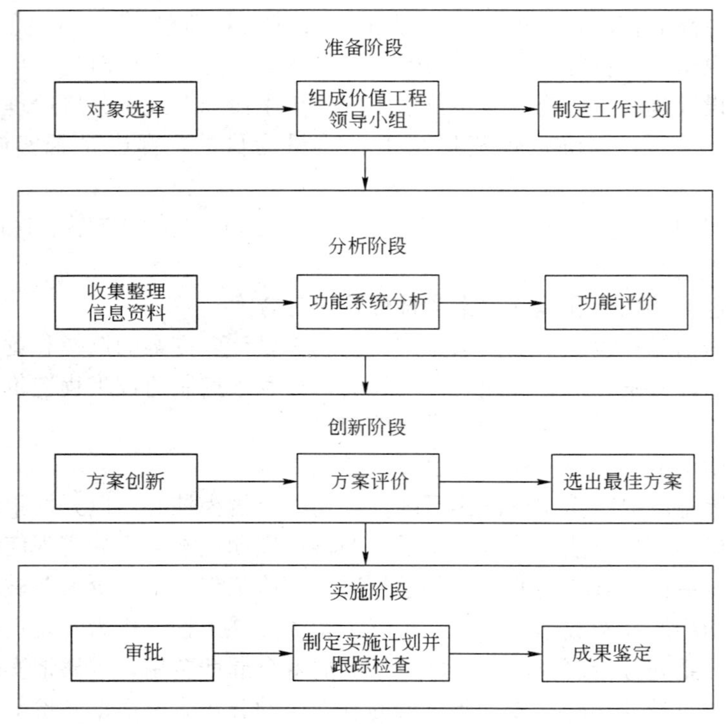

图 5-2　价值工程的一般工作程序框图

限额设计的全过程是一个目标分解与计划、目标实施、目标实施检查、信息反馈的控制循环过程，这也就是建设项目投资目标管理的过程。这个过程如图 5-3 所示。

3. 工程概算的编制和审核

工程概算指的就是建设项目设计概算，它的编制工作较为简单，对精度的要求也没有工程预算高。它是在投资估算的控制下由设计单位根据初步设计或扩大初步设计的图纸及说明，利用国家或地区颁发的概算指标、概算定额或综合指标预算定额、设备材料预算价格等资料，按照设计要求，概略地计算建筑物或构筑物造价的文件。设计概算可分单位工程概算、单项工程综合概算和建设项目总概算三级。

造价工程师的工程概算工作核心是单位工程概算的编制，主要就是建筑工程概算和设备及安装工程概算，下面我们通过表 5-8 简要说明一下编制单位工程概算的方法原理。

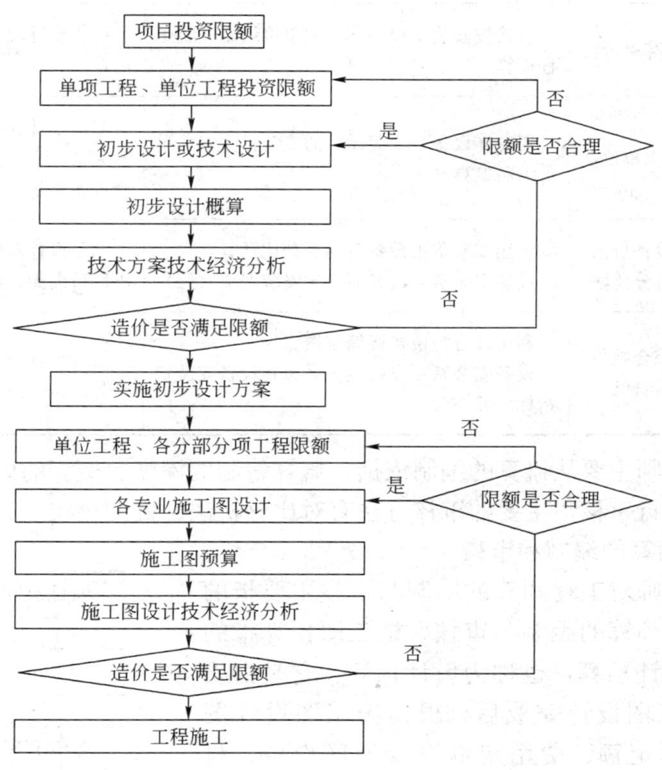

图 5-3　限额设计过程图

单位工程概算编制的方法原理　　表 5-8

编制概算的方法		编 制 原 理	应 用 条 件
建筑单位工程概算	概算定额法	采用概算定额编制建筑工程概算的方法	初步设计达到一定深度，建筑结构比较明确
	概算指标法	用拟建厂房、住宅的建筑面积或体积乘以技术条件相同或基本相同的概算指标而得出直接工程费，然后按规定计算出措施费、间接费、利润和税金等，编制出单位工程概算	初步设计深度不够，不能准确地计算出工程量
	类似工程预算法	利用技术条件与设计对象相类似的已完工程或在建工程的工程造价资料来编制拟建工程设计概算	拟建工程与类似工程设计相似又没有可用的概算指标

续上表

编制概算的方法		编 制 原 理	应 用 条 件
安装单位工程概算	预算单价法	直接按安装工程预算定额单价编制安装工程概算	初步设计较深，有详细的设备清单
	扩大单价法	用主体设备、成套设备的综合扩大安装单价编制概算	初步设计深度不够，设备清单不完备，只有主体设备或仅有成套设备质量
	设备价值百分比法	利用安装费占设备费的百分比计算， 设备安装费＝设备原价×安装费率（%）	初步设计深度不够，只有设备出厂价而无详细规格、质量
	综合吨位指标法	利用综合吨位指标编制概算 设备安装费＝设备吨重×每吨设备安装费指标（元/吨）	初步设计提供的设备清单有规格和设备重量

造价工程师主要从概算的编制依据、概算编制的深度、概算的内容这三个方面对工程概算进行审核，主要的审核方法有对比分析法、查询核实法、联合会审法。

4. 工程预算的编制和审核

造价工程师对工程预算的编制与审核主要指的就是对施工图预算的编制与审核。施工图预算指的就是施工图设计预算，也称为设计预算。它是由设计单位在施工图设计完成后，根据施工图设计图纸、现行预算定额、费用定额以及地区设备、材料、人工、施工机械台班等预算价格编制和确定的建筑安装工程造价的文件。

施工图预算有单位工程预算、单项工程预算和建设项目总预算。单位工程预算是根据施工图设计文件、现行预算定额、费用定额以及人工、材料、设备、机械台班等预算价格资料，以一定方法，编制单位工程的施工图预算；然后汇总所有各单位工程施工图预算，成为单项工程施工图预算；再汇总各所有单项工程施工图预算，便是一个建设项目建筑安装工程的总预算。

施工图预算的编制程序如图 5-4 所示。

施工图预算的编制方法如表 5-9 所示。

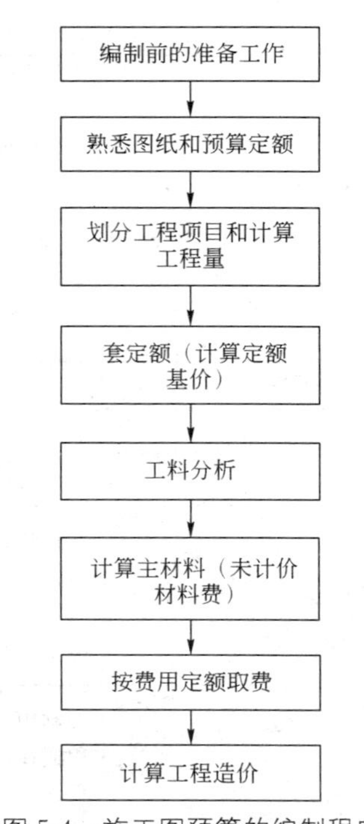

图 5-4　施工图预算的编制程序

施工图预算的编制方法 表 5-9

施工图预算编制方法	编 制 原 理
工料单价法	根据建筑安装工程施工图和预算定额，按分部分项的顺序，先算出分项工程量，然后再乘以对应的定额基价，求出分项工程直接工程费。将分项工程直接工程费汇总为单位工程直接工程费，直接工程费汇总后另加措施费、间接费、利润、税金生成工程承发包价
综合单价法	综合单价法中的分项工程费是全费用单价，包括完成一个规定计量单位工程所需的人工费。各分项工程量乘以综合单价的合价汇总后，再加上规费和税金，得到建筑或安装工程造价

造价工程师在审核施工图预算时重点审核内容是：工程量；设备、材料的预算价格；预算单价的套用；有关费用项目及其计取。审查施工图预算方法较多，这里不详细展开，主要有全面审查法、标准预算审查法、分组计算审查法、对比审查法、筛选审查法、重点抽查法、利用手册审查法和分解对比审查法等八种。

（三）建设项目招投标阶段的执业内容

招投标阶段，造价工程师的执业内容主要包括：工程量清单、标底（或者招标控制价）❶、投标报价的编制和审核，工程合同价款的签订。

1. 工程量清单的编制和审核

工程量清单是表现拟建工程的分部分项工程项目、措施项目、其他项目名称和相应数量的明细清单。它是按照招标要求、施工设计图纸要求、统一的工程量计算规则、统一的工程量清单项目编制规则要求计算拟建项目分部分项工程数量的表格。在性质上，工程量清单是招标文件的组成部分，是招投标活动的重要依据。

工程量清单一般都由业主方的造价工程师编制，或业主委托工程造价咨询公司编制。工程量清单的主要内容包括：封面；总说明；分部分项工程量清单；措施项目清单；其他项目清单；规费项目清单；税金项目清单等。工程量清单的项目设置包括项目编码、项目名称、项目特征、计量单位、工程内容。

工程量清单编制主要是依据《建设工程工程量清单计价规范》（GB 50500—2008）的要求，编制分部分项工程量清单、措施项目清单和其他项目清单。工程量清单编制的重点是工程数量的计算。工程数量主要通过工程量计算规则计算得到。工程量计算规则包括建筑工程、装饰装修工程、安装工程、市政工程和园林绿化工程等五个部分。

---

❶在 2008 年版的《建设工程工程量清单计价规范》（GB 50500—2008）中提出采用招标控制价，这一价格是招标人根据国家或省级、行业建设主管部门颁发的有关计价依据和办法，按设计施工图纸计算的，对招标工程限定的最高工程造价。

2. 标底（或者招标控制价）的编制和审核

标底是指由具有编制能力的招标人或受其委托具有相应资质的工程造价咨询机构依据招标项目的具体情况编制的完成招标项目所需的全部费用，是根据国家规定的计价依据和计价方法计算出来的工程造价，是招标人对建设工程的期望价格。

《建设工程工程量清单计价规范》（GB 50500—2008）中明确提出招标控制价的概念，是指招标人根据国家或省级、行业建设主管部门颁发的有关计价依据和办法，按设计施工图纸计算的，对招标工程限定的最高工程造价。有的地方亦称拦标价、预算控制价。

由于招标控制价是对招标工程限定的最高工程造价，这决定了招标控制价与标底是有区别的，它不需要保密。

造价工程师编制标底（或者招标控制价）的程序如图 5-5 所示。

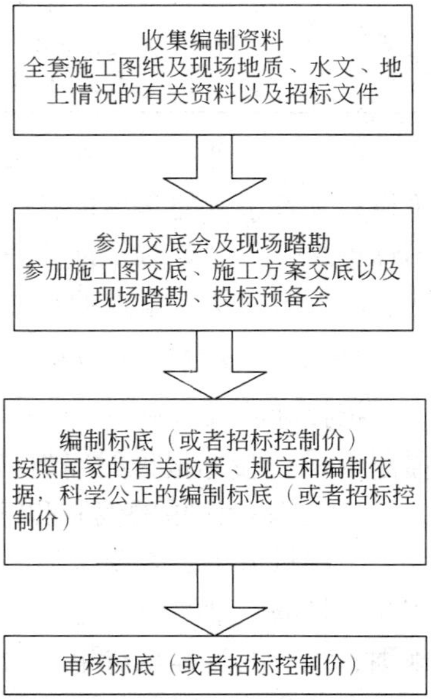

收集编制资料
全套施工图纸及现场地质、水文、地上情况的有关资料以及招标文件

↓

参加交底会及现场踏勘
参加施工图交底、施工方案交底以及现场踏勘、投标预备会

↓

编制标底（或者招标控制价）
按照国家的有关政策、规定和编制依据，科学公正的编制标底（或者招标控制价）

↓

审核标底（或者招标控制价）

图 5-5　编制标底（或者招标控制价）的程序

标底（或者招标控制价）的编制方法主要有两种方法：定额计价法编制标底和工程量清单计价法编制标底。

以定额计价法编制标底（或者招标控制价），是根据施工图纸及技术说明，按照预算定额规定的分部分项子目，逐项计算出工程量，再套用定额单价（或单位股价表）确定直接工程费，然后按规定的费率标准估计出措施费，得到相应的直接费，再按规定的费用定额确定间接费、利润和税金，加上材料调价系数和适当的不可预见费，汇总后即为标底（或者招标控制价）的基础。

以工程量清单计价法编制标底（或者招标控制价），是按照“计价规范”进行编制，以工程量清单给出的工程数量和综合的工程内容，按市场价格计价。对工程量清单开列的工程数量和综合的工程内容不得随意更改、增减，必须保持与各投标单位计价口径的统一。

对标底（或者招标控制价）审核的主要内容有标底计价依据、标底价格组成内容、标底价格的相关费用。审核的方法与施工图预算相似。

3. 投标报价的编制和审核

投标报价的编制主要是造价工程师对承建招标工程所要发生的各种费用的计算。

造价工程师投标报价的一般程序如图 5-6 所示。

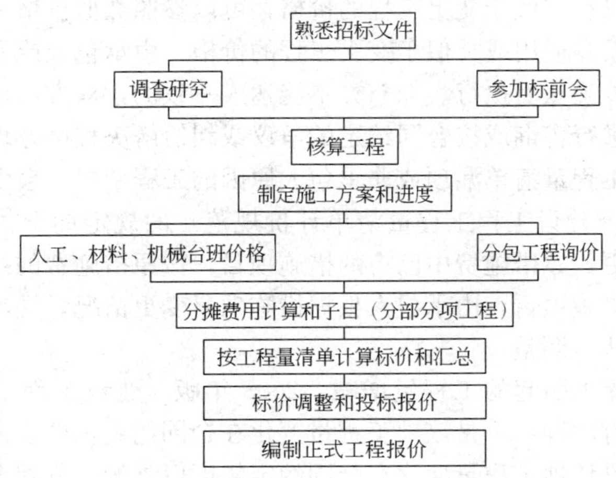

图 5-6　投标报价的编制程序

造价工程师可采用以定额计价模式投标报价和以工程量清单模式投标报价两种方法编制投标报价。以定额模式投标报价时，一般采用预算定额编制。以工程量清单计价模式投标报价时，填入的单价是综合单价，包括人工费、材料费、机械费、间接费、利润、税金以及风险金等全部费用，将工程量与该单价相乘得出合价，将全部合价汇总后即得出投标总报价。

4. 工程合同价款的签订

造价工程师要协助发包人或承包人签订工程合同价款。工程合同价款是发包人支付给承包人按照合同要求完成工程内容的价款总额。合同价款应当依据中标通知书中的中标价格和非招标工程的工程预算书确定，可以选用固定总价、固定单价或可调价格等方式。

（四）建设项目施工阶段的执业内容

在建设项目施工阶段，造价工程师的执业内容包括：工程合同价款的变更、调整，工程价款支付与结算，工程索赔费用的计算。

1. 工程合同价款的变更、调整

建设项目实际施工过程中会发生工程变更的情况，比如，工程量变更、工程项目的变更、进度计划的变更、施工条件的变更等。工程变更势必会引起工程合同价款的变更，造价工程师必须依据工程变更的情况对工程合同价款进行变更和调整。

工程变更后合同价款的确定方法如下：

（1）合同中已有适用于变更工程的价格，按合同已有的价格变更合同价款；

（2）合同中只有类似于变更工程的价格，可以参照类似价格变更合同价款；

（3）合同中没有适用或类似于变更工程的价格，由承包人或发包人提出适当的变更价格，经对方确认后执行。如双方不能达成一致的，双方可提请工程所在地工程造价管理机构进行咨询或按合同约定的争议或纠纷解决程序办理。

因分部分项工程量清单漏项或非承包人原因的工程变更，会引起措施项目发生变化，2008 年版《建设工程工程量清单计价规范》的规定如下：造成施工组织设计或施工方案变更，原措施费中已有的措施项目，按原措施费的组价方法调整；原措施费中没有的措施项目，由承包人根据措施项目变更情况，提出适当的措施费变更，经发包人确认后调整。

因非承包人原因引起的工程量增减，2008 年版《建设工程工程量清单计价规范》的处理方式有两种：一是该项工程量变化在合同约定幅度以内的，则执行原有的综合单价；二是该项工程量变化在合同约定幅度以外的，其综合单价及措施项目费应予以调整。

施工过程中，人工单价的变化和物价波动也会引起工程价款的调整。当人工单价发生变化，依据合同约定按省级或行业建设主管部门或其授权的工程造价管理机构发布的人工成本信息进行调整。当物价波动超出一定幅度时，应按合同约定调整工程价款；合同没有约定或约定不明确的，应按省级或行业建设主管部门或其授权的工程造价管理机构的规定调整。

另外，因不可抗力事件导致的费用，要根据相关的原则调整工程价款。

2. 工程价款支付与结算

工程价款支付包括工程预付款支付与结算、工程进度款支付与结算。

发包人应按合同约定的时间和比例（或金额）向承包人支付工程预付款。在业主单位（发包人）执业的造价工程师要做好工程预付款的支付工作。合同中未规定的，工程预付款的额度原则上预付比例不低于合同金额（扣除暂列金额）的 10%，不高于合同金额（扣除暂列金额）的 30%。对重大工程项目，按年度工程计划逐年预付。

工程量的正确计量是发包人向承包人支付工程进度款的前提和依据，因此，造价工程师要做好工程计量的工作。计量和付款周期可采用分段或按月结算的方式，当采用分段结算方式时，应在合同中约定具体的工程分段划分，付款周期应与计量周期一致。

造价工程师在承包商单位执业，要做好向发包人递交进度款支付申请的工作。除合同另有约定外，进度款支付申请应包括下列内容：本周期已完成工程的价款；累计已完成的工程价款；累计已支付的工程价款；本周期已完成计日工金额；应增加和扣减的变更金额；应增加和扣减的索赔金额；应抵扣的工程预付款；应扣减的质量保证金；根据合同应增加和扣减的其他金额；本付款周期实际应支付的工程价款。

承包人应当按照合同约定的方法和时间，向发包人提交已完工程量的报告。根据发包人与承包人双方确定的工程计量结果，承包人向发包人提出支付工程进度款申请，14 天内，发包人应按不低于工程价款的 60%，不高于工程价款的 90%向承包人支付工程进度款。

造价工程师进行工程进度款支付与结算主要有两种方式：

（1）按月结算与支付。即实行按月支付进度款，竣工后清算的办法。合同工期在两个年度以上的工程，在年终进行工程盘点，办理年度结算。

（2）分段结算与支付。即当年开工、当年不能竣工的工程按照工程形象进度，划分不同阶段支付工程进度款。具体划分应在合同中明确。

3. 工程索赔费用的计算

工程索赔是在工程承包合同履行中，当事人一方由于另一方未履行合同所规定的义务或者出现了应当由对方承担的风险而遭受损失时，向另一方提出赔偿要求的行为。

可索赔的费用内容包括人工费、设备费、材料费、保函手续费、贷款利息、保险费、管理费和利润。

索赔费用的计算主要有三种方法：实际费用法、总费用法和修正总费用法。

实际费用法是按照每项索赔事件所引起的实际损失的费用项目分别分析计算索赔值，然后将各费用项目的索赔值汇总，得到总索赔费用值。

总费用法是在发生多次索赔事件后，重新计算该工程的实际总费用；索赔金额为实际总费用减去投标报价时的估算总费用。

修正总费用法是在总费用法计算的原则上，去掉一些不确定的可能因素，对总费用法进行相应的修改和调整，使其更加合理。根据一定的调整、修改后的总费用，基本上能够准确地反映出实际增加的费用，作为给承包人补偿的款额。

（五）建设项目竣工验收阶段的执业内容

在建设项目竣工验收阶段，造价工程师的执业内容包括：工程竣工结算的编制和审核，工程竣工决算的编制和审核，工程保险理赔的核查，工程经济纠纷的鉴定。

1. 工程竣工结算的编制和审核

当承包商按照合同规定的内容全部完成所承包的工程，经验收质量合格，并符合合同要求之后，可以与发包单位进行最终工程价款的结算。工程竣工结算分为单位工程竣工结算、单项工程竣工结算和建设项目竣工总结算。

造价工程师进行竣工结算编制依据主要有：

(1)《建设工程工程量清单计价规范》(GB 50500—2008);

(2) 施工合同;

(3) 工程竣工图纸及资料;

(4) 双方确认的工程量;

(5) 双方确认追加(减)的工程价款;

(6) 双方确认的索赔、现场签证事项及价款;

(7) 投标文件;

(8) 招标文件;

(9) 其他依据。

GB 50500—2008 规定了工程竣工结算的各种费用与税金计算规则,如图 5-7 所示。

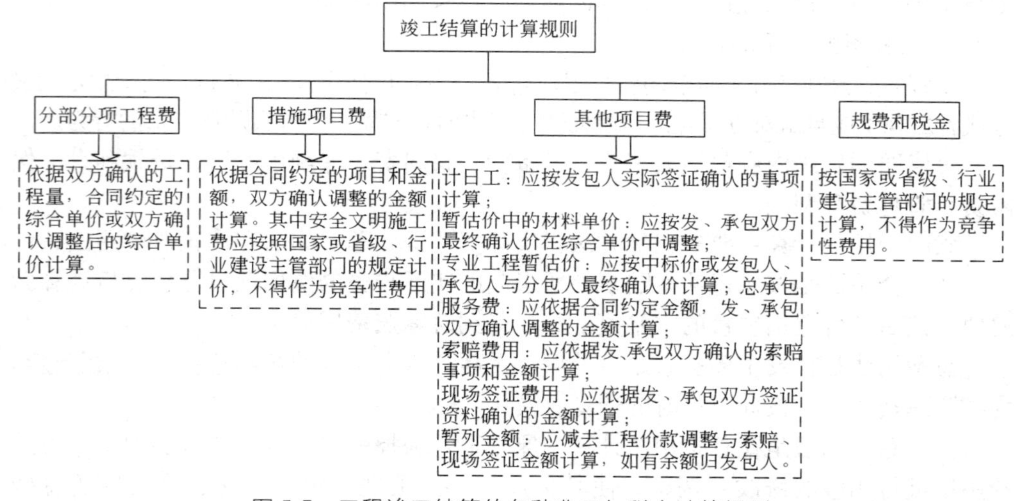

图 5-7 工程竣工结算的各种费用与税金计算规则

竣工结算审核一般由业主方的造价工程师审核承包商提交的结算资料,主要包括审核合同条款、检查隐蔽验收记录、落实设计变更签证、按图核实工程数量、核实单价、审核各项费用计取、防止各种计算误差等。

2. 工程竣工决算的编制和审核

工程竣工决算反映的是建设项目的实际造价以及投资效果,它是以实物数量和货币指标为计量单位,综合反映竣工项目从筹建开始到项目竣工交付使用为止的全部建设费用、建设成果和财务情况的总结性文件,包括建筑工程费、安装工程费、设备工器具购置费用及预备费和投资方向调节税(现暂时停征)等费用。竣工决算由竣工财务决算说明书、竣工财务决算报表、工程竣工图和工程竣工造价对比分析四个文件组成。

竣工决算的编制依据如下：

（1）经批准的可行性研究报告、投资估算书，初步设计或扩大初步设计，修正总概算及其批复文件；

（2）经批准的施工图设计及其施工图预算书；

（3）设计交底或图纸会审会议纪要；

（4）设计变更记录、施工记录或施工签证单及其他施工发生的费用记录；

（5）标底造价，承包合同、工程结算等有关资料；

（6）历年基建计划、历年财务决算及批复文件；

（7）设备、材料调价文件和调价记录；

（8）有关财务核算制度、办法和其他有关资料。

造价工程师编制工程竣工决算的步骤如图 5-8 所示。

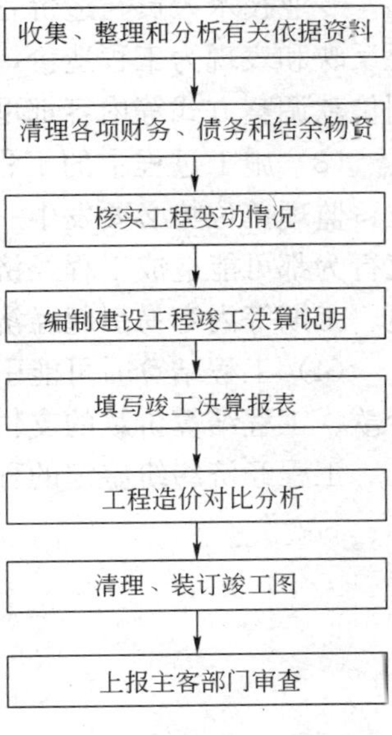

收集、整理和分析有关依据资料
↓
清理各项财务、债务和结余物资
↓
核实工程变动情况
↓
编制建设工程竣工决算说明
↓
填写竣工决算报表
↓
工程造价对比分析
↓
清理、装订竣工图
↓
上报主客部门审查

图 5-8　竣工决算的编制步骤

3. 工程保险理赔的核查

造价工程师在工程保险理赔的核查过程中的执业内容主要有以下几个方面：

（1）核查承包商出具的出险通知单。出险通知单内应写明事故发生的时间、地点、原因以及承包人为减少损失采取的措施，所组织人员、机械数量，因灾害损失的金额等内容。

（2）核查计算直接受灾损失的工作量及索赔金额。分析事故发生的范围，统计承包商计算的直接受灾损失的工作量、因此事故间接受损失的工作量、受灾损失计算书中索赔金额是否正确。

（3）核查承包商对事故现场所拍摄的影像资料和照片。影像资料和照片要能反映事故发生后现场的情况，要全面、详细的反映受灾后的地形地貌及有关细节的特写。

（4）核查根据保险公司的要求作为索赔依据的其他资料、文件、单据等。

4. 工程经济纠纷的鉴定

在建设项目的各个环节都有可能引起工程造价纠纷，造价工程师在造价咨询工作中，常见工程经济纠纷的鉴定主要包括：

（1）工程项目招投标过程中的工程经济纠纷。承发包双方对招标文件中有关工程造价计价条款的不同解释、对中标人投标文件中工程报价和优惠条件等方面的不同认识、招标过程的不规范都可能造成经济纠纷。

（2）施工合同签订中的工程经济纠纷。建设工程施工合同是业主和承包商之间明确双方权力、义务的法定性文件，应由专业技术人员与造价管理人员共同斟酌确

定合同的内容、条款、细则，但有些单位合同管理观念淡薄，对合同签订重视不够，专业技术人员与造价管理人员很少参与合同的起草。合同中的诸多条款最终都要反映和表现为工程造价，施工合同中的工程计价依据、合同价格、结算方式、合同价款调整方式等内容都可能引起工程经济纠纷，需要造价工程师进行鉴定。

（3）施工过程中的工程经济纠纷。工程在建设期间，业主与承包商、设计单位、监理单位势必要发生一系列的工作关系。不论哪一方在施工过程中发生了不规范行为都可能造成工程经济纠纷。如工程预付款、工程进度款、工程进度、工程变更、工期等内容易引起经济纠纷。

（4）工程结算时可能引起的工程经济纠纷。工程质量、工程总造价、工程分包价款、工程结算价款的支付等是工程结算阶段纠纷的主要内容。

工程经济纠纷鉴定的程序见图 5-9 所示：

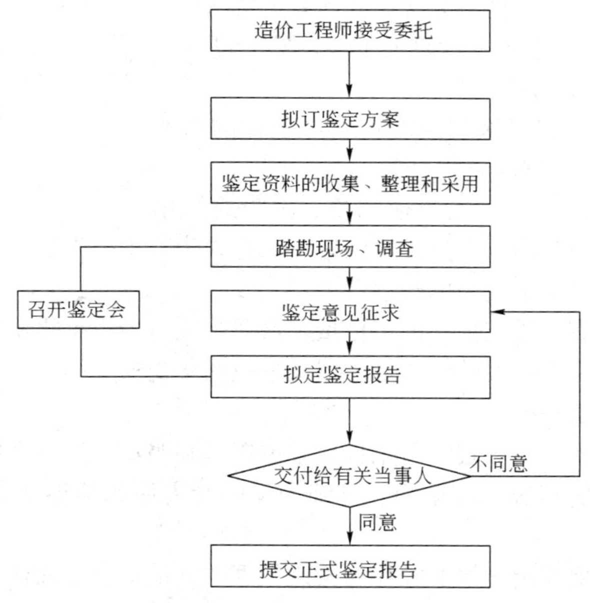

图 5-9　工程经济纠纷鉴定程序

第三节　其他国家和地区造价工程师的执业内容

上节我们讨论了中国内地造价工程师的执业内容，本节简要介绍中国香港地区、英国以及美国的工料测量师（造价工程师）的执业内容。由于我国香港地区在工程造价管理上沿用的是英国的工料测量师制度，因此把香港地区并入在了本节。

一、中国香港工料测量师的执业内容

我国香港地区的工程管理模式基本上是借鉴了英国传统的工程管理模式。英国传统的工程管理模式中最突出的特点是使用了工料测量师，无论是在传统的工程管理模式还是在新型工程管理模式中，工料测量师均起到了独特的作用。

（一）香港工料测量师的服务对象

工料测量师是在建筑工程方面受过特殊训练的专业人士，对建筑成本价格、财务、合约安排及法律等方面均有专门认识，主要执业单位为：

①政府地政发展部门；

②私人地产发展商；

③承包商；

④工料测量师事务所；

⑤矿务及石油开发机构；

⑥保险公司；

⑦其他有地产发展业务的机构。

（二）香港工料测量师的执业范围

在房屋建造、土木工程、城市发展，以及矿务及石油化工等各项工程上工料测量师都能提供广泛的服务。主要执业范围包括：

①初步成本咨询；

②成本计划；

③招标；

④合约管理；

⑤工程费的开支预算及成本控制；

⑥工程策划与管理；

⑦调解纠纷；

⑧保险咨询等。

（1）初步成本咨询

在工程策划的初期，工料测量师可为业主作出初步的工程预算，并能就设计、结构、材料选择、施工组织设计、维修保养等提供经济与实用的意见，并根据这些资料制订一个详细的成本计划以控制成本。

（2）成本计划

成本计划是工料测量师的专长技能，目的在于协助各建设项目团队成员，包括建筑师、工程师、室内设计师等去达成一个实用且满足预算要求的项目设计，使业主能获得最好的保障而物有所值。有效的成本计划能使整个工程不会超出预算，当然将来的维修保养及日常操作的费用亦需考虑在内，使建设项目的整体成本计划更加合理有效。

成本计划管理要求工料测量师亦能在发生工程变更时，快速地计算出对成本的影响。总之，成本计划管理能使业主的投资受到有效控制，即使发生超出预算的情况也能尽快通知业主并作出适当的调整。

（3）招标

一般说来，招标文件是由工料测量师提供的，基本上有两种标书：一种有工程量清单，另一种是没有工程量清单。

工程量清单是一份将设计图纸及规格说明书等要求转化为一系列施工项目及数量的文件，以便承包商能在统一的标准下计算出投标价格。当工料测量师收到各投标书后，便会作出详细的分析，评述后作出报告，协助业主选择出最合适的承包商。而在施工期间，工程量也能被充分利用以有效地控制成本开支。工料测量师则根据不同的建设项目形式提供不同的招标方法，以符合建设项目的需要。

（4）合约管理

工料测量师可就所有土木工程、建筑及结构工程，向政府组织、私人机构、开发商、承包商及分包商提供合约建议。由于每一建设项目皆有其独特之处，因此在合约形式上也将要有不同的安排。例如，采用总包形式还是有分包形式、有无指定材料供应商等，这些都对合约形式以至将来合约管理及工程结算有着深远的影响。

香港一般都是采用标准合约。标准合约是由香港测量师学会、香港建筑师学会及香港建造商会按照英国的一套标准合约一起来制订的。这个标准合约已经采用多年，能让甲乙双方清楚自己在合约上的权利。

工料测量师能针对每一工程的特征而提供相应的专业意见并制定适当的合约条款以保障双方的利益。

（5）工程结算

通常大部分的建设项目都是每月做出结算，工料测量师每月都要检查核实承包商支付款项并做出月结算建议，直至工程完成。工程竣工后，工料测量师会核查支付款项并作出工程开支总计，并与承包商对工程进行结（决）算。如有需要，工料测量师也会分析工程总值结算，制订开支预算表，以供业主作财务或保险方面的安排。

（6）工程策划与管理

一个工程项目的成功，需要多方面的专业人员及顾问的参与。这些多方面的意见，必须获得统筹及协调方可发挥最高的作用。由于工料测量师在财务、法律、合约管理等重要环节都受过特殊训练，所以越来越多的工料测量师还担当工程策划经理的职务，很显然他们是很适合担当工程策划经理职务的并能进一步保障其雇主的利益。

二、英国工料测量师的执业内容

在英国乃至英联邦国家的建筑领域是很难见到工程造价（Cost Engineering）这个概念的，相应用于这个概念，英国的专业名称是工料测量（Quantity Surveying）。

英国的工程造价管理是通过立项、设计、招标签约、施工过程结算等阶段性工作，贯穿于工程建设的全过程。工程造价管理在既定的投资范围内随阶段性工作的开展不断深化，从而使工期、质量、造价和预算目标得以实现。这些都是和工料测量师在工程建设全过程中的有效工作分不开的。

（一）英国工料测量师的作用

1971 年，英国皇家特许测量师学会规定工料测量师的作用是：在建设的全过程中通过向业主和设计方提供项目的财务管理和造价咨询服务，来确保建筑业的能源可以最有效的为社会所利用。工料测量师的独特能力是在建设领域中的计量和估价技术，对建设项目的费用和价格进行预测、分析、计划、控制和解释。

自 20 世纪 70 年代以来，工料测量师的专业知识逐渐发展到建筑、民用和工业项目施工、机械和电器设备以及项目管理等领域的费用规划和控制。同时，英国出现了全生命周期工程造价管理（Life Cycle Cost Management，LCCM）的主导模式。

（二）英国工料测量师的执业范围

英国的工料测量师是独立从事建筑造价管理的专业人员。工料测量师是一个动态的职业，需要从业者有良好的商业头脑、一流的管理技能和建筑行业知识。从 20 世纪 30 年代开始工料测量行业就发生着变化。现在，工料测量师作为成本咨询和项目采购的专家，已经成为一种专业管理角色。

英国工料测量师的工作领域包括：房屋建筑工程，土木及结构工程，电力及机械工程，石油化工工程，矿业建设工程，一般工业生产、环保经济、城市发展规划、风景规划、室内设计等。工料测量师服务的对象，有房地产发展商、政府市政及公有房屋管理等部门、厂矿企业、银行与保险公司，而大量服务的是面向承包商。

工料测量师的执业范围包括：

（1）初步费用估算

在项目规划阶段，为投资者、开发商提供投资估算，就设计、材料设备选用、施工、维护保养提供咨询意见。

（2）成本规划

成本规划的目的是为委托单位编制一份供建筑师、工程师、装潢设计师合理使用建设投资的比例。工料测量师在协助投资者选定方案时，不只是选最低的造价方案，而是包括维护、修理、更新的全寿命费用最低。在执行中，当遇到投资者改变意图时，工料测量师也可以快速报出费用变化。项目由于种种原因将要超出预算时，工料测量师能及早报告，以便投资者决策。

（3）承包合同方式

招标方式、合同形式是搞好工程的重要环节。由于工程项目千差万别、工程条件、技术复杂程度、进度要求、设计深度、质量控制级别、业主对待风险的态度都有差别，这就要求工料测量师帮助业主针对工程的具体情况选择好合同方式。

（4）招标代理

包括起草招标文件，计算工程量并提供工程量清单。工程量清单（Bill of Quantities）是一份将设计图纸及所采用的工料规格说明书的要求转化为可以计算造价的一系列施工项目及数量的文件，便于投标各方比价竞争。工料测量师在投标人报出价格与费率基础上作比较分析，选择较合理的标书，提供给决策者。

（5）造价控制

在施工合同执行过程中，工料测量师根据成本规划，对造价进行动态控制，定期对已发生的费用、未来发生的费用、工程进度作比较，报告委托人。

（6）工程结算

工料测量师负责审定工程各种支出，如进度款、中间付款、保留金等。有关调整账、变更账都由工料测量师管理。

（7）项目管理

由于合同管理、财务安排、法律问题等在工程中越来越重要，而工料测量师的专业水准和力量都在不断增强，业主纷纷聘请工料测量师及其事务所出任项目经理，独立地为其提供项目管理服务。

（8）其他

工料测量师经过仲裁人资格审定，还可以提供建筑合同纠纷仲裁，以及保险损失估价等服务。

三、美国造价工程师的执业内容

美国经济是一种政府干预的混合型经济，整个经济分成两部分：一部分是私营经济，另一部分是公营经济。建筑业是美国最大的行业之一，在美国国内生产总值中占有重要比例。美国的建设工程项目分为政府投资项目和私人投资项目，对于政府投资项目，美国采取的是一种谁投资谁管理即由政府投资部门直接管理的模式；对私人管理项目，政府不予干预，但对工程的技术标准、安全、社会环境影响和社会效益等则通过法律、法规、技术标准等加以引导或限制。

美国的多数项目造价管理人员在通过国际造价工程师协会的认可后，被称为注册造价工程师（Certified Cost Engineer，CCE）或注册造价咨询师（Certified Cost Consultant，CCC）。在美国，工程造价或成本估算专业人士的资格由行业协会确认并颁发证书。国际工程造价协会（Association for the Advancement of Cost Engineering-International，AACE-I）和造价估算与分析师联合会（Society of Cost Estimating & Analysis，SCEA）均提供了认可程序。要想成为一个造价工程师，必须提交造价工程的专业论文并通过每年两次的笔试。

美国造价工程师一般服务于政府部门、私人业主或承包商，在工程造价管理中发挥关键作用，主要工作有：项目可行性研究与投资估算编制、分析、评价；设计阶段工程造价及预算的编制、评价；工程成本与工期的控制；工程造价的预测、研究；工程管理及估价软件的开发；工程造价资料及技术书籍的编辑、出版。

第四节　造价工程师的责任风险管理

工程咨询专业人士从事的工作具有明显的委托性、技术性，提供的是一种专业技术服务，这种服务是基于自身专业技能的管理、技术咨询服务。他们虽然不是工程承包合同的当事人，但却是受业主聘用作为工程项目的技术、管理负责人，对合同工程项目的实施负有完全的责任。他们的工作和社会公众的切身利益密切相关，一旦损害发生，涉及的财产损失数额巨大，甚至可能造成人身伤亡等重大事故，因而面临承担职业责任的风险。同业主和承包商一样，咨询工程师也要面临工程各种潜在的风险。同时，咨询专业人士还因其独特的职业和在项目实施中所处的特殊地位而难免承受其自身的责任风险。这种责任风险有些来自工作环境，有些来自专业人士本身。

一、造价工程师承担的风险

（一）造价工程师承担的责任

工程建设的中心工作是对工程项目实施投资、质量、进度三方面的控制，使工程项目在保证质量和满足进度要求的前提下，实现实际投资不超过计划投资。投资控制工作的好坏，直接影响到工程的工期和质量；而投资控制方法是否合理，更直接影响到整个项目的效果。所以，必须在工程进展中配备既懂工程技术，又懂经济、管理和法律知识，具有实践经验和良好职业道德素质的复合型人才——造价工程师。

造价工程师在工程项目中是建设项目造价工作的重要组织者和负责人，具有工程计量审核权、支付工程进度款审核权和工程造价审批权，对维护国家和社会公共利益、维护业主和承包商利益、维护单位自身权益有着不可替代的地位和作用。

造价工程师在工程项目从立项决策到竣工投产全过程工作中，负责编制或审核投资估算、设计概算、施工图预算以及工程项目的设计、招投标、施工、结算等各阶段的投资控制工作。造价工程师作为投资控制组负责人，对总监负责，负责投资工作的事前、事中、事后控制，防止概算超估算，预算超概算，决算超预算。为完成投资控制的目标，必须完善投资控制的组织措施，建立健全组织，明确职责分工及有关制度，落实投资控制的责任。

（二）造价工程师风险的分类与识别

造价工程师的工作具有明显的委托性、技术性。造价工程师对工程提供的是一种专业技术服务，但目前由于中国建设体制尚未完全理顺，人们的认识不足，委托服务尚未成为人们的自觉行动，因此，由建设单位委托具有相应资质的造价工程师对工程进行审核，造价工程师必须在委托合同规定的工作范围内开展工作。在业主委托的范围内，运用合理的技能、谨慎而勤勉地工作应是每个造价工程师应尽的义务。

同时，造价工程师是一种专业技术人员，他们所提供的服务，是基于自身专业技能的管理、技术或咨询服务。因此，在同样的工作范围及权限内，不同的造价工程师提供服务的成效可能大不相同，这和造价工程师本身所掌握的专业技能有关。这种专业技能可以从两个方面来进行理解：其一是专业技术水平及工程实践经验，这是造价工程师工作能力的重要基础，和其他专业技术人员并无不同；其二是本身的工作协调能力，这一点造价工程师与其他专业技术人员有所不同。协调参与工程建设各方面的技术力量，使参建各方的能力能最大程度地发挥是造价工程师能力的体现。

另外，在工作中造价工程师的工作具有较大的弹性。同样的工作，可以做得细致认真，也可以做得较为马虎，而其工作成效界定起来也较为困难，好坏难以运用定量的标准来衡量，即工作成效和自身的主观能动性有关。这种主观能动性，主要来自两个方面。一方面取决于职业道德的约束。遵守职业道德，谨慎、勤勉地为业主服务，是造价工程师的基本工作原则。另一方面取决于业主的支持。造价工程师的工作要对业主负责，业主和造价工程师的相互信任和诚意，无疑会大大激发造价工程师的主观能动性。

不仅如此，造价工程师的工作和社会公众的切身利益密切相关，一旦损害发生，涉及的经济额度很大，并可能造成人身伤亡等重大事故。因此，从造价工程师的工作特性出发，可以总结出造价工程师的风险存在于造价工程师的行为责任、工作技能、管理、职业道德和社会环境等。综上，造价工程师的风险分为三个等级，如表 5-10 所示。

造价工程师风险等级表　　表 5-10

一级风险	二级风险	三级风险
1. 行为责任风险	1.1　超出合同范围工作造成的风险	1.1.1　本属于下属造价工程师的工作，代其下属处理造成的风险
		1.1.2　属于其他工作人员（如会计等）的工作范围，越权行使造成的风险
	1.2　未按合同规定履行职责造成的风险	1.2.1　主观上故意不履行合同造成的风险
		1.2.2　并非有意不履行合同造成的风险
2. 工作技能风险	2.1　相关知识欠缺，在工作中未能发现问题造成的风险	2.1.1　在工作中对新材料、新工艺的不了解造成的风险
		2.1.2　在计算中对计算方法的不掌握造成的风险
		2.1.3　对图纸的新绘制方法不熟悉造成的风险
	2.2　知识技术熟练但在工作中疏忽造成的风险	2.2.1　工程审核过程中的疏忽造成的风险
		2.2.2　工程审核后的计算失误造成的风险
		2.2.3　工作中单凭经验造成的风险
3. 技术资源风险	3.1　由于人力、财力等限制，致使无法进行工作造成的风险	
	3.2　工作中由于信息技术造成损失的风险	3.2.1　在计算机工作中出现病毒
		3.2.2　工程图纸等原始数据错误造成的风险
4. 管理风险	4.1　业主、造价工程师和承包方三者间管理机制相互制约造成的风险	4.1.1　业主对承建方的制约管理上造成的风险
		4.1.2　造价工程师对承建方的监督管理造成的风险
	4.2　造价工程师内部管理造成的风险	4.2.1　造价机构内部职员分工不明确造成的风险
		4.2.2　职员相互间的工作未能及时沟通造成的风险
		4.2.3　员工承担的责任不明确造成的风险
		4.2.4　上级或委托方让造价工程师弄虚作假造成的风险

续上表

一 级 风 险	二 级 风 险	三 级 风 险
5. 职业道德风险	5.1 造价工程师自身职业道德造成的风险	5.1.1 造价工程师工作中不认真负责，避重就轻造成的风险
		5.1.2 造价工程师有意偏袒包庇一方造成的风险
	5.2 承包方职业道德造成的风险	5.2.1 承包方在工作中偷工减料造成的风险
		5.2.2 承包方在工作中敷衍了事，回避问题、不配合工作造成的风险
6. 社会环境风险	6.1 法律、政策的规定造成的风险	
	6.2 业主、承包方对造价工程师的苛刻要求造成的风险	

1. 行为责任风险

造价工程师的行为责任风险来自两个方面。一是造价工程师违反了委托合同规定的职责义务，超出了业主委托的工作范围，从事了本不属于自身职责范围内的工作，并造成了工程上的损失，就可能因此承担相应的责任。例如，在工程建设中，造价工程师在没有得到确切数据的情况下对下属的工作轻易地作出结论，这样造价工程师就要为此对所造成的后果负责。二是造价工程师未能正确地履行合同中规定的职责，在工作中发生失职行为。对于造价工程师的失职行为还要分析是否是主观上有意的行为。例如，对于工作中该实行审核的项目不作审核或不按规定进行审核，因此使工程留下隐患或造成损失，他就必须为此承担失职的责任。但有时造价工程师由于主观上的无意行为未能严格履行自身的职责并因此而造成工程损失。这些情况中包括造价工程师由于疏忽大意，对某些该实行检查或监督的项目未能及时地进行相应的检查监督，或者虽然进行了检查监督，却未能发现隐患，并因此造成了工程的损失，造价工程师同样要负相应的责任。

2. 工作技能风险

工程造价工作是基于专业技能的技术服务，因此，尽管造价工程师履行了合同中业主委托的工作职责，但由于其本身专业技能的限制，可能并不一定能取得应有的效果。但在造价工程师掌握专业技能知识的情况下，工作出现了技术失误，给工程造成了损失，造价工程师同样要承担责任。在相关知识和技能熟悉的情况下，造价工程师有时也会出现工作失误，这主要在于造价工程师在审查工作时由于不细心的疏忽，或者对统计的数据在综合计算时由于计算误差而产生偏差，另外就是造价工程师经常对工程中的问题采用凭经验的办事态度，这些情况都有可能造成工作失误，因此带来的风险就要由造价工程师承担。

3. 技术资源风险

即使造价工程师在工作中并无行为上的过错，仍然有可能承受由技术、资源而带来的工作上的风险。一方面，由于人力、财力和技术资源的限制，造价工程师无法对施工过程进行细致全面的检查，从而造成了工程损失。另一方面，可能所提供的工程图纸、原始数据等基本材料本身就存在错误，从而给工程带来偏差。不仅这些，在目前计算机已介入工程设计的情况下，被计算机病毒恶意破坏了数据而造成的损失也时有发生。还有些问题可能在施工过程中无法及时发现，甚至在今后相当长的一段时间内无法发现。因此，造价工程师就有可能需要面对这一方面的风险。

4. 管理风险

明确的管理目标、合理的组织机构、细致的职责分工、有效的约束机制，是组织管理的基本保证。尽管有高素质的人才资源，但如果管理机制不健全，工程仍然可能面对较大的风险。这种管理上的风险主要来自两个方面。一是业主对承包方的约束不利。业主和承包方之间的管理约束机制是由造价咨询行业来完成的，因此这其中产生问题造价工程师要承担风险。从实践中得出，在工程中采用总负责制对于落实管理责任制、提高工作水平起到了很好的作用。由于工程的特殊性，在日常的工作中，代表业主和工程有关方面打交道的是总负责人，总负责人的工作行为对业主的声誉和形象起到决定性的作用。业主必须让总负责人有职有权、放手工作．才能取得必要的监督和管理。也就是说，业主要约束好承包方就要和总负责人之间建立完善、有效的约束机制，只有这样业主才能有效地控制承包方。二是项目咨询机构的内部管理机制。咨询机构中的领导要协调好下属的工作，保证各个层次的人员职责分工明确，沟通渠道有效。如果不能在机构内部实行有效的管理，则必定会对工程造成损失，造价工程师的风险也就无法避免。

5. 职业道德风险

造价工程师是高素质的专业技术人才，接受过良好的教育并具有丰富的实践经验，社会公众对造价工程师的专业技术服务存在较多的依赖。造价工程师在运用专业知识和技能时，必须十分谨慎、小心，表达自身意见必须明确，处理问题必须客观、公正。同时，必须廉洁自律，洁身自爱，勇于承担对社会、对职业的责任，在工程利益和社会公众的利益相冲突时，优先服从社会公众的利益；在造价工程师的自身利益和工程利益不一致时，必须以工程的利益为重。如果造价工程师不能遵守职业道德，自私自利，敷衍了事，回避问题，甚至为谋求私利偏袒一方而损害工程利益，这都将使造价工程师面对相应的风险。除此以外，承包方的职业道德也会造成造价工程师的风险。例如，在工程建设中，承包方由于道德低下故意欺骗造价工程师，偷工减料，这些都会对工程造成经济损失，也就给造价工程师带来风险。

6. 社会环境风险

需要指出的是，近年来工程造价得到了前所未有的重视，社会对造价工程师寄予了极大的期望，这种期望无疑对建设事业的持续发展产生积极的推动作用。但另一方面，人们对工程造价的认识也产生了某些偏差和误解，有可能形成一种对它的健康发展不利的社会环境。例如，《建筑法》第五十五条的规定和第五十八条的规定明确说明，承包商作为工程质量的责任主体，必须对工程质量负责。但是，现在社会上相当一部分的人士认为，监理工程师、造价工程师也应该对工程质量负责，工程出了质量问题时，首先应向其追究责任。应当知道，承包商的工作属于承包性质，承包商有责任为业主提交一个质量合格的工程，而工程师的工作是委托性、咨询性的，是代表业主方进行工作的。工程师在工程实施过程中所做的任何工作并不减少或免除承包商的任何义务。因此，让工程师来承担或分担工程的质量责任显然是错误的。

随着工程造价事业在中国的发展，人们将逐步熟悉造价工程师的责任，同时业主、承包方等对造价工程师必将越来越重视，造价工程师的责任也就越来越重大。另外随着中国造价行业法律、政策的逐步健全，造价工程师的风险必将越来越突出。

二、造价工程师的风险控制

（一）控制风险源

风险源是风险发生的根源，消灭了风险源便可以控制风险的发生。可以从以下几个方面消灭造价工程师的风险源。

1. 严格履行合同

这是防范风险的基础。造价工程师必须树立牢固的合同意识，对工作中涉及的所有合同都必须做到心中有数，对自身的责任和义务要有清醒的认识，既要不折不扣地履行自身的责任和义务，又要注意在自身的职责范围内开展工作，随时随地以合同为处理问题的依据。在业主委托的范围内，正确地行使合同中赋予自身的权力，合理地运用自身掌握的专业技能，谨慎、勤勉地为业主提供服务。既不能越权行使其他技术人员的权力，为工程带来不必要的经济损失，更不应该故意不履行合同，出现违规违法行为。这也是对造价工程师执业的最基本要求。合同履行的风险和防范如表 5-11 所示。

合同履行的风险与防范　　表 5-11

一级风险	一级风险的防范	二级风险	二级风险的防范
行为责任风险	严格履行合同	超出合同范围工作造成的风险； 未按合同规定履行职责造成的风险	树立牢固的合同意识，对自身的责任和义务要有清醒的认识，不折不扣地履行自身的责任和义务

2. 提高专业技能

对造价工程师来说，专业技能是其提供服务的必要条件，不断学习，努力提高自身的专业技能，是造价工程师所从事的职业对自身提出的客观要求。如果造价工程师墨守成规，不注意学习，仅凭以往的经验办事，就无法适应现代工程项目建设的要求，显然风险也就无法避免。因此，造价工程师在工作中要尽量减少因疏忽和失误带来的不必要错误，对工作中的每一步都要严格进行审核，避免由于数据错误给工程带来经济损失。另外，不能满足现状，必须不断学习，总结经验，提高自身的专业技术，锻炼自身的组织协调能力，防范由于技能不足可能给自身带来的风险。专业技能风险与防范如表 5-12 所示。

专业技能风险与防范　　表 5-12

一级风险	一级风险的防范	二级风险	二级风险的防范
工作技能风险 技术资源风险	提高专业技能	知识欠缺或工作疏忽造成的风险； 人力、财力限制及信息技术造成损失的风险	不断学习，努力提高自身的专业技能，严格对工作中的每一步进行审核

3. 提高管理水平

工程咨询单位内部的管理机制是否健全，运作是否有效，是发挥造价工程师主观能动性、提高工作效率的重要方面，也是防止管理风险的重要一环。而对于加强外部管理约束机制，如造价工程师很好的约束承包方避免给业主带来损失，是增强造价工程师信誉的重要方面。因此，工程咨询单位必须结合实际，明确质量方针，制定行之有效的内部约束机制，尤其是在造价工程师责任的承担方面，要有一个明确的界定。对于业主、造价工程师、承包方三者的管理机制，造价工程师个人要总结经验，合理控制，切实行使职责。例如，对于造价工程师在工作中的行为过错造成的损失，应该承担相应的责任，但造价工程师是代表工程咨询单位进行工作的，造价工程师和业主之间并无任何的工作合同关系，工程咨询单位和业主之间才是相互的责任主体。因此，该类责任首先应该由工程咨询单位面对业主来进行承担。但是，工程咨询单位的义务最终是落实到造价工程师身上的，其损失实际上是由具体的造价工程师造成的，工程咨询单位对业主承担相应的赔偿义务，在工程咨询单位内部，机构其他成员应该承担什么样的责任，同样应该明确、落实到位。不仅如此，在工作中，机构的各成员由于相互之间对工作的具体分工不够明确，或者因为工作中的问题未能及时沟通，由此而造成的工程停工或延期的风险，由机构内的哪些成员来承担也应该明确。这些对于提高造价工程师的工作责任心是十分必要的。一方面，造价工程师必须具有高度的责任感，另一方面，也需要建立相关的管理制约机制，才能真正将这方面的风险置于控制之下。管理水平风险与防范如表 5-13 所示。

管理水平风险与防范 表 5-13

一 级 风 险	一级风险的防范	二 级 风 险	二级风险的防范
管理风险	提高管理水平	业主、造价工程师、承包方三者间相互制约造成的风险； 造价工程师内部管理造成的风险	制定行之有效的内部和外部约束机制

4. 加强职业道德约束

要有效地防范造价工程师职业道德带来的风险，需要解决三方面的问题。一是需要对造价工程师应该遵守的职业道德作出明确的界定。目前中国在这方面的工作显得较为粗糙、薄弱，虽然对职业操守作了一些定义，但缺乏实际的可操作性。因此，有必要结合造价工程师的工作特征、责任等对其职业道德作出界定，便于造价工程师遵守。二是需要在此基础上，加强对造价工程师的职业道德教育，使遵守职业道德成为造价工程师的自觉行动。三是需要健全这一方面的监督机制，工程咨询行业协会应该在这方面发挥积极作用。但值得指出的是，对于造价工程师来说，因承包方的职业道德低下而给自己带来的风险是最难控制的。因此，造价工程师应对承包方进行重点监督，加强对其职业道德的约束，防范这方面的风险。职业道德风险与防范如表 5-14 所示。

职业道德风险与防范 表 5-14

一 级 风 险	一级风险的防范	二 级 风 险	二级风险的防范
职业道德风险	加强职业道德约束	造价工程师自身职业道德造成的风险； 承包方职业道德造成的风险	对职业道德作出明确的界定； 进行职业道德教育，建立监督机制

5. 完善法律体系

中国建设领域法律体系的建设已取得了长足的进展，但存在的问题也是不少的，主要表现在：不同的法律、法规之间，国家的法律、法规和地方的法律、法规之间存在不少不协调乃至相互矛盾的地方；法律、法规还大量存在覆盖不到的范围，不少法律的定义不明确。除此之外，有法不依、执法不严、执法水平低下的情况普遍存在。众所周知，责任来源于法律、法规的规定。法律、法规不健全，或者不能依法办事，就会使得法律责任不清，甚至无从谈起。因此，一方面需要不断立法，完善法律、法规的覆盖面，另一方面需要理顺现有法律的关系，对相互矛盾之处要进行修订，对有必要进一步明确的地方进行明确。政府行业主管部门及有关的行业协会，需要站在更高的角度来认识这个问题，自觉执法行政，提高执法水平，并且在社会上积极宣传有关工程咨询方面的法律、法规，使社会能对造价工程师承担的责任有个正确的认识。法律法规方面的风险与防范如表 5-15 所示。

法律法规风险与防范 表 5-15

一级风险	一级风险的防范	二级风险	二级风险的防范
社会环境风险	完善法律体系	法律、政策的规定所造成的风险； 业主、承包方对造价工程师的苛刻要求	不断立法，完善法律； 理顺现有法律关系，自觉执法

（二）造价工程师风险控制手册

在具体研究分析了造价工程师的一级、二级风险及其控制方法后，将造价工程师的三级风险及其防范对策绘制成一张对策图。并将造价工程师各级风险的成因、防范对策及其发生后的应对等整体编制成造价工程师风险控制手册，这个手册可以使读者更为直观地认识到：造价工程师的风险、如何控制与防范风险以及风险发生后如何将其损失降为最低。另外，这个手册还便于造价工程师更为有效地工作，减少工程中不必要的损失。手册内容摘要如表 5-16 所示。

造价工程师风险控制手册内容摘要 表 5-16

风险号	名称	具体内容		成因	防范对策	发生风险后的应对措施
		二级风险	三级风险			
1	行为责任风险	超出合同范围工作造成的风险	属于下属造价工程师的工作，代其处理造成的风险	造价工程师违反了委托合同规定的职责义务	认清自身的责任，做好对下属的监督	与相关人员协调，及时更正
			属于其他工作人员工资范围，越权行使造成的风险	造价工程师凭经验自行其是，超出了业主委托的工作范围	认真履行业主委托的工作	对已进行的工作立即停止，协调好相互间的工作关系

续上表

风险号	名称	具体内容		成因	防范对策	发生风险后的应对措施
		二级风险	三级风险			
1	行为责任风险	未按合同规定履行职责造成的风险	主观上故意不履行合同造成的风险	工作中故意回避问题，出现严重失职行为	建立赔偿制度和定期检查制度	追究责任，进行赔偿
			并非有意不履行合同造成的风险	由于疏忽大意而未能履行合同规定的工作	树立牢固的合同意识，认真履行职责	对未完成的合同规定工作，严格按照规定履行职责，并取得委托方谅解
2	工作技能风险	相关知识欠缺，在工作中未能发现问题造成的风险	对新材料、新工艺不了解造成的风险	承建方使用了造价工程师不熟悉的建筑材料	不断学习，努力提高自身的专业技能，扩大知识面； 积极阅读相关书籍，经常向有经验的人员请教	考察新材料的性能，对不合格的要全部更换
			计算中对计算方法不掌握造成的风险	对建筑中财力、物力核算的新方法不熟悉		请教相关人员帮着核算
			对图纸的新绘制方法不适造成的风险	业主提供的建筑图纸的绘制方法奇特		请教原图的绘制人员帮助分析
		知识技术熟练，但在工作中疏忽造成的风险	对工程审核过程中的疏忽造成的风险	工作中马虎，不认真	工作仔细，认真核查，成立监督小组	对已进行的工作，要重新复核
			工程审核后的计算中的失误造成的风险	在核查后的计算中数据产生误差	反复核算，成立监督小组	利用原始数据重新计算
			工作中单凭经营造成的风险	工作不分情况，单凭经验	建立赔偿制度，及时监督纠正	对造价工程师进行惩罚，纠正其错误
3	技术资源风险	人力、财力等限制工作受阻造成的风险		由于人力、财力等有限，无法进行全面的工作	预算仔细，原料准备充分	一段时间内及时补充原料，保证工作顺利进行
		工作中由于信息技术造成损失的风险	计算机工作中出现病毒	工作中计算机遭到意外破坏	对重要数据要经常备份	利用备份数据继续进行工作
			工程图纸等原始数据错误	业主提供的原始数据、图纸有误	严格对工作中的每一步进行审核	查实数据后，用正确的数据重新进行工作

续上表

风险号	名称	具体内容		成因	防范对策	发生风险后的应对措施
		二级风险	三级风险			
4	管理风险	业主、造价工程师、承包方三者间相互制约造成的风险	业主对承包方的制约管理上造成的风险	业主对承包方提出的要求过分苛刻	明文规定，严格控制	追究责任，理顺关系，对不当的要求给予取消
			造价工程师对承包方的监督管理造成的风险	造价工程师受业主的委托，但对承包方的监督不利	规定赔偿制度，建立有效的责任制度	对自身的责任要严肃总结、反思，严重的要加以罚款
		造价机构内部管理造成的风险	造价机构内部职员分工不明确造成的风险	工作前对自身的具体任务不明确	成立协调小组，详细规定职员的分工、责任，定期安排例会，是相互间可以及时沟通，协调好各自的工作进程	及时确认各自分工，完成好自身的工作
			职员间未能及时沟通造成的风险	工作中相互之间未能进行很好的沟通		召开会议，沟通前面的工作，协调相互间的进度安排
			职员承担的责任不明确造成的风险	工作中对于属于自身的责任不了解		理顺责任，对属于自身的责任要认真履行
			上级或委托方让造价工程师弄虚作假造成的风险	在工作中上级要求对工程弄虚作假	成立监督委员会，严格控制渎职行为	对领导的渎职行为及时向有关部门汇报

三、造价工程师责任风险的规避

（一）推行职业责任保险制度

按照国际惯例，投保职业责任保险是咨询执业人员开业的前提条件之一。众所周知，工程造价具有个别性、差异性、动态性、大额性等特点，因此造价工程师在进行业务活动时必然面临较大的风险，如何将风险转移出去，这就涉及专业的职业责任保险问题。

所谓职业责任保险，常被称为职业赔偿保险，是把全部或部分风险转移给保险公司的一种机制，由保险公司向那些由于职业人员疏忽履行其照管的职责所造成的损失而有权获得赔偿的当事方进行赔偿。从中国的工程造价咨询业发展的前景看，建立造价工程师的职业责任保险是势在必行，它对中国工程造价行业的发展以及中国工程风险管理体制的改革有着不可忽视的影响。

造价工程师投保职业责任险是一种运用市场手段来转移责任风险的办法，一旦由于职业责任导致客户或第三方的损失，由保险公司来承担赔偿，其赔偿由保险公司来承担，索赔的处理过程也由保险公司来负责，也就是说，通过市场手段来转移造价工程师的责任风险。这对保障客户和造价工程师的切身利益起到很好的作用，这也是现在国际上通行的办法。

需要强调的是，职业责任保险的保险标的没有有形的物质载体，其保险的标的是责任。特别需要注意的是，造价工程师的责任风险是多方面的，并不是造价工程师的任何责任风险都能够通过保险来解决。多数情况是针对造价工程师根据委托合同在提供服务时由于疏忽行为而造成业主或依赖于这种服务的第三方的损失，且这种行为主观上必须是非故意的。

（二）建立合伙制咨询机构

合伙制在国外咨询业中应用的十分普遍，中国也制定了《中华人民共和国合伙企业法》来规范合伙企业的行为。合伙企业，是指自然人、法人和其他组织依照本法在中国境内设立的普通合伙企业和有限合伙企业。普通合伙企业由普通合伙人组成，合伙人对合伙企业债务承担无限连带责任。有限合伙企业由普通合伙人和有限合伙人组成，普通合伙人对合伙企业债务承担无限连带责任，有限合伙人以其认缴的出资额为限对合伙企业债务承担责任。

造价工程师组建合伙制造价咨询机构必须共同出资、共同经营、共同收益、共担风险。

合伙制的主要优点如下：

1. 有利于规范人的行为，提高企业信誉

造价工程师执业风险主要还是人的原因造成的风险，规范人的行为对减少风险起到重要的作用。合伙制看上去因为承担无限责任使得风险增大，但它建立的目的是约束造价工程师的执业行为，促使每个合伙人相互制约，相互监督，强化风险意识，完善造价工程师的执业规范，提高企业的社会信誉，从而最终降低造价工程师的风险。

2. 有利于提高造价咨询企业整体素质

市场经济的规律是优胜劣汰，只有那些执业水平高、商业信誉好的企业才能在市场竞争中得以生存和发展，必定有一部分因生产经营不善而债台高筑的企业最终消亡。合伙制对净化工程造价咨询市场起到积极作用，有利于提高造价咨询企业的整体素质，增强企业竞争力。

1. 王某从事工程造价工作已有多年，去年他通过了造价工程师执业资格统一考试，取得了造价工程师注册执业证书和执业印章，并在一家工程造价咨询公司注册并开始执业。由于公司的待遇不是很理想，王某就在公司业务之外以个人名义承接了工程造价业务，同时在另外一家工程造价咨询公司执业。请你根据《注册造价工程师管理办法》（原建设部令第150号）的要求说明王某的行为是否妥当，为什么？

2. 某工程造价咨询公司取得乙级工程造价咨询企业资质证书已满2年。技术负责人从事工程造价专业工作已经16年，并取得了造价工程师注册证书。该公司专职从事工程造价专业工作的人员已经有30多人，并且人均办公建筑面积达到8平方米。请问，该公司申请甲级资质能否成功？为什么？甲级工程造价咨询企业的资质标准有哪些？

3. 工程项目完成以后，造价工程师进行工程竣工结算和工程竣工决算的编制，它们的含义是什么？试比较两者区别。

4. （自由思考题）你是否想成为一名成功的造价工程师，你打算如何实现？

第三篇

造价工程师的培养及管理

造价工程师作为一类专业人士，在建筑领域的发展过程中，起着不可替代的作用。我们在第四章中已经对造价工程师这一职业的产生和发展从经济学的角度进行了分析，无论是从社会分工的必然性，还是从降低内生交易费用的需要考虑，造价工程师的产生都是社会发展的必然。从另一个角度讲，造价工程师制度也是社会经济交易中诚信和公平正义的保证。由于在建筑市场中，业主是根据承包商所承担完成的工程量确定并支付工程费用的，因此，业主与承包商之间往往在工程量的计算、工程价款的支付与结算等方面存在利益冲突。为了协调这种利益冲突，双方共同聘用具有公正、独立性的第三方——造价工程师，提供较为客观、独立的信息，因此获得了社会的认可和信任。现在，英国、德国、日本、新加坡和中国香港等国家和地区建筑法规规定，业主或承包商向政府建设行政管理部门申报建设许可、施工许可以及使用许可时，必须由其委托的专业人士提出申请，并由相应资格的专业人士签章。当然，现在造价工程师所提供的这种公平公正的咨询服务已不局限于工程量和工程造价的计算和控制方面。随着建设项目不断地大型化、复杂化方向发展，工程造价管理理论和方法也随之不断深入与发展，造价工程师的执业范围已经扩展到建设工程全生命周期造价管理的全过程、全方面。

由此可见，造价工程师在建筑市场中扮演着举足轻重的角色，这也对这一群体的执业能力和道德素质提出了很高的要求。在这一篇里，我们将着重对造价工程师的培养和管理进行阐述。希望这些内容能够为有志于工程造价领域的人士展现一条清晰的职业发展路径。

在工程造价专业人士上百年的发展中，已经逐步建立了一套完整的培养体系。它涉及高等教育机构、行业协会、政府主管部门乃至整个社会，贯穿了工程造价专业人士的整个学习和执业生涯。正如在第一章中所写的，通过工程造价行业协会对高等院校专业课程体系的认证（Accreditation）制度、专业人士的认可（Certified/Chartered）制度和行业协会提供的职业继续教育制度（Continued Professional Development，CPD），使高等院校与行业协会密切合作，形成了贯穿工程造价专业人士终生教育的培养体系。并且行业协会将对高等院校专业课程体系的认证与专业人士认可相结合，形成了高等教育与执业资格一体化管理的机制，使对专业人士的教育和管理相结合，更有利于专业人士的职业发展。在本篇中，我们将工程造价专业人士的培养和管理分为学校教育和执业管理两个部分进行阐述。值得注意的是，这两部分并不是相互独立的，而是相互影响，共同作用，形成了工程造价专业人士职业成长的平台。

第六章
工程造价专业人士的教育

本章导读

高等院校的专业教育是工程造价专业人士职业发展的第一步，是他们今后职业发展的基础。高等院校应该教授学生哪些知识，培养他们什么能力，专业课程如何设置，才能达到培养目标，使毕业生们能够满足在工程造价专业领域执业的能力需要。这是学校教育所关注的重点。由于行业协会更了解行业的发展和市场需求，它们根据工程造价专业人士的执业内容，制定出专业人士所必须具备的专业能力，并以此为基础，评估高等院校的专业课程体系的设置，这便是行业协会的专业课程认证制度。通过行业协会的这种桥梁作用，使学校教育与行业市场的需求相结合，培养出合格的毕业生。

第一节　工程造价专业能力标准体系

首先，让我们再回顾一下工程造价专业人士的培养机制。随着建筑业和工程造价管理技术的不断发展，工程造价专业人士在建筑市场中的执业范围不断扩大，他们在整个建筑市场中的作用和地位也随之越来越重要。这些都对工程造价行业的执业者的专业知识和技能提出了越来越高的要求。关于工程造价专业人士的培养，无非是解答培养他们的哪些能力才能胜任这一职业的需要和应该通过什么方式培养的问题。目前，工程造价界已经逐步形成了一套较完善的培养体系。

一、工程造价专业人士培养体系与专业能力标准

工程造价专业人士的培养体系的实质是专业人士终身教育的过程，它包括三个阶段（见图 6-1），即学历教育、执业教育和继续教育，通过这三个阶段的培养，工程造价专业人士从初入社会的毕业生逐步成长为工程造价业的资深人士。执行这个培养体系的主体是高等院校和行业协会。高等院校通过开设专业课程，进行直接教育，使工程造价专业的学生具备工程造价专业所需的基础能力。而行业协会通过课程认证制度、专业人士认可制度、继续教育制度三大机制，介入对工程造价专业人士的教育和培养。虽然培养体系中的这三大机制由于各国的国情和工程造价管理

体制的不同而各有差异，例如：英国行业协会对专业人士的执业资格认可是经政府有关部门授权，具有法律效力的，而美国的执业资格认可则只是一种民间团体的行为，不具备法律效力；中国行业协会对工程造价专业课程的认证还没有形成成熟的制度；美国和中国均通过对专业人士的再认可制度，使造价工程师的继续教育成为一种强制性规定。但无一例外的是，工程造价行业协会的介入和作用越来越多，这也是对工程造价专业人士的培养的发展趋势。

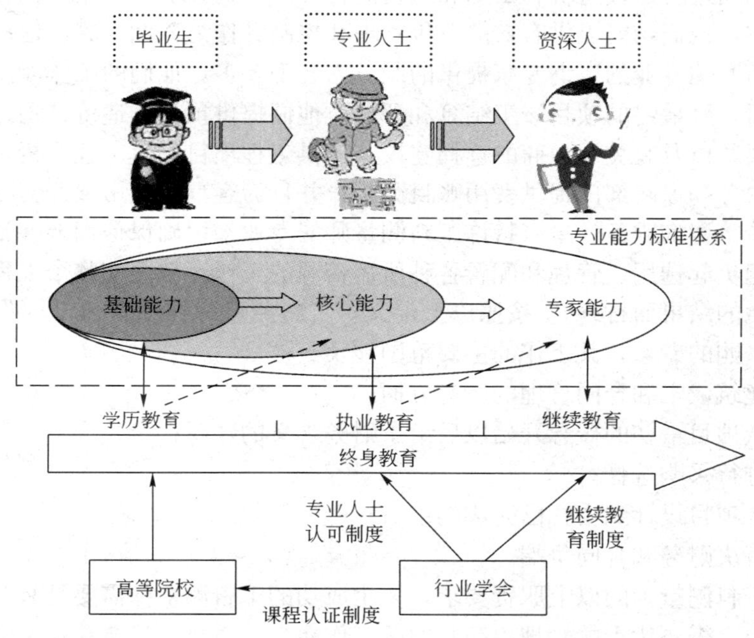

图 6-1　工程造价专业人士的培养体系

在工程造价专业人士的培养体系中，行业协会根据行业市场的需求，通过对造价工程师的执业内容进行分析，制定出专业人士必须达到的专业能力标准体系。高等院校以这个能力标准体系为参照，设置自己的课程体系，以培养出具备这些能力的毕业生，为他们能够顺利就业打下基础。同时，行业协会通过评估，判断高等院校的专业课程设置是否与这个能力标准体系相呼应，以此作为判断其毕业生是否达到了进入工程造价行业的基本能力。只有通过了认可课程的毕业生，才可以直接申请执业资格的考核，使对专业课程的认证与对专业人士的资质认可相结合。因此，专业能力标准体系是高等院校提供专业教育的指导方向，也是行业协会进行执业资格认可的评估标准。高等院校的专业教育、专业人士执业资格的认可和继续教育，在专业能力标准体系的指导下整合为一个体系。

二、英国工料测量师的专业能力标准

(一) 工料测量师专业能力标准

1990年代，英国皇家特许测量师学会（the Royal Institution of Chartered Surveyors，RICS）对工料测量师的定义是："皇家特许工料测量师是建筑队伍的财务经理，他们通过对建设造价、工期和质量的管理，创造和增加价值。在各种规模的建设项目中，他们均能提供有效的造价管理和控制。作为咨询专家，他们在公共事务中比任何其他专业的咨询专家提供的服务内容都要多。他们的工作涉及从初始的可行性分析，到最终的项目竣工结算和评估。他们提供预算、造价计划、建筑合同方面的建议，以及有关承包商的选择建议；提供工程项目价值工程分析，财务账目核查；为税务和保险部门提供费用账目分析；并且为客户提供房屋经营与维护的全生命周期造价咨询服务。皇家特许工料测量师的专业知识确保他们能够站在客户的立场上去担负起选用、管理和配置各种所需资源的工作，从而使整个工程项目能够以令人满意的结果而告终。"按照以上定义，工料测量师在项目建设中作为成本咨询和项目采购的专家，其工作的主要范围涉及：

(1) 建筑成本和合同管理的所有方面；

(2) 从项目最初的概念开始以后给予财务含义的建议；

(3) 进行采购选择；

(4) 从项目设计到委托已完成的项目；

(5) 解决财务和合同争端。

根据工料测量师的以上职责要求，一个成功的工料测量师需要具有解决问题和沟通的能力，需要优秀的管理组织和团队工作能力，需要对建筑和自然的环境感兴趣，要有观察力和谨慎态度，需要有很强的数据管理能力和商业头脑等。因此，英国皇家特许测量师学会（RICS）在专业能力评估（APC）中对特许工料测量师的专业能力要求有明确规定，表6-1列出了RICS所制定的工料测量师的专业能力标准。

RICS制定的工料测量师的专业能力标准 表6-1

	能力要求	能力水平	备注
强制性能力	执业规范及道德、专业能力	Level 3	*该两项适用于通过专家路线申请成为会员的申请者
	关心顾客	Level 2	
	沟通和谈判能力		
	健康和安全		
	会计原理和程序	Level 1	
	业务规划		

续上表

	能力要求	能力水平	备注
强制性能力	冲突避免、管理和争端解决	Level 1	
	数据管理		
	可持续发展		
	团队工作		
	雇员管理*	Level 2	
	资源管理（包括人力资源）*	Level 2	
核心能力	“建筑工程商务管理”或“设计经济学和成本控制”**	Level 3	**若申请者受雇于承包商则选择前者；若受雇于私人企业则选择后者； ***申请人需在以下工作领域中选择其一以示该能力：建筑、民用工程、铁路、石油化工、油气安装、机电安装等
	合同实践		
	工程技术和环境设施***		
	工程采购及招标		
	工程财务控制与报告		
	建筑工作的测量和成本		
可选择能力	资本冲减	Level 2	申请人须在左侧能力列表中选择两项 若所选能力与强制性能力相同，则应达到能力要求较高的水平
	合同管理		
	企业重组与破产		
	尽职调查（Due Diligence）		
	保险		
	规划设计		
	工程估价		
	风险管理		
	冲突避免、管理和争端解决		
	可持续性		

注：Level 1——知道和了解；
Level 2——理解并运用知识；
Level 3——深入的理解技术知识并能提出合理的建议。

RICS将工料测量师的专业能力分为三个层次，即强制性能力（Mandatory Competencies）、核心能力（Core Competencies）和可供选择能力（Optional Competencies）。强制性能力是一种基础能力，一般通过学历教育获得，它是为核心能力的获取做准备的，因此，这就要求高校的学历教育要为学生提供一个未来发展的平台，并且是一个整合的平台，提供多种基本能力。核心能力则还需要通过2年左右的实践环节才能实现。可选择能力是为专业能力改善或职业拓展服务的，是成为资深人士的一种专家能力，一般不在高等教育中培养，而是在职业实践中不断积累经验并通过职业继续教育获得，但当然同样离不开学历教育所奠定的知识结构和理论基础。

（二）工料测量师专业能力标准体系的作用

（1）专业能力标准体系是指导高校相关课程体系设置并对相关专业高等教育的课程体系进行认证的关键。

对承担工料测量专业高等教育的高校而言，学生在经过三至四年的课程学习以及必要的实践学习之后能否获得从事工料测量工作的基本能力是非常重要的。为了保证工料测量专业的学生能够获得这一基本能力，英国皇家特许测量师学会（RICS）从1970年开始，首先对英国里丁大学（University of Reading）所开设的工料测量专业学士学位课程体系进行了专业评估认证（Accreditation）工作，随后诸多开设工料测量专业的高等学校纷纷参加了此类认证，一旦高校通过严格的专业评估认证，即可对毕业生授予相应的并被认可的专业学位（professional degree）。英国皇家特许测量师学会（RICS）对各高校课程体系进行认证的重点是考察各高校现有专业课程体系是否在实质上响应了专业能力评估（APC）中的专业能力标准所提出的具体要求，他们不对课程的结构和内容作特别说明，而是积极寻求多样性的课程设计，通常鼓励具有适当技术和资源的学术机构设计符合其特点的课程，但要求课程体系的设置要符合行业学会所设置的工料测量师能力标准的要求，并且要考虑到雇主的要求。实践表明，这些通过认证的高等学校的工料测量专业毕业生能够很快的适应市场对工料测量师职业的需求，并能很好的履行工料测量师所应具备的各项工作职责，获得了广泛的认可。

（2）专业能力标准体系是获得执业资格、进入工料测量行业执业的最低门槛，专业能力标准体系能够保证工料测量师执业队伍的执业水平和质量。

对毕业生来说，获得工料测量专业的认证学位并不意味着有足够的专业能力从事工料测量工作，还必须经过一段时间的在岗培训才能更好地适应工作的要求。20世纪70年代，英国皇家特许测量师学会（RICS）逐渐意识到这个问题，并采取了切实可行的手段，主要是对工料测量专业毕业生进行指导，使他们在课程学习中所掌握的理论知识能够用于实践。这就意味着，皇家特许测量师学会（RICS）不仅极为重视学历教育质量的高低，同时，也非常关注毕业生的职业成长。前面已经提到了，毕业生在完成规定期限的系统在岗培训后，要成为皇家特许测量师学会（RICS）的会员，还将面临专业能力评估（APC）的检验，主要目的是为了考察他是否获得了足够的专业能力，从事专业工作时的能力水平是否符合皇家特许测量师学会（RICS）的会员标准。专业能力评估程序中最核心的内容就是根据建筑市场需求的变化而不断修改完善的专业能力标准体系，通过它，可以较为直观地了解皇家特许测量师学会（RICS）会员资格申请人的专业能力水平。

（3）专业能力标准体系是指导工料测量师进行执业继续教育的依据。

获得特许工料测量师头衔并不意味着工料测量师专业教育的结束，由于获得执业资格认可的工料测量师也不能表明他一定能够应对建筑市场对工料测量职业不断提出的新需求，考虑到这一点，皇家特许测量师学会（RICS）认为，工料测量师在其职业生涯中必须不断地对自身的工作技巧、专业能力和知识结构进行系统性的更新与强化，继续教育制度（Continuing Professional Development，CPD）则是实现上述目的的主要手段。对于继续教育制度（CPD），可以这样理解：工料测量师在其职业生涯开始时获得专业资格的学习过程很重要，但这并不能保证他们成为本领域的专家，还需鼓励他们终生学习，这样不仅可以改善其工作能力，还能促使他们不断地探索新的领域，迎接新的挑战。从某种程度上说，专业能力标准体系中的某些专家能力大都是通过继续教育的学习方式得以实现的。

三、中国造价工程师的专业能力标准

相对于英美等西方发达国家，中国工程造价专业行业协会介入专业人士的培养和管理是比较少的，还处于起步阶段。根据中国造价工程师的执业范围和主要的工作内容和服务对象，参照国内主流的全过程造价管理理论，表 6-2 列出了基于全过程造价管理各阶段的中国造价工程师专业能力标准体系❶。

中国造价工程师专业能力标准体系 表 6-2

阶段 能力	决策阶段	实施阶段			收尾阶段（及部分运营阶段）
		设计阶段	招投标及合同准备阶段	施工阶段	
基本能力	基础技术能力（含土木工程技术、专业英语运用能力、计算机）、项目管理、相关法律法规、经济理论基础、基本能力综合				
核心能力	1. 具有可行性研究的编制能力； 2. 具有投资估算、概算的编制能力； 3. 具有投资估算、概算的审核能力； 4. 具有项目融资的操作能力；	1. 初步具有工程计量能力； 2. 初步具有工程计价能力； 3. 初步具有工程造价分析、控制能力； 4. 初步具有招投标文件的编制能力； 5. 初步具有投标书的评定能力； 6. 初步具有合同类型的选择能力及合同管理能力； 7. 初步具有成本管理、支付管理、争端解决、变更管理能力； 8. 初步具有项目跟踪评估的能力；			1. 具有工程结算与决算编制能力； 2. 具有建设单位会计与审计能力； 3. 具有项目后评价的编制能力；

❶本能力标准体系来源于亚太地区测量师学会（PAQS）、中国建设工程造价管理协会（CECA）、英国皇家特许测量师协会（RICS）资助项目《亚太地区工料测量高等教育与认证比较研究》总报告。

续上表

阶段 能力	决策阶段	实施阶段			收尾阶段 （及部分运营阶段）
		设计阶段	招投标及合同准备阶段	施工阶段	
核心能力	5. 具有造价信息的管理能力； 6. 具有项目战略规划能力； 7. 项目法律法规的具体应用能力； 8. 项目风险管理	9. 初步具有与客户进行沟通的能力； 10. 初步具有施工阶段现金流的管理能力； 11. 初步具有项目的采购管理能力			4. 具有合同管理能力
发展能力	1. 项目价值管理； 2. 客户关系管理； 3. 多项目管理； 4. 企业战略管理	1. 全生命周期造价管理（LCC）； 2. 价值管理（VM）	项目采购管理	索赔管理 集成管理	

第二节　西方发达国家工程造价专业课程认证制度及课程体系

一、工程造价专业课程体系认证制度

在市场经济发达的国家，如英国、美国、澳大利亚、加拿大等，对于工程专业高等教育的质量评价普遍实行教育的评估（Assessment）或认证（Accreditation）的制度。这种制度分为学校整体评估（institutional）和专业评估（Professional）两大类。学校的整体评估是由教育主管部门负责的，评估的重点主要是对培养目标、教学管理、师资力量、学校软硬件条件以及面向专业的基础课程和通用课程等方面进行评估，是一种水平评估，是高等学校保证教育质量的重要体系之一。而专业评估则是由各类行业学会或协会负责对学校专业的一种评估制度，各专业基本上都有自己专门的专业评估机构，如英国皇家特许测量师学会（RICS）、英国皇家特许建造学会（The Chartered Institute of Building，CIOB）、美国工程技术认证委员会（Accreditation Board of Engineering and Technology，ABET）或美国建筑教育协会（American Council for Construction Education，ACCE）等。行业协会的专业评估将学校专业课程体系设置的合理性、人才培养目标是否适应社会需求等作为评价标准，重点考察学校的专业教育能否保证学生毕业后适合进入该专业领域从事执业工作的要求，是否符合获得未来执业执照的申请条件。一般，行业协会将专业课

程的评估认证与专业人士执业资格的认可相结合。

高等院校对其学生培养的最根本的目标，是要满足就业的需要，并为更高层次的学习打下基础，从而满足行业市场的需要。而行业协会通过课程认证制度对高校的专业教育发挥指导和促进作用的原因，就是专业能力标准体系。由于专业能力标准体系的设置都源于对行业市场中工程造价从业人员执业范围所需能力的考察，即直接反映了行业市场对从业人员能力的要求。所以，以这一能力标准体系为指导进行专业课程体系的设置，其毕业生能够更好地满足行业市场中雇主的要求，符合就业需要；同时也有利于毕业生掌握专业最核心的知识和技能，有利于开展更高层次的学习和研究。

高校和行业协会之所以积极推进专业课程的认证制度，可以从两个方面来理解，首先从行业协会的角度来看，课程体系认证能够指导高校的相关专业课程设置并约束教职工的教学行为，保证高校为毕业生提供高标准、高质量的教育，使毕业生具备专业工作所需要的基本技能；而从高校的角度看，是否获得行业协会的认证是其毕业生能否顺利成为该领域专业人士的关键因素，如英国皇家特许测量师学会（RICS）就规定，不经其评估合格，高校所培养的学生若要从事该行业的工作，就必须通过其他途径，如参加转换课程的学习等，这无疑也增加了未通过专业课程认证高校的毕业生进入该行业的难度。

二、英国工料测量专业的课程体系及认证

（一）英国工料测量专业课程认证制度

英国开设建筑工程管理专业的学校必须通过行业学会如英国皇家特许测量师学会（RICS）、英国皇家特许建造学会（CIOB）等的认证，否则学校的毕业生不能得到社会的承认，难以进入专业所对应的行业工作。不过对英国高校专业教育的认证强调以学科为对象，具有“目标适应性”，鼓励多样化办学，这也是英国各类大学和各类证书及文凭课程都可以得到相关学会认证的原因。皇家特许测量师学会（RICS）负责英国工料测量专业的课程认证，并将对高校专业教育的认证与专业人士的认可制度挂钩，认为获得认证课程学历的毕业生即具备了申请专业能力评估的专业基础知识和基本能力。

英国皇家特许测量师学会（Royal Institution of Charted Surveyors，RICS）是由社会俱乐部形式发展起来的，其历史可以追溯到1792年成立的“测量师俱乐部”、1834年成立的“土地测量师俱乐部”以及1864年成立的“测量师协会”。1868年成立的“测量师学会”，即现在学会的前身。1878年在英国颁布的《市政房屋

管理条例》中，测量师地位得到了法律承认；1881 年维多利亚女皇准予皇家注册；1921 年皇家赐予赞誉；1946 年启用皇家特许测量师学会称号。在学会发展的过程中，相继合并了许多相近的组织，如爱尔兰土地代理人协会、爱尔兰测量师协会、苏格兰房地产协会、苏格兰测量师学会、矿业测量师学会，以及近年并入的三个皇家注册的土地协会和一个测量师学会。现在该学会已由 1868 年的不到 200 人，发展到了 14 万人，其会员遍布世界的 146 个国家和地区，成为被全球广泛、一致认可的专业性学会。

2001 年，皇家特许测量师学会（RICS）进行改革，将其在房地产、建筑及环境方面的专业领域进行划分，创建了 16 个专业学部（Specialist Faculty），代替之前对测量工程师划分为工料测量师、估价师、建筑测量师等七类的管理，以加强对成员专业方面的支持。之后调整增至 17 个学部[1]。各个专业学部的主要职责是制定专业标准、职业指南以及专业能力评估/技术能力评估（APC/ATC）的专业能力要求等。其中工料测量师属于工料测量及建筑学部（Quantity Surveying and Construction Faculty）。

1. 皇家特许测量师学会（RICS）课程认证制度的发展

在 1970 年之前，英国的大学中没有开设工料测量专业课程，要想成为一名特许工料测量师（Chartered Quantity Surveyor），只有在参加 RICS 的培训（一般在 college 中开设晚上和周末的培训）之后，再参加 RICS 的注册工料测量师考试。从 1970 年开始，大学（University）开设了工料测量本科课程，但是直至 1991 年大学才开始设置获得工料测量荣誉学位的课程（BSc，Honors）。学生在修完工料测量（Honors）学位后，可以不参加 RICS 的培训，而直接参加 APC 的考试。里丁大学（University of Reading）是英国第一所开设工料测量本科教育的大学。截至 2008 年 9 月，RICS 已在包括美国哈佛大学、英国剑桥大学等在内的 146 所世界一流大学，拥有 21 个专业门类的 500 多个 RICS 认证的大学课程。目前在英国，获得 RICS 课程体系认证的全日制授予工料测量学本科学位的大学共有 37 所。认证课程所提供的学习模式很多，包括全日制学习（Full Time）、非全日制学习（Part

[1] 这 17 个学部分别是：艺术品与古董学部（Arts and Antiques Faculty）、建筑管理学部（Building Control Faculty）、建筑测量学部（Building Surveying Faculty）、商业地产学部（Commercial Property Faculty）、争端解决学部（Dispute Resolution Faculty）、环境学部（Environment Faculty）、设施管理学部（Facilities Management Faculty）、地理信息学部（Geomatics Faculty）、机器与工商资产学部（Machinery and Business Assets Faculty）、管理咨询学部（Management Consultancy Faculty）、矿物与废物处理学部（Minerals and Waste Management Faculty）、规划与发展学部（Planning and Development Faculty）、工程管理学部（Project Management Faculty）、住宅地产学部（Residential Property Faculty）、工料测量及建筑学部（Quantity surveying and Construction Faculty）、农村业务学部（Rural Faculty）、估价学部（Valuation Faculty）。

Time)、远程学习（Distance Learning)、三明治学习[1]（Sandwich）等多种灵活模式。

2. 课程认证制度的评估程序和标准

课程认证的主要目的是通过一定的课程评估标准和程序、政策，保证其为毕业生进入 APC 做准备的现有课程体系符合标准。

RICS 对测量专业高校教育课程的认证工作由其教育与会员管理委员会负责，此外还有三个区域性的合作与认证委员会，即西方（非洲、美洲）、欧洲和亚太合作与认证委员会，负责审核其区域内的认证申请。RICS 对其认证课程有一套完整的认证程序。认证委员会通过实地调查和评估决定是否批准学术机构的课程申请，并对通过认证的课程实行年度监控和检查访问制度，来保证所提供的教育管理水平。一般，认证课程的有效期为五年或七年，学术机构必须通过再认证（重新认证）才能继续获得 RICS 的课程认证。

RICS 主要从培养目标、课程设置、教学环节、教学效果、学生及社会评价等方面对高校的课程体系进行评估，要求高校课程体系对能力标准体系响应，主要是对基础能力和核心能力的响应。RICS 规定：① 研究生或大学生课程设计应该考虑 RICS 中的 APC/ATC 能力要求；② 在 APC 条件中明确规定了一套通用的强制性能力，是所有部门共同需要的以及个人商务、实践等方面的技能，需要认证课程为之提供重要的基础；③ 每一个特别课程的目标应该是为每一个学生选择不同的 APC 路径作学术准备；④ 寻求认证的课程应该至少包括一条 APC 路径中需要的能力要求，要求足够重视，在某一实践环节需要的课程应达到一定深度；⑤ 在课程内容的模式上没有硬性规定，只是要求各类为研究生、大学生提供的课程计划中至少包括 50%～70% 的核心测量内容和资格能力的课程。这些原则与课程多样化并不矛盾。

3. 高校与 RICS 的伙伴关系

由于专业学会对课程的认证制度较为严格，为了更大范围地接纳世界上优秀大学的工料测量专业的加盟，拓展工料测量的专业领域，扩大该专业的影响，RICS 于 2001 年提出了与高校的伙伴制（policy and guidance on university partnerships）作为课程认证制度的重要补充。

---

[1] “三明治”学习模式即 Sandwich，是一种工读交替的学习模式，指将课堂学习与一年的工作实践相结合。这类课程将课堂学习和与课程相关的工商业务或管理实习两部分相结合。通常课程持续四年而不是通常的三年时间。工作实习可以是一次完成，一年时间，或两次六个月的实习，合计一年，无论是哪种情况，学生都回到大学完成最后一年的学习。英国的很多学校都设有这类课程，如拉夫堡大学、曼彻斯特科技大学等。

合作伙伴关系不注重工料测量课程体系的具体设置情况，而强调与高等教育机构建立工料测量课程的共同发展目标。RICS把以前集中控制的很多权利让渡给了合作方，比如对新课程的发展和对已存在的课程的改进。这样，通过实行伙伴关系方法，吸引优秀的加盟者进入该专业，吸收一些有创意的新课程以满足专业发展需求，促进测量相关领域的革新，并改善协会和高校的联系。开设这些课程的大学（或是其他的高等教育机构），达到了RICS的门槛标准后就可以与RICS建立合作伙伴关系。

当然RICS采取了严格的过程来挑选高校作为合作伙伴，使作为合作伙伴的高校的每一门认证的课程都要满足门槛标准（threshold standards）。在门槛标准中不是仅仅将注意力放在具体的课程上，而是主要强调高等教育机构和课程体系的整体水平以及在国际上的水平和地位，要求保证整个课程计划能使得毕业生为测量专业做准备。每年高等教育机构都要向RICS递交工作汇报（threshold report），检验合作伙伴的课程是否达到了RICS的标准，通过监控和测定这些课程，判断其是否还能予以授权以维持合作伙伴关系。

合作伙伴关系与认证制度相比较来看，比较易于高等教育机构接受，与高等院校的合作界面比较柔和，可以使专业学会更多地吸纳优秀的高等院校，改善学会与高校的关系，是课程认证制度的必要补充。

4. RICS课程认证在中国的情况

RICS在中国的发展最早可以追溯到1981年，国资委与英国测量师行进行了互访，之后有几位英国特许工料测量师先后在北京、西安、广州做了巡回演讲。进入20世纪90年代后，RICS与中国工程造价行业的政府管理部门以及高等教育机构进行了频繁的互访和接触。RICS在国内开展专业培训，并于1996年在上海进行了第一次工料测量专业能力评估的最终面试。2000～2001年RICS批准香港大学通过由内地三所大学（清华大学、天津大学和同济大学）组成中国大学网，通过这个平台引进了RICS认可的两个硕士课程：房地产和工料测量专业。2001年6月“RICS中国领导小组”在上海成立，之后转为RICS中国分会。2001中国加入世贸组织后，RICS同国内的相关组织机构创立了两大学习中心，即2005年9月1日RICS与清华大学国际工程项目管理学院成立的清华大学国际工程项目管理RICS学习中心和2006年12月与上海市建设工程咨询行业学会、同济大学三方合作成立的上海市建设工程咨询行业学会——同济大学经济与管理学院RICS学习中心。到目前为止，中国内地已有清华大学、同济大学、中国人民大学、重庆大学、浙江大学以及天津大学等多所高校的本科生及研究生课程通过伙伴关系，获得了RICS的认证，其中专业方向主要为工程管理和工料测量专业，学习模式包括全日制和非全日制学习。附录1列出了中国大学通过伙伴关系获得RICS

认证的专业课程。

（二）英国工料测量专业课程体系案例

经认证的课程体系在设置的时候均要满足所属行业协会的相应能力标准的要求。一般来讲高校课程体系对能力标准体系的响应，主要是对基础能力和核心能力的响应，同时为专家能力在执业实践中的培养奠定基础。一般而言，专业能力大致可以分为专业知识和专业技能两个方面，专业知识的获得主要是通过课程学习的方式，而专业技能则需要在获得专业知识的基础上，在专业实践中培养。下面，我们将以拉夫堡大学（University of Loughborough）工料测量相关专业的课程体系为例，加以介绍。

拉夫堡大学（University of Loughborough）的前身是始建于1909年的拉夫堡学院，1966年晋升为大学。拉夫堡大学理学院的土木建筑工程系（Department of Civil& Building Engineering）下就开设有商业管理及工料测量（CMQS，Commercial Management& Quantity Surveying）专业的本科教育。并且拉夫堡大学的CMQS（荣誉）理学学士学位的课程已经通过了英国皇家特许测量师协会（RICS）和土木工程测量师协会（ICES）的课程认证。因此，这个专业的毕业生获得学位后，就可以直接向RICS申请参加专业能力评估（APC）了。

拉夫堡大学的商业管理及工料测量（CMQS）的课程是由拉夫堡大学和16个大的承包商合作的。这些承包商不仅赞助这些课程的开设，还给学生提供经济资助，并提供实习机会。拉夫堡大学的商业管理及工料测量课程是四年制的“三明治”式，即工读交替的学习模式。表6-3显示了拉夫堡大学的商业管理及工料测量专业的课程设计与专业能力之间的对应关系。

拉夫堡大学工料测量专业课程体系与能力标准 表6-3

专业能力		相应课程
强制能力（基本能力）	职业规范及道德、专业能力	这些能力属于工料测量师的职业操守范畴，很少有专门针对此设置课程，一般通过专业实习不断提升
	关心顾客	
	业务规划	通过专业实习不断提升
	冲突避免、管理和争端解决	土地与建筑法
	会计原理和程序	管理会计
	健康和安全	建筑与商业管理
	团队工作	项目与团队合作1、2、3
	数据管理	施工前信息技术
	沟通与谈判	沟通

续上表

专业能力		相应课程
核心能力	合同实践	合同管理、土木建筑工程合同等
	建筑技术和环境设施	施工技术与管理1、2，建筑材料，建筑设备学1，土木工程技术等
	设计经济学和成本控制	建筑经济
	工程采购及招标	建筑与商业管理
	工程财务控制与报告	经济学与建筑业
	建筑工程的测量和成本	测量方法，场地勘测，土木工程测量，发展经济学等

拉夫堡大学的商业管理及工料测量（荣誉）理学学士学位的课程主要在学生在校的3年时间内完成，学生在学校完成第一、二学年的课程后，在赞助商的企业实习一年，之后再回学校完成最后一年课程的学习。课程设置从开始的简单的建筑原理到复杂建筑的详细理解，涵盖了房屋和土木工程建设管理的所有方面。第一学年的课程多为介绍性课程，使学生对工料测量和商业管理有一个概念性的了解，并掌握一些基础知识的课程为学位课，学生在第二学年和第四学年的课程得分作为其最后毕业时考核的一部分。学校对这些课程的教学形式也是多样的，除了课堂学习外，还有教师指导、研讨会、案例学习、实地参观、现场研究等。学生在第三学年的学习是在学校的合作企业度过的，在这一年里，学生要完成一年的实习工作，合作企业会为学生提供工作机会，让他们担任一些实际的工作。而学校的指导老师会定期去实习单位，检查学生的实习情况并给他们提供帮助。实习结束后，学生要完成实习总结报告。这样，在经过四年的学习和实习后，他们不仅有较扎实的理论知识，还具有了一定的实际经验。通过这样工读交替的学习，使学生能够及时地把在课堂上学到的理论知识应用到实际中去，使他们得到充分的教育和训练，从而保证这个专业培养的毕业生能够胜任未来的职位。

三、美国工程造价专业的课程认证及课程体系

在第一章中，我们已经对工料测量师（QS）和造价工程师（CE）两类专业人士的工作职责进行了比较，他们都是工程造价专业领域在不同的工程造价体系下的专业从业人员，所从事的工作大部分是一致的，但各自的执业范围和侧重点仍有一定的区别：工料测量师注重从管理科学的角度，利用管理和专业技能提升项目的价值；造价工程师则偏重于从工程科学的角度出发，采用工程的技术手段实现造价的

预算与控制。前面，我们以英国为例介绍了工料测量（Quantity Survey，QS）体系下对专业人士能力标准和专业课程体系的认证。下面，我们将以美国为例介绍工程造价（Cost Engineering，CE）体系下专业课程的认证制度，并以华盛顿大学为例介绍其专业课程体系的设置。

（一）美国工程造价专业的课程认证制度

在美国，对教育机构的认证亦可分为官方机构（Institutional）的认证和专业机构（Specialized）的课程认证两类。完成专业机构认证的专业课程，获得相关的学位，是美国的工程造价专业人士进入工程造价行业的第一步，也是他们成为专业的工程造价执业人员的必要条件。

在美国，至今还没有高校授予本科毕业生“工程造价（Cost Engineering）”学士学位，但是几乎所有的规模较大的高校都开设工程造价技术（如造价估算、工程造价控制、计划、规划、项目管理、工程建筑计算机应用、商务、经济等）所需要的相关的工程、建筑技术或是商务等方面的课程。通常这些课程都作为高年级的工程类课程或选修课程。

美国对工程造价相关专业课程进行认证的行业协会并不唯一，有美国工程技术专业评估委员会（Accreditation Board of Engineering and Technology，ABET）和美国建筑教育协会（American Council of Construction Education，ACCE），其中与工程造价高等教育课程体系关系最为紧密的是认证机构是美国建筑教育协会（ACCE），主要针对建筑、建筑科学、工程管理、建筑科技 4 年本科教育课程计划和两年专科教育课程计划进行认证。

美国建筑教育协会（American Council for Construction Education，ACCE）成立于 1974 年，是被美国高等教育认证委员会（CHEA）批准的对建筑、建筑科学、工程管理、建筑科技的高等教育课程计划进行认证的认证机构。ACCE 的会员曰组织、公司企业、基金会、学员和其他需要认证的组织机构和个人组成，分为协会会员、组织会员、个人会员和认证机构会员四大类。

美国建筑教育协会（ACCE）有一套进行建筑教育课程体系认证评估的标准和规范，且对申请参加认证的课程体系的学校整体水平和课程体系的基本条件也有基本要求。ACCE 对建筑类课程认证的标准主要有以下 6 方面的要求：教育机构组织和管理，课程体系设置，教职工，学生，与建筑业的联系，课程质量与成果评估。值得一提的是，ACCE 制定了参考课程体系，分为通识教育、数学及其他科学、商务与管理、建筑科学和建筑学五个课程类别。在这个基础上，ACCE 制定了工程造价相关专业的参考课程体系，如表 6-4 所示。

ACCE工程造价专业课程示例 表6-4

课程类别	课程示例
通识教育	人际关系、心理学、社会学、社会科学、文学、历史学、哲学、艺术学、语言学、政治学以及其他合适的学科课程。 不包括的课程是：体育或军事科学以及其他与本要求无关的课程
数学及其他科学	数学：解析几何、学习微积分前必修的课程、微积分、线性代数、统计学等 物理学：物理、化学、地质学、环境科学等 其他科学：计算机科学等 各门类科学的课程应当以分析而不是描述为基础。计算机科学、计算机一般应用、编程（或计算机语言）等课程都包含于本类别之中。 不包括的课程是：大学代数学和三角学的数学学科；其他的自然科学，如利用计算机进行成本估价、造价（成本）控制、进度控制等
商务与管理	经济学：宏观经济学、微观经济学、劳动经济学等 会计和财务：财务会计学、管理会计学、成本会计学、财务学、经济评价技术及应用等 劳资关系：人事管理、劳资关系、监督、生产力等 管理学：管理学原理、企业管理学、工业管理学、组织行为学、投资学等 其他：房地产学、商法、市场营销及相关选修课程
建筑科学	设计理论基础：静力学、材料力学、动力学、热力学、岩土力学、水力学、水文学等 建筑系统分析及设计：建筑结构、采暖通风与空调、机械、电气、道路、排水、其他设备等 建筑设计：临时设备、传动设备、模板、脚手架、基础；建筑测量以及建筑制图等 建筑施工材料：建筑施工材料、装配技术、设备的选择、建筑材料性能的测试等 其他：项目开发、可行性研究、价值分析、现场规划、建筑法规、监理、建筑设计及现场设计的基本元素以及建筑学或工程学的选修课程
建设管理	建筑基本原理：定位、作图和规范、合同文件、建筑施工中的计算机应用等 估算和招投标：工料测量、估价、人力资源估算、标书编辑、投标策略等 项目执行：工作分析（work analysis）、安全、现场记录、质量控制及保障、监理、生产力等 项目控制：进度安排、项目预算、采购、成本控制、现金流等 建筑专门课题：机械、电气、路面、工厂等 建筑史：建筑过程发展的历史 安全施工 其他：工作经验、建筑学的选修课程
其他教育	由教育机构和工程建筑单位自定

（二）美国工程造价专业课程体系案例

美国华盛顿大学（University of Washington）建筑学与城市规划学院（College of Architecture and Urban Planning）下的工程管理（Construction Management）专业的课程体系中开设了不少工程造价专业相关的工程、建筑技术等方面的课程，并且这一专业的课程体系已经通过美国建筑教育协会（ACCE）的认证。

按照美国建筑教育协会（ACCE）所推荐的课程体系，华盛顿大学工程管理专业本科四年的课程设置中，前两年的学习是在艺术与科学学院（College of Arts and Sciences）或社区学院（community college）完成的，并为后两年的专业学习做准备。前两年的课程主要包括建筑科学类（主要是可视化与计算机辅助设计）、商务与管理类（主要是法律、财务、会计等的入门课程）、人文社会科学类（主要是经济学原理等课程）、数学及自然科学（包括物理学、经济数学、地质科学等）、语言类等课程，三四年级的专业课程及其内在联系如图 6-2 所示。

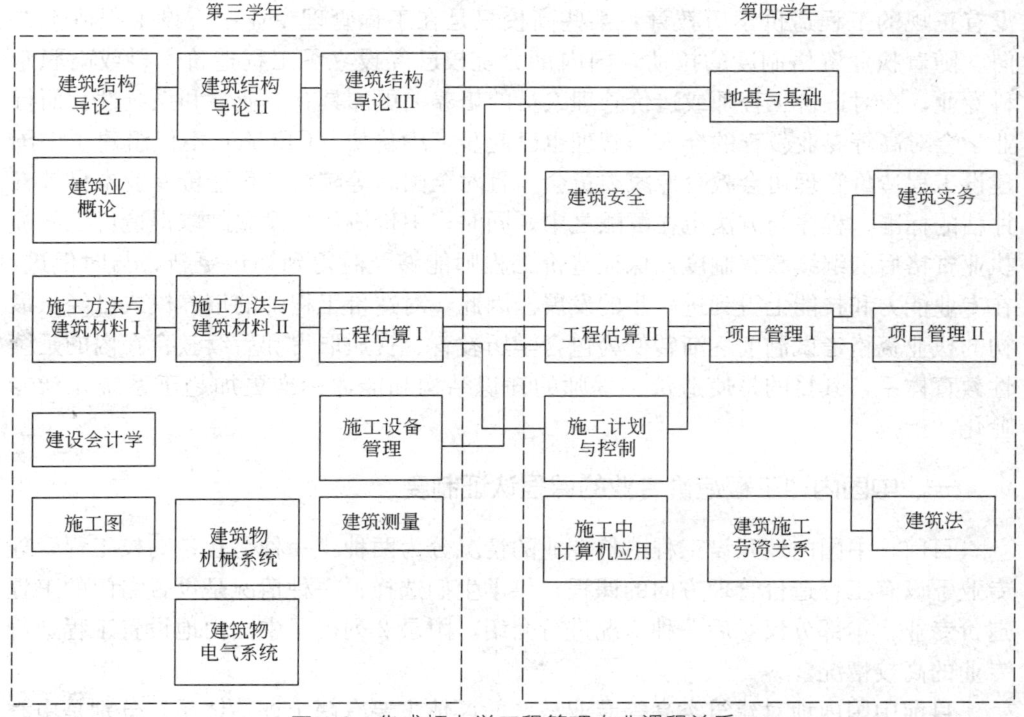

图 6-2　华盛顿大学工程管理专业课程关系

由于工程管理是一门交叉学科，包括技术、管理和商务等多方面的课程学习，通过该课程体系使学生获得相关的专业关键技能。鉴于工程管理是与实际联系非常紧密的专业，专业实习对于这个专业的学习来说非常重要，是完成学位课程必需的部分。学校鼓励学生在假期到建筑行业中实习，使他们通过在工程现场、工程公司办公室或其他环节中的工作经历对现实情况有直接体会。大多数学生都是从三年级的寒假或暑假开始实习的。在完成暑期实习后，学生在接下来的秋季学期中完成一份书面报告和课堂陈述，即可获得 3 个高年级的学分。通过以上的课程体系和教育模式，培养学生解决实际问题的能力，管理和决策能力以及良好的交流能力，为今后的实际工作打下良好的基础。

第三节 中国内地工程造价专业的课程认证制度及课程体系

中国内地对造价工程师的培养模式随着造价工程师管理制度的不断改革和完善也发生了相应的变化。在中国的造价工程师执业资格制度产生之前，中国内地没有正规的工程造价学历教育，某些高校只是在工程管理专业中下设工程造价方向。随着执业资格制度的拉动，国内部分院校已经设立了工程造价本科或高职专科专业，在对造价工程师或造价管理人员的培养上更加具有专业性和系统性。而行业学会对高等专业教育的介入与管理也已起步，中价协（CECA）不仅组建了中国建设工程造价管理协会教育专家委员会，且对全国高等院校工程造价专业本科教育评估的标准、程序与方法也在酝酿之中。同时，中价协初步设立的取得造价工程师执业资格后的继续教育制度，保证造价工程师能够及时得到知识更新，与时俱进，在专业能力和技能上得到进一步的发展。因此，对造价工程师的培养模式已经从最初的执业资格考试制度逐渐转变为包含学历教育、资质取得和后续教育在内的延续性教育体系，其目的是使造价工程师的知识结构和能力标准更加趋于系统化和专业化。

一、中国内地工程造价专业的课程认证制度

目前，中国内地开设工程造价专业的情况分为两种：一种是在各高校工程管理专业下设有工程造价管理方向的课程，供学生们选择；一种情况是设置专门的工程造价专业。本部分仅对后一种情况进行介绍。附录 2 列出了中国内地设置工程造价专业的高校情况。

目前中国内地对建筑类高等专业教育的评估主要有两个评估体系，分别是由教育部实行的教育评估，其重点是考察学校的办学条件和学生培养过程；由建设部实行的高等教育评估，主要是针对高等学校建筑类各专业的教学资源、教学过程和教学质量进行审查和评估，并有专门针对工程管理（包括工程造价方向）课程的标准。而由行业学会实行的课程认证制度仍处于酝酿阶段。

（一）教育部的教育评估

1990 年，教育部发布了第 14 号部令《普通高等学校教育评估暂行规定》。普通高等学校教育评估是国家对高等学校实行监督的重要形式，由各级人民政府及其教育行政部门组织实施。普通高等学校教育评估主要有合格评估（鉴定）、办学水平评估和选优评估三种基本形式。

合格评估（鉴定）是国家对新建普通高等学校的基本办学条件和基本教育质量的一种认可制度。办学水平评估，是对已经鉴定合格的学校进行的经常性评估，它分为整个学校办学水平的综合评估和学校中思想政治教育、专业（学科）、课程及其他教育工作的单项评估。选优评估是在普通高等学校进行的评比选拔活动，其目的是在办学水平评估的基础上，遴选优秀，择优支持，促进竞争，提高水平。从以上三种评估来看，教育部所执行的教育评估，是对学校办学资格和水平的整体评估。

（二）建设部建筑类专业教育评估

1994 年，建设部发布 35 号部令《高等学校建筑类专业教育评估暂行规定》，并由建设部人事教育司成立了"建设部高等教育工程管理专业评估委员会"、"全国高等学校建筑学/城市规划专业/土木工程专业/建筑环境和设备工程专业/给水排水工程专业教育评估委员会"，颁发了相应的教育评估文件。该评估文件针对开设工程管理专业的高等院校进行教育资源、教学过程、教学质量的评估。其中教学质量运用"了解、掌握、能力"来界定学生需要达到的标准，分为专业理论和基础部分和专业方向部分。专业理论和基础部分包括技术、管理、经济、法律、计算机和英语五项，专业方向部分又分为项目管理、房地产经营与管理、投资与造价管理三个方向。

建设部高等教育工程管理专业本科教育（评估）标准如表 6-5 所示。

工程管理专业（本科）教育评估标准 表 6-5

教育评估	教学条件	师资队伍	师资知识结构；师资职称结构；师资人数及学术水平
		教学资料	
		教学设备	设备、实验室、计算机设施
		实习条件	
		教学经费	
	教育过程	思想政治工作	思想政治工作队伍、思想政治工作，教书育人
		教学管理与实施	教学计划与教学文件、教学管理、课程教学实施、实习、毕业设计（论文）
	教育质量	德育标准	
		智育标准	专业理论与基础部分、专业方向部分
		体育标准	

（三）行业协会的课程认证

与国际上行业协会对专业课程所进行的认证相比，中国内地目前存在的由教育部和建设部执行的评估，重点是强调一般的教学资源、环境和教学方法，但对毕业生是否满足专业资格考试的条件关注不够❶。而国外由行业学会对高校专业课程的认证，重点考察学校专业课程的设置，专业培养模式等专业教育的体系能否满足行业学会对本专业的专业人才的能力要求的培养，能否适应本行业的市场需求。这种专业课程的认证的目的是要保证高校专业教育所培养的人才能够满足市场、社会对专业人才的专业知识和专业技能的需要。同时，通过这种专业课程的认证，能够使学校的教育受到业界的指导和支持，能够使人才的培养与需求结合得更加紧密。而通过了专业协会课程认证的毕业生，能够得到整个行业和社会的承认，使他们能够获得通向未来工作的更加有效的途径。通过各个国家或地区的行业学会的互认机制，获得了行业学会认证的专业课程，也能够获得其他国家或地区本行业的认可，从而实现教育的国际化。从这个意义上说，行业学会对高校专业课程认证，对高校、学生乃至整个行业都是有利的，是一种必然趋势。

为了促进行业与高校人才培养的对接，实现行业学会对高等专业教育的管理，更快地与国际接轨，2004年5月中国建设工程造价管理协会（CECA）教育专家委员会在天津理工大学召开了首次会议，会议提出了“全国高等院校工程造价专业本科教育评估程序与方法（讨论稿）”，并聘请专家组成继续教育专家组和专业评估专家组，对造价工程师继续教育课程体系和工程造价专业评估指标体系及工作程序做进一步深入的讨论研究。中国建设工程造价管理协会（CECA）指出教育专家委员会的主要工作包括：①拟定有关工程造价执业资格教育发展计划；②制定造价工程师继续教育培训方案和教学大纲；③研究工程造价专业学历教育与造价工程师继续教育、素质教育的区别及教材的编写工作；④评选、推荐优秀工程造价专业学历教育教材；⑤进行全国工程造价专业学历教育评估活动；⑥开展工程造价专业学历教育方面的国际交流与协作；⑦开展工程造价行业及工程造价专业调查研究、技术讲座、专题研究、信息交流及业务培训、教育咨询等服务工作；⑧承担与工程造价专业教育有关的其他工作。

由此可见，中国工程造价行业协会在推荐优秀教材、进行专业学历教育评估等方面迈出了开创性的一步，将逐步介入对工程造价专业人士的教育和管理工作，指导高校的专业教育，使高校的专业人才培养面向市场和行业发展的需求。

---

❶关于中国内地有无对专业课程认证的问题，行业内各专家、学者的看法有所不同。有些人认为，建设部对高等学校建筑类专业教育的评估，就等同于国外的行业协会对高等教育专业课程的认证。但是，有些专家则认为，建设部的评估的实质仍是对高校专业教育的水平评估。本书认为，从教育部对建筑类专业教育评估的各项标准来看，其评估的重点仍然是对高校的建筑类专业教育的教学条件的一种评估，而评估的重点仍不是在专业课程体系的设置是否与社会对本专业的专业能力的要求相对应。因此，正如有些专家所认为的，建设部对高等学校建筑专业教育的评估仍是一种水平评估。

二、中国内地工程造价专业的课程体系

（一）中国内地工程造价专业的课程体系的设置

1. 中国内地工程造价专业的课程体系的内容

对于造价工程师来说，由于他们的执业范围涵盖了工程建设的全过程，这就要求他们不仅精通工程计价和控制等工程技能，还要掌握建筑工程、经济学、管理学和法律等专业知识，并具备各种管理和沟通能力。相对应的，工程造价专业是一个跨土木工程、管理学、经济学和法律等的多学科多领域交叉的专业。在工程造价专业人才的培养上，强调要兼具经济学、管理学、法律和工程技术基础知识，因此在工程造价专业课程体系的设置上提出了课程体系由经济类、管理类、工程技术类、法律类四大部分组成，并采用“平台课程＋方向课程”的专业结构课程体系。

根据教育部及相关部门的规定，中国内地开设工程造价类专业的高等院校所设置的课程体系基本上都可以分为公共基础课程、平台课程和方向课程三个部分。公共基础教育包括人文社会科学、自然科学、外语、体育、计算机信息技术、实践训练等知识体系，是普通教育的根本要求，为各专业教育的开展打下扎实的基础。平台课程和方向课程作为工程造价专业教育的核心知识体系，分别对应着工程造价专业不同的能力培养单元。平台课程又包含4个子平台系列课程，即工程技术类课程、经济类课程、管理类课程和法律类课程。工程造价专业课程体系与能力培养的关系详见图6-3所示。

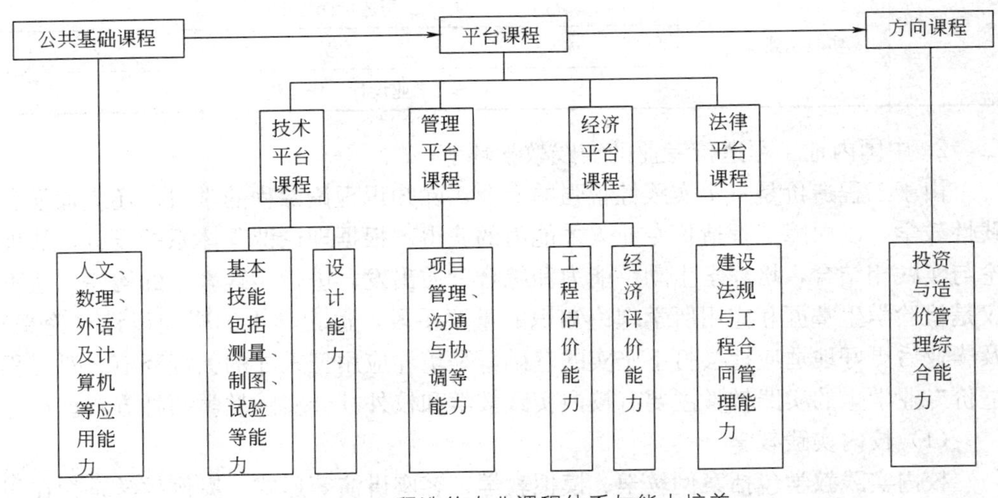

图6-3 工程造价专业课程体系与能力培养

其中，工程造价专业方向课程的设置要能够培养学生成为具备管理学、经济学、技术方面、法律方面的基本知识，掌握现代管理科学的理论、方法和手段，能在国内外工程建设领域从事全过程造价管理和国际工程造价咨询的复合型高级管理人才。使学生毕业后能够在房地产公司、国内外大中型建筑企业、工程技术公司、国际经济合作公司、工程咨询与评估公司等部门从事投资与工程管理工作，学生也可选择在政府有关管理部门、供应商、金融机构等部门从事工程概预算的管理工作。对于工程造价专业中专业方向课程的设置，具体可参见表6-6。

工程造价专业方向课程　　表6-6

课程类别	选读类别	课程名称
方向课程	核心课程	项目投融资
		建设项目评估
		工程计量学
		工程估价
		工程项目承发包管理
		工程项目管理
		工程合同管理
		施工管理
		工程造价管理
	选修课程（各校根据需要自行确定）	工程项目价值管理、工程项目全生命周期管理、工程项目集成管理、工程项目采购管理等
	实习实践课程	工程造价课程设计
		毕业实习
		毕业设计与毕业论文

2. 中国内地工程造价专业的实践教学环节

由于工程造价是一个实践性很强的专业，除知识理论课程的学习，还应加强实践性教学，以保障工程造价专业人才能力的获得。根据理论课程体系的设置，从理论与实践相结合，培养学生动手能力和综合素质出发，进行实践教学的构建。这不仅是检验学生掌握和应用所学理论知识的重要手段，也为学生的毕业设计（论文）及毕业后更好地适应社会打下坚实的基础，是培养应用型人才的关键环节。对工程造价专业学生的实践教学主要有校内实践教学和校外社会实践教学两种方式。

（1）校内实践教学

校内实践教学包括案例教学、模拟教学、客座讲演等形式。案例教学是指在根据工程造价管理的实践工作中所出现的问题，凝练和总结出一些比较典型的案例，使学生在课堂教学的过程中通过对案例的分析，巩固和加深对工程计价学理论、方法和实现技术的理解，避免理论学习与实际的脱节，引导学生主动思考和探索，培养学生运用所学理论知识解决实际问题的能力。而模拟教学则是让学生在实验室通过模拟实验软件（即工程设计图纸、实物模型、计算机计价软件一体），进行工程造价所有管理过程模拟，由于模拟实验所包含的内容丰富，涵盖的工程类别全面，具有较强的系统性，能够使学生全面的了解今后执业时所涉及的工作内容，在模拟实践中，锻炼他们的专业技能。客座讲演是将工程造价管理专家请进课堂，它可以作为正规课堂的一部分、系列讲座的一部分或者是作为学生会的活动，使学生更多的了解工程造价专业的实际工作情况。

（2）校外实践教学

校外实践教学包括现场参观、测量实习和毕业实习等形式。现场参观使学生在参观项目建设的过程中，伴随相应的理论指导，既有助于强化学生在课堂中所学的知识，还能激发他们的积极性和主动性。测量实习教学是为了巩固、扩大和加深学生从课堂上所学的理论知识，获得测量实际工作的初步经验和基本技能，着重培养学生的独立工作能力，进一步熟练掌握测量仪器的操作技能，提高计算和绘图能力，并对测绘小区域大比例尺地形图的全过程有一个全面和系统的认识。毕业实习一般在学生毕业之前进行，且通常同毕业论文或者毕业设计结合起来，是一个综合性的实习，是对学生综合能力的一种锻炼和培养。

（二）中国内地工程造价专业的课程体系案例

天津理工大学工程造价专业是以天津理工大学工程造价专业教研室为建设单位的教学平台，是国内第一个经教育部批准设立的本科专业，是市级人文社科重点研究基地，也是全国最优秀的造价工程师培养基地之一。经过多年的教学改革与实践工作，逐步形成了工程造价专业教学的特色，作为我国经济建设急需的研究领域，不断扩大优势，形成坚实的研究基础。

自 2000 年起，天津理工大学在下设的工程管理专业招收投资与造价方向的本科生，进行工程造价方向的专业本科人才的培养。

2002 年，天津理工大学根据工程造价行业发展的特点和中国教育课程体系设置的要求，成功地论证了“工程造价”的本科专业，并申办工程造价专业获教育部批准，设立天津理工大学工程造价普通本科专业（全日制）。同年，正式招收“工程造价”本科专业学生。直至 2008 年全国有近

30 所高校跟进独立设置该专业。

在整个工程造价专业人才的培养中，天津理工大学注重与国际工程造价管理协会和相关教育组织的合作，紧密地与国际化工程造价的发展相联系，并在结合中国工程造价自身发展现状的基础上，不断地完善和创新中国工程造价的学科教育，形成了一套具有鲜明特色的工程造价专业本科教育课程体系和培养模式，并多次组织和参与中国内地工程造价专业教育相关的会议，针对国内工程造价专业的建设和发展，发表具有国际前沿性的教育管理体系的建议，从而在一定程度上填补了中国内地工程造价基础理论的空白。

天津理工大学工程造价专业，经过多年的建设与发展，形成了自身独特的专业课程体系和教学特色。天津理工大学依据专业课程体系与专业能力标准相呼应的理念，结合中国内地造价工程师执业范围和专业能力要求，设置了其工程造价专业的课程体系：通过专业基础课程培养学生的基本能力；通过专业必修课程的学习，培养对应的执业能力，并且这些专业必修课程是按知识体系的衔接来安排课程先后须序的。同时，通过开设一些专业选修课程开拓学生视野，为他们今后的发展能力的培养奠定基础。结合本章第一节中提到的基于全过程造价管理各阶段的中国造价工程师专业能力标准体系，天津理工大学制定的工程造价专业的课程体系如图 6-4 所示。

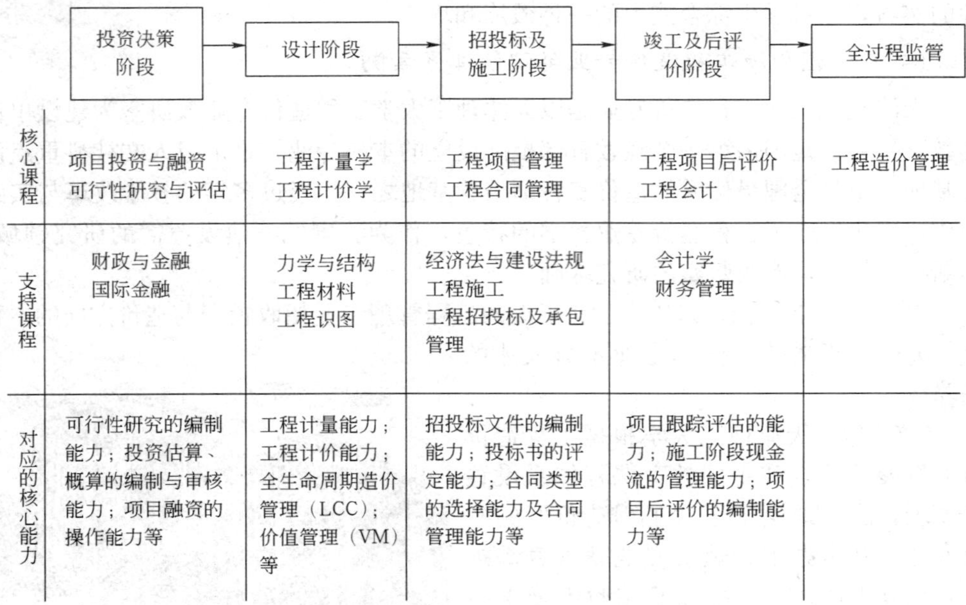

图 6-4　工程造价全过程与相应课程

天津理工大学在工程造价专业的教学过程中，采用各种新的教学模式，例如采用启发式、讨论式教学方法，除了理论授课外，还留出一定的时间给学生演讲事先准备的内容，这样充分激发了学生的自主性和创造性。并且，他们采用工程计价模拟实验教学，使学生在实验室即可实现工程造价所有管理过程的模拟实验（即工程设计图纸、实物模型、计算机计价软件一体），培养和锻炼了学生的实际计价能力。同时，天津理工大学采用灵活多样的考核方式。例如采取题库抽题、书面考核和在学生中实行职业能力测试（APC）等方式，对学生所学知识掌握情况、综合运用知识的能力以及分析问题和解决问题的能力进行考核，力求全面反映学生的水平，使考试成为提高学生综合素质的重要手段。天津理工大学还注重与国外大学工程造价类专业学科的双向交流，与新加坡国立大学（NUS）、马来西亚马来工业大学（UITM）、悉尼理工大学（UTS）、日本大阪产业大学等合作，实现教师、学生互访，促进了工程造价专业教学水平和教学质量的提高。

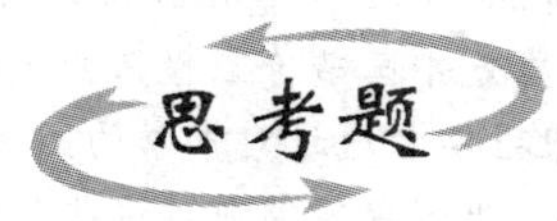

1. 简述造价工程师（工料测量师）专业能力标准体系的作用，他们如何在造价工程师职业成长过程中发挥作用。

2. 试比较以英国为代表的工料测量学科教育体系与以美国为代表的工程造价学科教育体系的异同，你认为哪种教育体系更符合中国目前的实践，并说明理由。

3. 请你针对本校开设的工程造价专业课程体系是否响应造价工程师专业能力标准的情况设计一份调查问卷，并对调查结果进行必要的分析和解释，提出你的建议或意见。

4. 请你根据中国内地造价工程师专业能力标准体系，以及本校工程造价专业课程的设置情况，并结合自身的实际，制定出适合自己的专业课程学习规划。

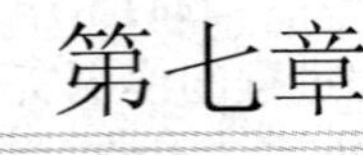

第七章 工程造价专业人士的认可及管理

本章导读

作为一名工程造价专业的毕业生，是不是获得了工程造价专业的文凭，就意味着成为一名专业人士了呢？如何才能进入这个行业，成为一名专业人士？这是每个工程造价专业的学生所要了解的问题。目前，国际上对工程造价专业普遍实行专业人士的认可（Chartered/Certified）制度，只有通过了专业认可，才具有执业的资格。我们首先以英美两国为例，分别介绍了工料测量（Quantity Surveying，QS）和工程造价（Cost Engineering，CE）两大体系中对工程造价专业人士的认可和管理制度。之后，重点就中国造价工程师的执业资格考试制度、注册管理制度和继续教育制度进行了介绍。希望读者通过对本章的阅读，所获得的不仅仅是造价工程师的认证和管理等制度方面的了解，更是要能够通过这些制度的介绍，了解在中国成为造价工程师所要达到的标准和应通过的考核，明确自己今后职业发展的道路，为自己的学习和发展制定长远规划。并通过对目前西方发达国家工程造价界同行们的学习及执业情况的了解，吸取他们的可取之处，以期对自己今后的学习和执业有所借鉴和帮助。

第一节　西方发达国家工程造价专业人士的管理

一、英国工料测量师的管理

（一）英国工料测量师管理体系概况

在英国，从事工程造价行业的专业人士是工料测量师（Quantity Surveyor，QS）。由于英国是最早形成建筑产业的国家，经过近150年的发展，英国建筑领域的各行业已经发展成熟，对专业人士的管理也已逐步趋于完善。英国政府对各类专业人士的管理以宏观调控为主，而行业学会实行高度自律，负责对从业人员进行执业资格认可、注册、行为监督和管理等，市场根据其市场经济的规律，对从业人员实行优胜劣汰，从而形成了一套由政府、行业学会和市场三方共同作用的较为完善的管理体系，如图 7-1 所示。

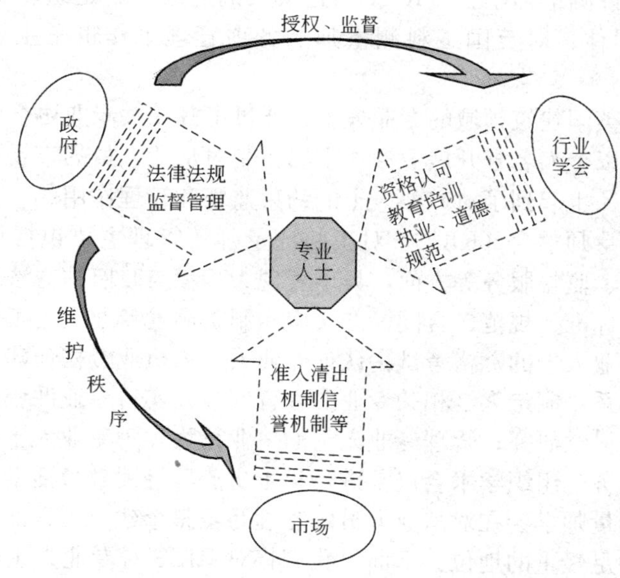

图 7-1　英国专业人士的管理体系

在英国的市场经济模式下，政府并不直接插手经济事务，没有行业归口的管理部门，也不设立专门的行业主管机构。政府主要是通过制定完善的法律、法规及技术标准体系，规范行业市场行为，严格执法监督管理等宏观调控的方式，保障市场的良性运行。而具体的对专业人士如特许测量师、特许建造师、特许工程师的资质管理则授权给相应的行业学会。政府部门只负责定期审查。

英国的行业学会对从业人员的管理主要表现在三个方面：一是，代表政府对相关从业人员进行资格准入和认可；二是，对专业人士教育的介入和管理，包括对高校课程的认证，以及提供继续教育，从而保证从业人员的技巧、能力和知识的不断更新和加强；三是，对整个行业的管理监督，包括制定严格的工作条例和职业道德标准以及对从业人员的执业行为进行监督控制等。由于英国政府将对专业人士的注册管理等事宜全权授予行业学会负责，因此，英国行业学会的影响力非常大，具有一定的权威。目前英国建筑领域内主要的行业学会有：皇家特许测量师学会（Royal Institution of Charted Surveyors，RICS）、英国皇家建筑师学会（Royal Institute of British Architects，RIBA）、皇家特许建造学会（The Chartered Institute of Building，CIOB）、土木工程测量师学会（Institution of Civil Engineering Surveyors，ICES）等。它们是各行业专业人士的组织，属于民间的社团法人，有固定的组织机构、专门的工作人员，在经济上不以盈利为目的。各行业学会的主要作用是为其会员提供培训交流等服务、制定行业标准以及协助政府执行管理监督职能等。其中皇家特许测量师学会（RICS）是最大的房地产、建筑、测量和环境领域的综合性专业团体，对英国工料测量师的各项管理工作也是主要由 RICS 负责执行的。

同时，由于英国建筑领域的专业人士在通过了其相关专业协会的认可，获得执业资格后，可以以个人名誉开展业务，市场机制对从业人员的市场准入、清出以及信誉机制等约束，也起到了对专业人士的约束监督和管理作用。

皇家特许测量师学会（RICS）对工料测量师的管理主要包括行业规则、资格认可、专业教育、监督服务等方面，具体表现为：参与政府的立法过程，受政府委托组织制定技术标准、规范、合同标准文本，制定颁发专业人士工作条例、职业道德规范；组织专业人士的资格考试，认证专业人士的执业资格；建立、组织与完善专业人士培训体系，制定大学相关专业的教育标准并实行专业课程的认证制度，组织专业人士进行科学研究；管理专业人士的执业行为，为专业人士提供职业技术咨询及专业技术服务，组织学术会议，进行学术交流等继续教育活动。由此可见，英国的皇家特许测量师学会在对从业人员的管理乃至整个建筑工程测量行业的规范和发展，都具有举足轻重的地位。下面，我们将对 RICS 对专业人士的管理从资格认可制度和继续教育制度两个方面进行详细的阐述。

（二）英国工料测量师的执业资格认可制度

工料测量师被誉为建筑队伍的财务经理，是建筑队伍中关键的专业人员，在资产管理领域中显现出越来越重要的地位。对于工料测量师来说，既要具备广泛的、全面的、多学科交叉的专业知识，精湛的专业技术，又要有高尚的职业道德品质，才能够确保他们站在客户的立场上去担负起选用、管理和配置各种所需资源的工作，从而使整个建设项目圆满完成。这就对工料测量师的知识、能力和职业操守都提出了很高的要求。因此，实行严格的专业人士资格认可制度，确保执业人员的整体素质是必不可少的。

在英国，对工料测量师的执业资格认可工作是由皇家特许测量师学会（RICS）全权负责的。皇家特许测量师学会采用将会员资格和执业资格合一的方式进行管理，从业人员要想获得执业资格，必须满足皇家特许测量师学会（RICS）的入会标准并经过一定时间的专业实践培训，经考核合格后，成为皇家特许测量师学会（RICS）的正式会员，即具有了执业资格，可以独立从事工料测量的各项工作。

1. 会员资格分类

皇家特许测量师学会（RICS）的会员分为不同的等级，其中专业级会员包括资深会员（fellows）和专业会员（professional members）两类，另外还有技术级会员（technicalmembers）和荣誉级会员（honorarymembers）。同时还有学生

（student）、实习测量师（trainee surveyors）、技术练习生（trainee technical）三个相关的非正式会员。资深会员可以在其姓名后面使用 FRICS 头衔，专业会员可以在其姓名后面使用 MRICS 头衔，技术会员可以在其姓名后面使用 TechRICS 头衔，荣誉会员可以在其姓名后面使用 HonRICS 头衔。

在皇家特许测量师学会（RICS）的会员中，只有专业级会员才可以使用特许测量师（Chartered Surveyor）的头衔，具有独立的执业资格，可以承揽有关业务，签署有关估算、概算、预算、结算、决算文件；而技术级会员可以使用技术测量师（Technical Surveyor）的名称，一般是作为特许测量师的助手，从事测量工作。学生会员等非正式会员是面向开始学习建筑、土地、房地产或与测量有关课程的学生等相关人士的，这类会员可以自由申请且是免费的。设立学生会员资格是为了给进入这个专业的学生在其职业生涯的开始阶段提供一些帮助，比如提供测量专业的最新信息、职业忠告、继续教育（CPD）的研讨会、工作经验计划、社会和慈善活动以及免费进入学会图书馆等条件。

2. 入会途径

皇家特许测量师学会（RICS）对工料测量师的执业资格从专业知识和执业能力两方面进行严格的审核和考核，确保申请人必须达到两项基本要求：第一是学业资历，一般要获得皇家特许测量师学会（RICS）认可的相关专业的学位或文凭；第二是必须经过由皇家特许测量师学会（RICS）组织的专业能力评估（Assessment of Professional Competence，APC），评估合格者才能最终成特许工料测量师（Certified Quantity Surveyor）。由于皇家特许测量师学会（RICS）对高校的专业课程体系实行课程认证制度，他们认为这些通过学会认证的课程能够培养出合格的毕业生，保证学生掌握今后执业所需的基础的专业知识。而专业能力评估（APC）是在一段时间的实际工作中对申请人实行的一系列系统化的培训和评估，因此，通过最终评估的人，即具备了作为专业测量师所需的执业能力。RICS 通过学历和职业能力评估，保证了获得执业资格的人都是合格的专业人士，从而确保了整个测量师专业人士队伍的质量。

根据申请者的教育背景和工作经验的不同状况，皇家特许测量师学会（RICS）为申请者提供了成为正式会员的不同途径，其中，直接成为 RICS 会员的途径有毕业生途径（Graduate Route）、学术途径（Academic Route）、专家途径（Senior Professional Route）三大类，另外还有成为学术会员和技术会员的途径。针对不同的入会途径，RICS 提出了不同的申请条件并制定了详细的 APC 计划——一般包括一定时间的结构化专业实践培训（structured training）和最终的专业能力评估。表 7-1 列出了直接成为皇家特许测量师学会（RICS）会员的各种途径。

直接成为皇家特许测量师学会（RICS）正式会员的途径 表 7-1

<table>
<tr><th colspan="2" rowspan="2">途径</th><th colspan="2">申请人要求</th><th rowspan="2">APC 计划</th></tr>
<tr><th>学术或专业要求</th><th>工作经验及资历</th></tr>
<tr><td rowspan="3">毕业生途径</td><td>1</td><td>RICS 认证的学位
进行非全日制（part time）学习的学生，可在学习的最后一年即申请 APC 注册，但必须在毕业获得学位后才可参加最终评估</td><td>无</td><td>1. 结构化实践培训：
·完成 RICS 认可学位的最后一年课程的部分；
·完成 24 个月结构化实践培训并满足所选择专业能力评估路线中的能力要求；
·定期与监督人或辅导员见面；
·完成 96 小时的专业发展培训。
2. 最终评估：
·提交最终评估的资料（包括工作日记、日志、进步记录和 3000 字的关键分析报告等）；
·参加最终评估面试，时间大约需要 1 小时，包括 10 分钟的陈述和 50 分钟的提问环节，问题涉及对申请人的培训实践情况和职业道德等各方面</td></tr>
<tr><td>2</td><td>RICS 认证的学位
并在毕业后完成 12 个月的结构化实践培训</td><td>在进行 APC 之前具有至少 5 年与测量相关的工作经验（获得学位之前的亦可）</td><td>1. 结构化实践培训：
·完成 12 个月的结构化实践培训；
·定期与监督人或辅导员见面；
·完成 48 小时的专业发展培训。
2. 最终评估：
·提交最终评估的资料（包括工作日记、日志、进步记录和 3000 字的关键分析报告等）；
·参加最终评估面试，时间大约需要 1 小时，包括 10 分钟的陈述和 50 分钟的提问环节，问题涉及对申请人的培训实践情况和职业道德等各方面</td></tr>
<tr><td>3</td><td>RICS 认证的学位</td><td>在进行 APC 之前具有至少 5 年与测量相关的工作经验（获得学位之前的亦可）</td><td>1. 不需要进行结构化实践培训
2. 最终评估
·提交最终评估的资料（包括最近 12 个月的终生学习记录及对相关能力和 APC 强制性能力的详细描述的简历和 3000 字的关键分析报告等）
·参加最终评估面试，时间大约需要 1 小时，包括 10 分钟的陈述和 50 分钟的提问环节，问题涉及对申请人的培训实践情况和职业道德等各方面</td></tr>
</table>

续上表

<table>
<tr><th colspan="2" rowspan="2">途径</th><th colspan="2">申请人要求</th><th rowspan="2">APC 计划</th></tr>
<tr><th>学术或专业要求</th><th>工作经验及资历</th></tr>
<tr><td rowspan="3">专家途径</td><td>1</td><td>与测量专业相关的第一学位或同等的专业资格</td><td>具有 10 年的相关工作经历，其中至少两年必须为获得学位或专业资格后的工作经验，且目前担任高级职务。应具有一定的领导能力和雇员管理、资源管理的能力</td><td rowspan="3">·不需要进行结构化实践培训；
·申请最终评估的资料（包括对相关能力和APC强制性能力的详细描述的简历、最近 12 个月的终生学习记录和 3 500 字的自己参加的案例分析等）
·参加由本行业同僚们组成的面试</td></tr>
<tr><td>2</td><td>与测量专业相关的第一学位及硕士学位</td><td>具有 5 年的相关工作经历，其中至少两年必须为获得学位或专业资格后的工作经验，且目前担任高级职务。应具有一定的领导能力和雇员管理、资源管理的能力</td></tr>
<tr><td>3</td><td>与测量专业相关的博士学位</td><td>具有 5 年的相关工作经历，其中至少两年必须为获得博士学位后的工作经验，且目前担任高级职务。应具有一定的领导能力和雇员管理、资源管理的能力</td></tr>
<tr><td colspan="2" rowspan="2">学术途径</td><td>RICS 认证的学位</td><td>·在有关 RICS 认可的课程领域教学或作研究 3 年以上</td><td rowspan="2">·不需要进一步的理论学习或额外的实践经验；
·提交申请最终评估的资料（包括对教学、研究和外部聘用的证明资料，3000 字的相关研究工作的陈述以证明所具备的相关能力，及过去 12 个月内所参加的至少 48 小时的专业发展培训等）；
·参与最后的评估，参加由 RICS 评估人小组的面试</td></tr>
<tr><td>或者与测量专业相关的硕士学位</td><td>或者
虽然没有上述经历但是有 RICS 认可的资格并参加与测量行业有关的研究活动 3 年以上</td></tr>
</table>

皇家特许测量师学会（RICS）的各类会员之间也具有一定的转换关系，RICS规定了详细的转换条件和要求。例如学生会员毕业后，通过专业能力评估（APC）即可成为皇家特许测量师学会（RICS）的正式会员，获得特许工料测量师的称号，技术测量师通过专业能力评估（APC）后同样可以成为特许工料测量师，而特许工料测量师满足一定的条件后即可申请成为资深工料测量师。各类会员之间的转换及入会途径如图 7-2 所示。

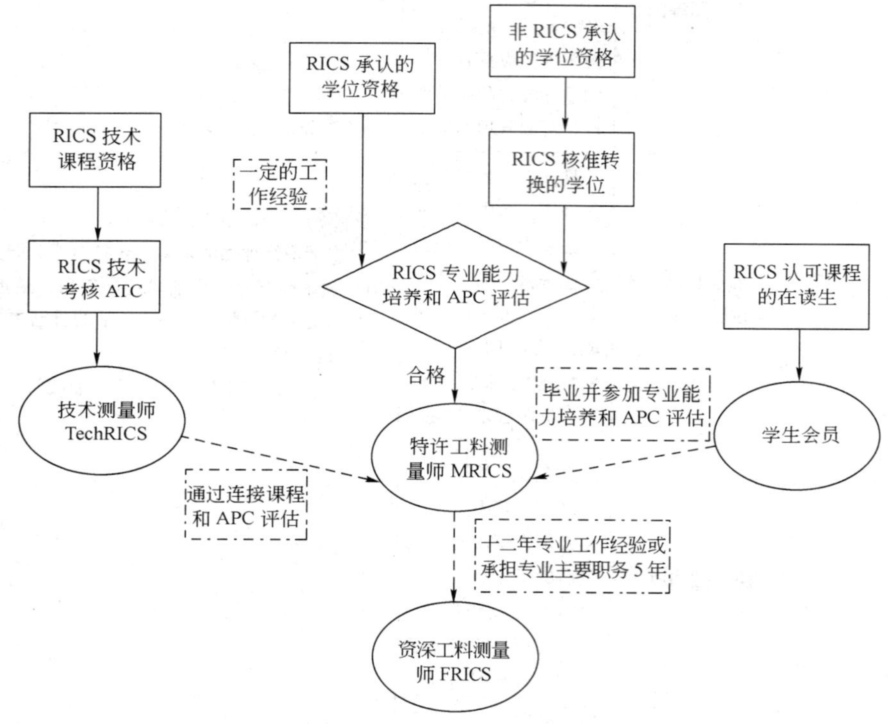

图 7-2　RICS 入会途径及会员间转换关系

3. 专业能力评估（APC）

专业能力评估（Assessment of Professional Competence，APC），是英国皇家特许测量师学会（RICS）对专业人士进行执业资格认证的一个重要内容和环节，与技术测量师认证相对应的为技术能力评估（Assessment of Technical Competence，ATC）。专业能力评估与技术能力评估（APC/ATC）的目的是保证获得执业资格的人具有实际工作的能力并且已经达到了较高的专业水准，它不仅仅是对申请人的能力评价和考核，还包括对他们的指导和培养，是一个完整的培训和考核过程。皇家特许测量师学会（RICS）认为如果某项专业训练与研究和开发领域的实际工作无关，就会变成一种死记硬背的说教，因此学会通过跟踪考察申请者的实际工作情况，来考察其理论水平和业务素质。同时作为行业学会，皇家特许测量师学会（RICS）有一定的责任去指导从业人员的实际工作，利用专业能力评估的这段时间来指导他们，以使他们的理论知识贯彻到工作实践中去，成为有知识、有技能、有创造力的专业人士。

RICS专业评估的目标是希望通过整个专业能力评估的程序，确保申请执业资格的专业人士满足以下条件：

• 通过专业培训和实践掌握了如何运用理论知识获得技能；
• 掌握了必要的技能，并能够注意一些必要细节保护业主和客户的利益；
• 具有一定的口头和书面沟通能力；
• 遵守学会的行为准则。

APC的内容一般包括两部分，即一定时间的结构化专业实践培训（Structured Training）和专业能力评估。

（1）结构化专业实践培训

满足申请条件的从业人员，在其进行APC的申请获得批准后，要在有监督人（Supervisor）和辅导员（Counsellor）检查的情况下，在工作岗位上经过一定时期的实践培训，积累工作经验。结构化专业实践培训是对申请人的技术、专业、人际沟通、商业和管理才能等必备条件或能力的一个综合锻炼。RICS要求担任监督人或辅导员的专业人士要具有特许测量师的资格，一般由申请人的雇主指定，主要负责对申请人的工作情况进行定期和不定期的检查与评价，并根据具体专业能力的要求对申请人的表现进行指导和帮助。结构化专业实践培训是对申请人的技术、专业、人际沟通、商业和管理才能等必备条件或能力的一个综合锻炼。RICS还规定申请人在这个过程中每天都要把自己每天的工作内容和工作情况记录下来，写工作日记（diary）和日志（logbook）[1]，且监督人每周都要签字，以保证日记和日志的正确性。通过这样的方式可以保证申请人的专业能力在结构化专业实践培训中得到有效的锻炼和提高，并记录下申请人的专业实践培训经历，以作为后期考核时的重要资料之一，供学会的评价者对其工作技术和能力进行评估，使RICS对申请人进行最终评估时有据可循。在这段期间，申请人还要参加一定的专业发展培训（Professional Development），来获得其他的一些必要知识，这些知识有些是实践课程所不能获得的，或者扩展了现有的知识，以求达到

[1] 日志是在工作日记的基础上，对自己的职业培训工作进行的分析性的记录，它可以帮助申请人在分析自己对各项专业能力的锻炼情况，从而进行调整和平衡，以达到APC的能力标准。监督人和辅导员同样也要在日志上签字。

更高的学历。培训阶段的时间长短依据申请人受教育情况和参加工作的时间而有所不同，例如，选择毕业生途径1的申请人一般需要进行24个月的结构化实践培训，且所从事的相关业务工作不得低于400天。RICS还规定监督人和辅导员有权力根据对申请者的评估结果延长结构化专业实践培训的时间，但最长为6年。

（2）专业能力评估

对申请者的专业能力评估包括中期评估（Interim Assessment）和最终评估（Final Assessment）两部分。通过中期评估了解申请人的专业实践培训情况并对申请人给以必要的指导。在这一阶段，申请人需要递交详细的工作日记、日志、经验总结及所谓的“进步记录”（专业能力增长情况记录 Record of Professional Development），中期评估的主要目的是对申请人给予指导和提出建议。最终评估以RICS组织的专家面试为主，在参加专家面试前申请人需要提交自己的工作日记、日志、经验总结、进步记录和一份申请人亲自参加项目（或多个项目）的关键分析报告（critical analysis）。评估人员根据所提交的资料对申请人的实际专业能力做出全面的评价结论，通过评估的申请人就可以获得特许工料测量师的头衔。

RICS对特许测量师所应具备的专业能力要求有明确而详细的规定，对各类测量师的专业能力要求一般分为三类，即强制性能力（Mandatory Competencies）、核心能力（Core Competencies）和可供选择能力（Optional Competencies）。其中强制性能力是一种集专业实践、人际交往和商业管理等的综合能力，是所有专业的特许测量师都要求具备的基本能力。核心能力和可选择能力是不同的专门领域所对应的能力要求，这两类专业能力由各学部分别负责制定。其中，工料测量师的APC能力要求由工料测量及建筑学部（Quantity Surveying and Construction Faculty）负责制定，我们在第六章中已详细介绍，在此不再赘述。进行APC所提出的这些专业能力要求是成为专业测量师所必须达到的能力标准的底线，是专业人士入行的最低能力门槛。因此，在进行APC评估时，要通过对申请者的工作情况的观察，来判断申请者是否获得了特定水平的能力。而这些能力标准也是进行结构化专业实践培训的基本准则。进行APC的特许测量师申请人在进行最终的能力评估时，必须向评估委员会提供足够的证据，证明自己已经具备了成为特许工料测量师所必需的各项基本能力，而这些“证据”就是在平时的工作中的各种表现。所以，申请者在进行结构化专业实践培训时，要对自己的工作进行详细的记录，用自己已经完成了什么工作来证明自己已经具备了某项能力。同时，RICS还要求申请者必须认真学习并严格遵守学会所制定的各种行为规则、职业道德规范和执业惯例等，以保证整个测量行业的服务水平和社会信誉。

（三）英国工料测量师的继续教育制度

1. 继续教育制度及基本原则

皇家特许测量师学会（RICS）执行继续教育（CPD）制度。继续教育（CPD，Continuing Professional Development）是在特许测量师的整个职业生涯中，对其自身的技巧、能力和知识进行的系统更新和加强。RICS认为，在职业生涯开始时获得专业资格的学习很重要，但是并不能保证测量师成为本领域的专家，还需要他们在今后的工作中不断地进行学习。鼓励终生学习不仅仅是因为可以改善专业人士的工作而且还可以帮助他们探索新的机会和挑战。CPD可以是某种方法或过程，但它必须作为特许测量师规划和管理自己的职业生涯的必要的组成部分。简言之，CPD就是在特许测量师自身的职业发展中，用终身学习的方法去规划、管理职业发展，并从职业发展中获取最大的收益。CPD具有持续不断性、专业性和发展性的特点。RICS特别强调系统性的学习，强调对学习机会的综合理解。CPD的学习活动形式多样，既可以在课堂中进行正式的学习，也可以在工作中进行业余学习。CPD学习和发展的共同点是学习都是有计划的，而不是随意的。

进行CPD学习的原则主要是：①个人行为；②持续不断、积极寻求专业水平的提高；③学习目标必须明确，将其作为职业生涯的重要部分，而不是可有可无的额外行为。总之CPD是从专业的角度出发注重个人的持续不断发展。

2. 继续教育的形式及程序

RICS的CPD不仅仅限于严格的遵照正式的培训课程、研讨会或工作坊，还包括很多其他方式的学习形式。CPD多样灵活的学习方式还包括在工作中进行的活动、专业会议、研讨班、工作小组、著作和讲座、自学及非正式学习、工作之外的个人活动、培训课程和讨论会等。以上各种形式主要属于四类学习方式，即创新性学习（Innovative Learning）、分析性学习（Analytic Learning）、常识型学习（Common Sense Learning）和动态学习（Dynamic Learning）。

CPD教育培训制度对于个人专业能力的促进是一个循环推进的过程。RICS规定进行CPD培训时必须制定系统性的学习计划，这样才能增强学习的绩效。学习计划包含评价、规划、发展、总结四个阶段，如图7-3所示。

（1）评价阶段

这一阶段是一个自我认识的过程。学习者通过对自身的经历和专业经验进行回顾和分析，从而较客观地评价自己的专业水平。例如可用SWOT分析法对自己进行评价，发现自己的优势和不足。表7-2是用SWOT分析法进行自我评价的示例，这样可以确定个人的兴趣点，对规划今后进一步的发展产生积极的作用。

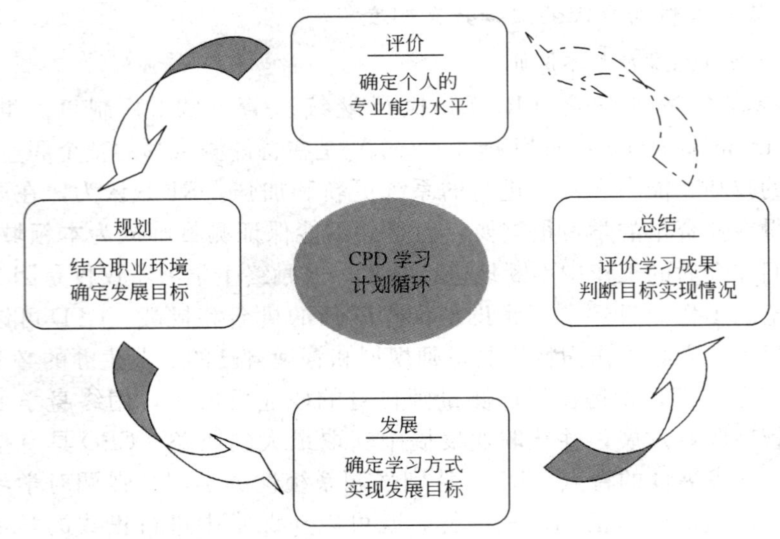

图 7-3　CPD 学习计划循环程

用 SWOT 分析法进行自我评价　　表 7-2

优势（Strengths）	机会（Opportunities）
个人的核心能力是什么 在哪些方面做得比较好： 是技术技巧还是能力 其他的技能	所面临的机会是什么 能引起自己兴趣的新趋势是什么： 市场和专业实践中发生的变化 所出现的新专业 技术的进步 接近质量保证 行使管理职责
劣势（Weaknesses）	**威胁（Threats）**
自己的技术技巧/知识的哪些方面有欠缺 想在哪些方面获得提高： 从自己个人的角度来看这个问题 从他人的角度来看这个问题	所面对的障碍是什么 自己的专业角色是否已经发生了改变： 来自于其他行业的竞争 同其他团体合并 立法的改变 运作一个小的商业活动时需要不同的技能 获得进展的有限机会 裁员的威胁

（2）规划阶段

这一阶段的主要工作是确定未来的发展目标。学习者将对自己评价的能力水平与本领域所需要的能力进行比较，找出差距，并结合个人发展的职业环境和条件，确定出在未来一定期限内能够切实可行的发展目标，包括图 7-4 所示内容。

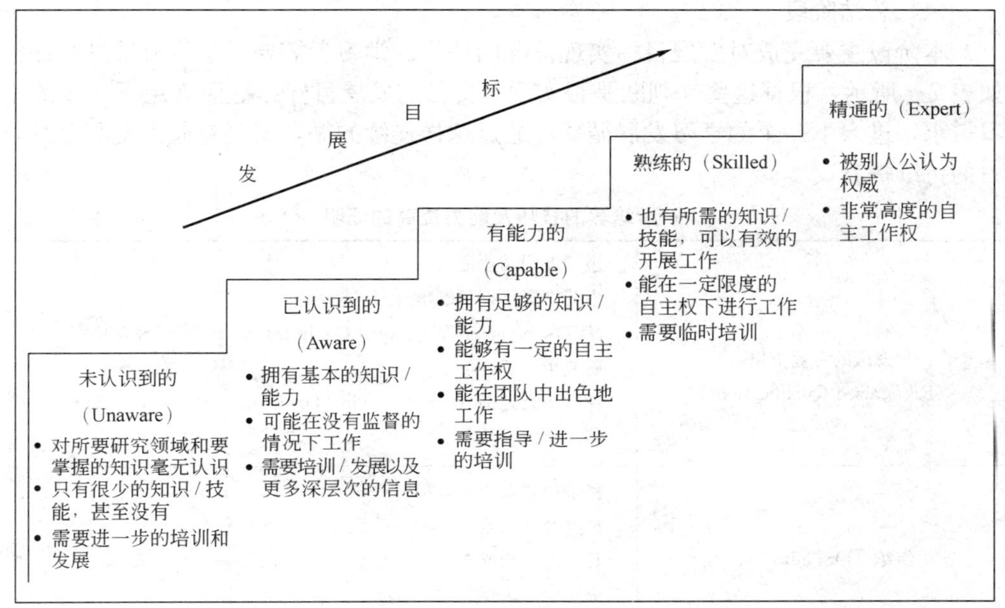

图 7-4　CPD 职业发展目标

（3）发展阶段

这一阶段就是发展目标的实现过程。学习者通过各种形式的学习，不断提升自己的能力，实现所制定的发展目标。进行 CPD 的学习方式灵活多样，表 7-3 列出了四种主要的学习方式。学习者可以根据自己的条件和兴趣，选择自己的学习方式，可以是上文所述四种学习方式，也可以是两种或更多种的组合。

CPD 的学习方式　　表 7-3

创新学习（Innovative Learning）	将新出现的信息/技巧同个人经验和现实问题/情况相结合 选择协作学习的方法，如研讨小组、自由讨论、在设计工作中学习等方式
常识学习（Common Sense Learning）	对工作原理有兴趣，希望“深入并尝试” 选择经验型学习方法，如通过手头工作进行学习
分析性学习（Analytic Learning）	需要获得知识，以加深对概念/过程的了解 倾向于向“专家”取经，获取知识，如演讲、研讨会、进一步的资格等
动态学习（Dynamic Learning）	主要靠自学 选择独立学习和培训，包括模拟和角色扮演等

(4) 总结阶段

本阶段主要完成对发展目标实现情况的评价。学习者需要对学习成果进行评价如表 7-4 所示，根据这些来判断是否实现了自己的发展目标。继而确定下一步的学习需求，进入下一个的学习发展循环。通过这样连续的循环实现专业人士职业竞争力的持续提升。

对所培养的技巧及能力提高的证明 表 7-4

公认的专业资格 (Recognized Qualifications)	短期课程结业证书 为获得资格积累的学分 NVQ (National Vocational Qualification) 国家职业资格[1] 研究生文凭 管理研究证书 (Certificate in Management Studies, CMS) 硕士学位/MBA
组织 (Organization)	将采用建议作为政策 提高经营绩效 有效的节约成本 更安全的工作环境 质量标准的成绩
公众 (Public)	其他专业团体的成员资格 为社会团体解决问题 论文/研究的出版 请求关于政策/法规的建议
自我 (Self)	根据自己的标准进行衡量 同管理人员/同事进行讨论 有利的年度鉴定 推荐提拔 职业角色/职责的改变
同事 [Colleagues (peers/superiors)]	请求指导/建议同事 建议加入/领导项目小组 请求编辑论文/手册
客户 (Clients)	给予进一步工作 在新领域中工作的任命 向其他组织推荐

[1] NVQ 是国家职业资格，英国的国家职业资格证书制度是以国家职业标准为导向，以实际工作能力为考评依据的一种新型的职业资格证书制度。

……业内精英的成长（一）……

Ronald Squair 先生1950年生于英国苏格兰的首府爱丁堡。现在是一家香港工料测量咨询公司H. A. Brechin & Co. Ltd. 的董事总经理。

1968年Ronald中学毕业时，能够进入大学继续深造的机会与现在相比是非常有限的。当时的大学还比较少，上大学的竞争也相当激烈，而且家里的经济条件也不能支持他继续深造。所以，中学毕业后他便选择了工作。在决定要从事什么工作时，Ronald感觉自己不喜欢整日闷在办公室里的工作，他希望能够有机会在户外工作。而正在这时，Ronald家里的一位在建筑承包商工作的朋友向他推荐了工料测量行业——这是Ronald第一次接触工料测量师这个职业。他向Ronald介绍了工料测量师的工作情况，这引起了Ronald很高的兴趣。Ronald还在他的建议下参观了RICS在爱丁堡的办事处，使他对这个职业有了更深入的了解。

之后，他通过了一家工料测量咨询公司的面试，成为了一名工料测量培训生，开始了他作为工料测量师的职业生涯。Ronald在这个咨询公司的“培训”一干就是五年的时间。虽然第一年他基本上都是在做些诸如打印复印、收发信件等办公室的杂务工作，与真正的培训毫不沾边。之后，他便在一位高级测量师指导下，做一些基础的工料测量工作。这位高级测量师对他的工作进行监督，并且用很多的时间教他作为工料测量师的各种职责技能，例如施工图计量、起草工程量清单条目的说明以及如何计量和估算变更等等。他也经常跟这位高级测量师去施工现场，在他进行现场测量时帮他拉卷尺或者清点现场的材料来核对承包商的中期付款申请。在现场，高级测量师提醒他多注意观察工匠们的工作，这样可以帮他更清楚的了解建筑工程的每一部分是怎么完成的。

在做培训生的五年里，Ronald还利用日间和晚上的时间，在纳皮尔学院（Napier College，即现在的纳皮尔大学）进行学习，每周要有一个白天和两个晚上的时间去学校上课。这些课程包括：建筑施工、建筑设备安装、计量法、建筑法和专业惯例与程序等，而这些课程都与RICS组织的校外考试❶紧密相关，Ronald要在学习的第二年、第四年和第五年末参加RICS的校外考试。通过了这些考试，他就能获得RICS颁发的执业资格了。这三部分校外考试一般都要持续3、4个小时，且通过率非常低——只有15%～25%——所以，经过这种途径成为RICS的测量师们都认为这种途径要比通过获得一个RICS认可的全日制大学学历而豁免RICS的专业考试的途径要难得多。除了这些考试外，Ronald还要在第三年向RICS提交一份实际工作报告，内容包括：(1) 完成对一小块土地的测量，包括测量其尺寸以及记录土地上的建筑物等；(2) 对一栋建筑物进行测量，并按1∶50绘制其比例图，包括平面图、截面图和立视图等。Ronald在1974年通过了他RICS的最终考试，从而获得了特许工料测量师的资格❷。

❶校外考试，是指由校外人士或机构主持的考试，通过后颁发该机构的证书。

❷因为在当时，RICS并没有关于APC的规定，也不要求申请人坚持记工作日志、参加面试等，申请人一旦通过了RICS的所有考试，便自动的具有了RICS会员的资格，即成为ARICS（现在的MRICS）。

1975年底，25岁的Ronald决定要到国外去丰富自己的经历。于是，他去了位于加勒比海的岛国——牙买加，在该国的公共工程署担任高级工料测量师。Ronald在那个美丽的热带岛国工作了三年的时间，期间他参与了各种政府投资工程，例如学校、培训中心、市政大厦等的建设。由于公共工程署这样的大型机构有很多既成的、所有的员工都必须严格遵守的惯例和程序，使他在这段时间的工作中获得了很有价值的经验。

1978年初，Ronald回到了英国，并很快有了一个到香港工作的机会——帮助创建一个刚刚开业的名叫H. A. Brechin & Co. Ltd. 的工料测量咨询公司。Ronald从1978年1月份到达香港，与公司的创始人一起开始建立公司并逐渐发展壮大。几年后，便由他全权管理这个公司。H. A. Brechin & Co. Ltd. 在他监管的这28年里逐步的发展壮大，现在公司在香港和澳门都设有办事处，员工已经超过50人。

在这期间，Ronald非常重视对员工的在职培训。公司花了很多时间和资源为公司的那些初级测量师们给予高水平的指导和监督，使他们把在学校里学到的理论知识与实际工作中的经验相结合，从而提高他们的基本技能。

Ronald说："我多年从事工料测量的经验告诉我，工料测量是一个非常实际的职业，而非偏理论性的职业。虽然很多有用的知识可以通过读书获得，但是，在我看来，最优秀的测量师往往是那些从多年的工程工作中获得知识和经验的人。他们在参与众多建设项目的过程中会遇到各种各样的问题和困难，在解决这些问题的过程中，积累了大量的经验。当然，也包括从错误中吸取的教训。作为工料测量师，我们正是通过这些实际的工作，不断扩大自己的知识和能力。乃至于在这个行业工作了40多年之后，我仍然从所参与的工程项目中学到新的东西。"

……业内精英的成长（二）……

严汝江先生现在是香港严汝江工料测量师有限公司的董事，中国建设工程造价管理协会特邀理事，具有英国皇家特许测量师学会资深会员（FRICS）、香港测量师学会资深会员（FHKIS）、香港注册测量师（工料测量）等专业资格。

在香港大学学习建筑学期间，严汝江除了认真学好专业课程外，还非常注意了解实际工程的情况，把课本上所学到的知识与实际相结合。例如，经常看些专业期刊，及时的了解专业信息。平时他还特别留意搜集一些工程案例——无论是从朋友亲戚那里得到的，还是客座教授提供的，例如设计图、招标文件评标报告、竣工决算文件等等

——他都会认真的阅读，在看这些实际案例的同时，把在课堂上所学到的理论知识更深入的理解和消化。听学校里组织的专业讲座时，他会抓住机会向专家们提问，了解一些实际工程中的问题，比如工程造价是如何控制的，会遇到哪些困难以及怎么克服的等等，他也会向这些教授们请教应该读些什么书，来为自己将来的工作做准备。

在大二和大三的暑假，严汝江在香港工料测量咨询公司实习，在实际工作中积累经验。并且对自己以后的工作环境和工作要求都有了更真切的了解，从而明确了自己下一步学习的重点和方向。虽然在短短几个月的实习里，他能实际参与去做的项目并不多，但是他平时积极和周围的同事交流，了解他们所做的项目，也学到了不少工料测量专业的知识和技能。

1979 年，严汝江大学毕业，获建筑学荣誉学士学位（这个学位是通过 RICS 认证的），并于第二年获香港大学建造学学士学位。根据英国皇家特许测量师学会（RICS）的规定，要想取得特许测量师的资格，在获得了 RICS 认证的学位后，严汝江还必须经过三年的结构化实习培训（structured training）和评审，即专业能力评估（APC）环节，并通过 RICS 的最终评估。毕业之后，立志于从事工料测量工作的严汝江受聘于 David Yates & Oswald Parratt，从助理工料测量师做起，开始了其在工料测量领域的工作生涯。在 APC 的结构化实习培训的过程中，严汝江工作的非常用心，他边学边做，虚心向前辈请教，遇有空闲时间，还帮其他同事处理未完成的工作，并留意其他同事处理的项目所产生的问题，以增加自己的工作经验和体验。并且在这 3 年的工作中，他每天都要记日记（diary）和工作日志（logbook），详细地记录每天都做了哪些工作，在哪个具体的专业工作上用了多少时间。并且这些工作日记都要由他的监督人签字确认。这样，通过他的这些工作日志，才能向 RICS 的评审委员会证明他已具备到了 RICS 规定的成为工料测量师的各项各专业能力。正如前文所介绍的，RICS 对工料测量师在各个方面的能力都提出了具体的要求，在进行 APC 培训的这 3 年中，严汝江会定期的检查自己的工作日志，并对照 RICS 的能力要求，保证自己能逐一达到。如果他感觉自己需要锻炼某个专业能力，就会与上司沟通。由于 RICS 与工料测量公司一贯有良好的合作，他们的雇主都会为他提供需要的训练和帮助。他的上司会考虑他的要求，尽量给他安排相应的工作，使他得到较全面的锻炼。如果实在不能，他就安排一些有相关经验的同事，把自己的经历和经验传授给他。这样，即使作为一个刚毕业的新手，严汝江虽然不可能胜任所有的工作，但也可以在这 3 年里得到较为全面的专业训练。在 APC 结构化实习培训进行到一半时，RICS 对严汝江进行一次中期评审，评审员会根据严汝江所提交的工作日志等资料检查他的 APC 培训情况，并告诉他还应该在哪些方面进行专业训练。在工作工程中，严汝江与他的监督人和辅导员进行定期和不定期的沟通，讨论自己工作中遇到的问题。这样，在自己的不懈努力和监督人、辅导员以及公司上司的帮助和指导下，严汝江在 3 年的 APC 培训后，顺利的通过了 APC 最终评审（Final Assessment），

获得了MRICS的称号。而在这整个过程中，他的专业技术能力已经得到了充分的锻炼，为他以后的工作打下了坚实的基础。第二年，根据RICS与HKIS[1]的资格互认协议，严汝江获得了香港测量师学会会员（MHKIS）资格。

在获得工料测量师的资格之后，严汝江便晋升为项目工料测量师，为客户提供在建设项目自立项至工程结算的专业工料测量服务。之后，严汝江受聘于香港政府，1987～2004年的18年间，严汝江在香港政府建筑署、工务局等部门工作，主要负责政府工程自立项至结算的工作，包括：制定造价估算，招标文件，标书评审，施工期间至工程结算的造价管理，索赔审理等。同时也负责草拟审核政府聘用的顾问公司（包括建筑师，工料测量师及工程师）的服务质量指南；制定审核政府聘用的承包商的工程质量要求，包括ISO9000认证、监督政府工程合同条文及其执行情况等。在此期间，严汝江还晋升为英国皇家特许测量师学会资深会员（FRICS)。在1996～1997年度获选为香港测量师学会工料测量组主席，并在1994～1996及1998～1999两个年度获选为香港测量师学会工料测量组国内事务委员会主席。同时，严汝江还非常重视香港与中国内地工程造价业的交流和发展，自1994年开始积极推动香港测量师学会与中价协的交流活动，先后任中国建设部标准定额司顾问、中国建设部政策研究中心研究顾问、中国建设工程造价管理协会特邀理事、中国建设工程造价管理协会教育专家委员会委员等职位。严汝江曾任职于私人工料测量顾问公司、大型发展商及承包商和香港政府等部门，其丰富的经历积累了他的专业知识，并使其专业技能得以锤炼，成为他宝贵的执业财富。2006年严汝江以自己的名字创建了严汝江工料测量师有限公司，任公司董事，他的公司主要提供顾问测量师在建设项目自立项至工程结算的造价管理、合同咨询及纠纷调解等专业服务。

二、美国造价工程师的管理

（一）美国造价工程师管理体系概况

在美国与英国的工料测量（QS）概念相对应的为工程造价（Cost Engineering，CE)，其专业人士称为造价工程师（Cost Engineers，CE)。美国对工程造价专业人士管理的特点是“政府宏观调控，行业高度自律”。

美国政府对专门职业的管理主要包括联邦和州议会立法、联邦和州政府管理、行业自律管理三个层次，而国会对专门职业除一些特殊职业（如评估业）外，一般不做专门的立法。美国政府规定凡是从事有关公民健康、安全、福利和社会公众利益等专门职业的人员，都必须获得由政府颁发的执业执照，接受政府的日常监管。政府颁发的执业执照意味着政府保证执照持有者具有从事专业事务的能力，具有一定的法律效力。一般，美国政府不授予行业学会以行政权力，不允许行业学会审核

[1] HKIS，即香港测量师学会，Hong Kong Institute of Surveyors的简称，正式成立于1984年4月，1997年8月31日皇家特许测量师学会的香港分会解散后，香港测量师学会成为唯一代表香港测量师专业的团体。

执业者资格和颁发执业执照。不过，各行业学会可以进行内部的认可及认证，颁发内部专业称号。美国的行业学会完全是自发的行业组织，没有任何行政职能。从事专门职业的人可以自愿加入各类相应的行业学会，成为协会的会员，接受协会的管理，享受协会带来的好处。加入行业学会并不难，只要申请并缴纳会费即可，但是这并不意味着他们获得了法律认可。

虽然美国联邦政府没有主管建设业的政府部门，因而也没有主管工程造价咨询业的政府部门，这意味着造价工程师不属于美国政府注册的专业人士。工程造价咨询业完全由行业学会管理，并进行业务指导。但是其在工程建设过程中的作用不可忽视，而且现在越来越多的业主要求从事该专业的人具有认可资格。与中国不同的是，在美国，通常对工程造价咨询单位没有资质的要求，而是注重对执业人员的资格认证。目前提供这种认可的行业学会主要有国际全面造价管理促进会（The Association for the Advancement of Cost Engineering International，AACE-I）和成本估算与分析学会（Society of Cost Evaluation and Analysis，SCEA），它们均推出自己的造价工程师或估算师资质认可所必须完成的专业课程教育以及实践经验和培训的基本要求。应该注意的是，这些协会所提供的认可，只是表明某人在这一专业领域具有一定的专业技能，能够胜任某一方面的工作。但这并不意味着获得协会认可的人就获得了执业许可或注册执业资格，也不具备执业的法律资格为开业提供法律依据。

美国的专门职业协会是完全民间性质的组织，它们的主要职能是执行职业标准，规范同业行为，进行继续教育，代表会员与政府沟通，组织研讨会对行业中出现的新情况、新问题进行探讨，为会员提供宣传出版服务等等。在美国，最大的直接服务于工程造价管理全过程的组织当属国际全面造价管理促进会（AACE-I），与工程造价管理密切相关的组织还有美国建筑师学会（the American Institute of Architects，AIA）、美国建筑工程管理联合会（Construction Management Association of American，CMAA）、项目管理学会（the Project Management Institute，PMI）、美国职业估价师协会（the American Society of Professional Estimators，ASPE）、成本估算与分析协会（Society of Cost Evaluation and Analysis，SCEA）等。这些行业学会或协会有的承担对专业人士的认可工作，如国际全面造价管理促进会（AACE—I）和成本估算与分析学会（SCEA）；有的负责对教育课程进行评估认证，例如工程技术认证委员会（Accreditation Board of Engineering and Technology，ABET）和美国建筑教育协会（ACCE）就是对工程造价相关专业的课程进行认证的专业认证机构。

（二）美国工程造价专业人士资格认可制度

美国工程造价或成本估算专业人士的资格有行业协会确认并颁发证书，其中提供执业资格认可的协会主要有两个，即国际全面造价管理促进会（AACE-I）和成本估算与分析学会（SCEA）。下面我们将主要对国际全面造价管理促进会（AACE-I）的执业资格认可进行介绍。

国际全面造价管理促进会（The Association for the Advancement of Cost Engineering International，AACE-I）是全美最大的工程造价管理协会，其前身是成立于1956年的美国造价工程师协会（American Association of Cost Engineers，AACE），于1992年更改为现名。在短短几十年的时间里，国际全面造价管理促进会发展迅速，已经成为服务于造价管理全过程的最大的组织，并且在造价估价师（Cost Estimator）、造价工程师（Cost Engineer）、项目计划员（Planning & Scheduling Professional）、项目经理（Project Manager）、项目控制（Project Control）专家行业学会中处于领导地位。目前，AACE-I已在全球78个国家和71个地区拥有超过5500个会员。

1. 国际全面造价管理促进会（AACE-I）的资格认可制度

国际全面造价管理促进会（AACE-I）是全美最大的工程造价管理协会，在工程造价方面提供的认可资质有三种，分别是认可造价工程师（Certified Cost Engineer，CCE）、认可造价咨询师（Certified Cost Consultant，CCC）和预备造价咨询师（Interim Cost Consultant，ICC）。获得认可造价工程师/认可造价咨询师（CCC/CCE）证书即可以证明其具有一名造价工程师所具有的专业能力。两者认证的考试内容是一样的，他们的区别仅在于教育背景和工作经验的要求差异❶：认可造价工程师（CCE）要求申请者有至少8年整的相关工作经验，其中4年可以由工程学士学位或专业工程师（Professional Engineer，PE）执照来代替，CCE强调的是工程师背景；而认可造价咨询师（CCC）要求申请人在行业里有至少8年的工作经验，其中4年可以由相关学科的四年制学位来代替，这个相关的学位包括建筑工程、工程技术、贸易、会计、项目管理、建筑学、计算机科学、数学等。预备造价咨询师（ICC）是在2000年设立的，目的是为了适应年轻的专业人员的需要。他们在事业开始的时候，需要获得一种外界的认可，获得对其在工程造价和进度计划领域内的知识和技能的肯定，ICC体系满足了他们的这一需要。只要是具备了4年与工程造价相关的工作或学习的经验，就可以参加ICC的资格考试，考试合格即可获得ICC的称号。目前，只有CCE和CCC是经工程与科学专业委员会理事会（the Council of Engineering and Scientific Specialty Boards，CESB）认可的国际上公认的造价管理专业方面的认可人士。

---

❶这是为了与工程与科学专业委员会理事会（CECB）的要求相一致，美国对“工程师”的称号的要求很严格，CECB规定获得认可造价工程师（CCE）称号的人，必须获得通过工程课程认证的学位。

国际全面造价管理促进会（AACE-I）还进行认可造价工程师/认可造价咨询师（CCC/CCE）的再认可制度（recertification program），以保持其作为行业专家的专业知识水平、专业实践水平和专业技术能力。AACE-I 规定 CCC/CCE 认可的有效期为三年，三年后必须由 AACE-I 进行再认可，进行再认可分为参加考试或积累学分（至少 15 分）两种方法。AACE-I 认为专业人士的继续教育非常重要，能够使他们在激烈的竞争中保持优势地位。而 AACE-I 的再认可制度可以视为是一个系统化的继续教育机制，为认可的专业人士提供了进行持续学习的机会，同时也使他们有机会与同行进行交流，积累行业的专业知识和经验。

2. 成为认可造价工程师/认可造价咨询师（CCC/CCE）的途径

AACE-I 规定，要想成为一名认可造价工程师/认可造价咨询师（CCC/CCE），必须要受过专业教育，达到一定的知识水平，并且还要具备相关专业领域的实践经验。而对申请者专业知识水平和实践经验的考核，就是通过专业考试和专业论文两种方式进行的。专业考试是以笔试的形式进行的，每年举行两次，分为基础知识与技能、成本估价与控制、项目管理和经济分析四个部分，表 7-5 显示了 CCC/CCE 和 ICC 应该掌握的四部分知识和技能。考试内容分为 A、B 两种类型的题目：A 类型的题目为综合论述题，一组题为 5 道，可以选择其中的两个进行解答；B 类型的题目为多选题。专业论文（Technical Paper）的分数占考试成绩的一半，质量要求为能提交 AACE 年会、地区或分析技术委员会会议或可以在造价工程期刊上公开发表。

CCC/CCE 与 ICC 的四部分知识和技能 表 7-5

第一部分 基本知识和技能					第二部分 造价估算和控制									第三部分 项目管理								第四部分 经济分析						
计算机操作/实验操作	测量/转化/统计和概率	造价/进度计划术语/基础应用	基本的商务和财务	扩展能力	造价基础	会计记账/工作分解结构	造价和定价	估算方法	估算的类型和目的	运营/生产费用	造价的复数和增加的因素	风险分析/意外事故	预算和现金流	管理原理/组织结构	行为科学/激励管理	集成项目管理	计划和进度	管理原理/组织结构	行为科学/激励管理	集成项目管理	管理中的社会问题与法律问题	机制分析/价值工程	折旧	比较经济学	利润率	生命周期造价	时间价值/工程经济	预测

具体来讲，成为一名国际全面造价管理促进会（AACE-I）认可的工程造价专业人工的途径有两种：一种是直接成为认可造价工程师/认可造价咨询师（CCC/CCE），这需要有八年的相关实践经验；另一种是可以先成为预备造价咨询师（ICC），然后再经过四年的相关工作经验，最后成为一名认可造价工程师/认可造

价咨询师（CCC/CCE），如图 7-5 所示。

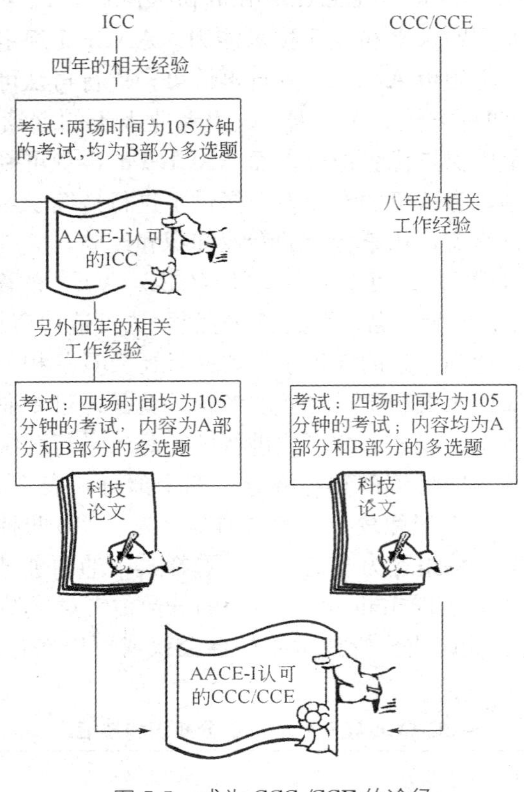

图 7-5　成为 CCC /CCE 的途径

第二节　中国内地造价工程师的管理制度

一、中国注册造价工程师执业资格制度概述

中国内地对工程造价人员的管理，在 1996 年以前并未实行注册造价工程师制度，而是实行由各省、市、自治区分别制定的概预算人员持证上岗制度，这一制度从 20 世纪 80 年代起便开始实行。但随着改革开放的深入，工程招标投标制度、工程合同管理制度、建设监理制度、项目法人责任制等工程管理基本制度的建立，以及工程索赔、工程项目可行性研究、项目融资等新业务的出现，客观上需要一批同时具备工程计量与计价、通晓经济法与工程造价管理的人才在投资等经济领域进行

项目管理。同时，为了应对国际经济一体化和加入 WTO 后市场开放所面临的国外建筑业的竞争压力，也必须要求这批高层次的人才通晓国际惯例。在这种情况下，中国内地于 1996 年开始建立既有中国特色又与国际惯例接轨的造价工程师制度。随着改革开放的不断深入，中国内地对于造价工程师专业人士的管理相继有相关法规、条例出台：1996 年 8 月，原国家人事部、建设部联合发布了《造价工程师执业资格制度暂行规定》，明确国家在工程造价领域实施造价工程师执业资格制度。1997 年 3 月原建设部和人事部联合发布了《造价工程师执业资格认定办法》。为了加强对造价工程师的注册管理，规范造价工程师的执业行为，2000 年 3 月原建设部颁布了第 75 号部长令《造价工程师注册管理办法》，2002 年 7 月原建设部制定了《〈造价工程师注册管理办法〉的实施意见》。2006 年 12 月原建设部颁布了新的《注册造价工程师管理办法》（建设部令第 150 号），并于 2007 年 3 月 1 日起施行。新的管理办法增加了造价工程师的行业自律管理，并修订了一些关于注册、管理的具体规定。至此，中国内地的造价工程师执业资格制度逐步完善起来。

造价工程师执业资格制度属于国家统一规划的专业技术人员执业资格制度范围。全国造价工程师执业资格制度的政策制定、组织协调、资格考试、注册登记和监督管理工作由国家人力资源部和住房和城乡建设部共同负责。根据《造价工程师执业资格制度暂行规定》，造价工程师是指经全国统一考试合格，取得造价工程师执业资格证书，并经注册从事建设工程造价业务活动的专业技术人员。2008 年 7 月 9 日发布的《建设工程工程量清单计价规范》（GB 50500—2008）（建设部第 63 号）中也对我国的造价工程师这一职业给出了明确的界定：造价工程师是“取得造价工程师执业资格，经建设部批准，在一个单位注册从事建设工程造价活动的专业人员”。中国对注册造价工程师实行注册执业管理制度。《注册造价工程师管理办法》（建设部令第 150 号）明确指出“注册造价工程师，是指通过全国造价工程师执业资格统一考试或者资格认定、资格互认，取得中华人民共和国造价工程师执业资格（以下简称执业资格），并按照本办法注册，取得中华人民共和国造价工程师注册执业证书（以下简称注册证书）和执业印章，从事工程造价活动的专业人员”。注册造价工程师执业范围包括：

①建设项目建议书、可行性研究投资估算的编制和审核，项目经济评价，工程概、预、结算、竣工结（决）算的编制和审核；

②工程量清单、标底（或者控制价）、投标报价的编制和审核，工程合同价款的签订及变更、调整、工程款支付与工程索赔费用的计算；

③建设项目管理过程中设计方案的优化、限额设计等工程造价分析与控制，工程保险理赔的核查；

④工程经济纠纷的鉴定。

对于工程造价成果文件，应由注册造价工程师签字，加盖执业专用章和单位公章。由注册造价工程师签字的工程造价成果文件，应当作为办理审批、报建、拨付工程价款和工程结算的依据。但与英国的工料测量师不同的是，中国内地的注册造价工程师对过程的结算与支付没有个人签字权利，个人的执业范围要受其工作单位的资质等级的限制。

二、中国内地造价工程师的行业协会

目前，中国建设工程造价管理协会（China Engineering Cost Association，CECA）（以下简称中价协）是中国内地工程造价业唯一的行业学会，是经原中华人民共和国建设部同意，民政部核准登记，具有法人资格的全国性社会团体。其前身是成立于1985年的“中国工程建设概算预算定额委员会”。中价协是由从事工程造价咨询服务与工程造价管理的单位以及具有注册资格的造价工程师和资深专家、学者个人自愿组成的全国性的工程造价行业学会。2007年6月，中价协作为中国工程造价行业唯一的国家组织，正式加入了国际造价工程联合会（International Cost Engineering Council，ICEC）。

中价协是全国性、非盈利性的行业民主自治组织。协会会员以企业会员为主，也有个人会员。会员自愿入会，民主管理。虽然中价协属于行业自治组织，但原先都是由相应的部委领导的，因此协会的工作在一定程度上受政府的影响，目前该协会的工作主要以开展学术交流为主，为会员提供多种形式的服务，但是还没有承担实质性业务，没有完全意义上的自律。随着不断的发展，协会辅助政府主管部门逐步开展了对行业的具体管理工作，例如受国家行政主管部门委托，承担工程造价咨询行业和造价工程师执业资格及职业教育等相关的具体工作，并制定工程造价行业的职业道德规范、合同范本等行业标准等。中价协于2002年6月制定了《造价工程师继续教育实施办法》和《造价工程师职业道德行为准则》。2007年12月，为了规范注册造价工程师的继续教育工作，提高注册造价工程师的专业水平和综合能力，中国建设工程造价管理协会根据建设部新颁布的《注册造价工程师管理办法》制定了《注册造价工程师继续教育实施暂行办法》。但与国外工程造价业的行业学会相比，中价协对于工程造价业的行业发展和专业人士的教育和管理职能仍然比较薄弱，需要进一步发挥协会的行业自律，并加强对专业教育的指导和评估作用。

三、中国内地造价工程师的执业资格考试制度

根据建设部和人事部联合发布的《造价工程师执业资格认定办法》的规定，国家在工程造价领域实施造价工程师执业资格制度。凡从事工程建设活动的建设、设

计、施工、工程造价咨询、工程造价管理等单位和部门，必须在计价、评估、审查（核）、控制及管理等岗位配备有造价工程师执业资格的专业技术人员。

造价工程师执业资格制度属于国家统一规划的专业技术人员执业资格制度范围。全国造价工程师执业资格制度的政策制定、组织协调、资格考试、注册登记和监督管理工作由国家人事部和建设部共同负责。要成为造价工程师，必须首先通过全国统一考试合格，取得造价工程师执业资格证书，中国内地造价工程师执业资格考试实行全国统一大纲、统一命题、统一组织的办法。原则上每年举行一次。国家建设部负责考试大纲的拟定、培训教材的编写和命题工作，统一计划和组织考前培训等有关工作。考前培训工作按照与考试分开、自愿参加的原则进行。国家人事部负责审定考试大纲、考试科目和试题，组织或授权实施各项考务工作，会同国家建设部对考试进行监督、检查、指导和确定合格标准。

（一）报考资格

根据《造价工程师执业资格制度暂行规定》中规定，凡中华人民共和国公民，工程造价或相关专业大学毕业，从事工程造价业务工作达到规定的年限后，均可申请参加造价工程师执业资格考试。注册造价工程师的报考资格具体要求如表 7-6 所示。

中国国内注册造价工程师报考资格 表 7-6

教育背景要求	工作经验要求
工程造价专业大专毕业 工程或工程经济类大专毕业	从事工程造价业务工作满五年 从事工程造价业务工作满六年
工程造价专业本科毕业 工程或工程经济类本科毕业	从事工程造价业务工作满四年 从事工程造价业务工作满五年
获上述专业第二学士学位 或研究生毕业和获硕士学位	从事工程造价业务工作满三年
获上述专业博士学位	从事工程造价业务工作满二年

（二）考试内容

按照建设部、人事部的设想，造价工程师应该是既懂工程技术又懂经济、管理和法律，并具有实践经验和良好职业道德的复合型人才。因此考试内容包括以下四个科目：

（1）工程造价管理基础理论与相关法规：主要包括工程经济理论、工程财务、工程项目管理及经济法律法规。

（2）工程造价计价与控制：除掌握造价基本概念外，主要体现全过程造价确定与控制思想，以及对工程造价管理信息系统的了解。

(3) 建设工程技术与计量：分两个专业考试，即土建工程与安装工程，主要掌握两专业基本技术知识与计量方法；

(4) 工程造价案例分析：考查考生实际操作的能力，含计算或审查专业单位工程量计算，编制或审查专业工程投资估算、概算、预算、标底价、结（决）算，投标报价评价分析，设计或施工方案技术经济分析，编制补充定额的技能等。

对长期从事工程造价业务工作的专业技术人员，凡符合一定的学历和专业年限条件的人员，可免试“工程造价管理基础理论与相关法律法规”、“建设工程技术与计量”两个科目，只参加“工程造价计价与控制”和“工程造价案例分析”两个科目的考试。考试的四个科目分别单独考试、单独计分。参加全部科目考试的人员，须在连续的两个考试年度内通过；参加免试部分考试科目的人员，则须在一个考试年度内通过应试科目。通过造价工程师职业资格考试的专业人士才可获得由人事部门颁发的造价工程师职业资格证书，并以此作为造价工程师进行注册的凭证。

目前中国造价工程师的执业资格的获取主要就是通过执业资格考试的方式来实现的。虽然用考试的形式具有较高的客观评价性，但是，造价工程师这一职业的特点决定了其不仅对从业人员的专业知识有较高的要求，而且还要求其从业人员的技术和能力达到较高的标准，而显然考试对能力的考查和评估效果要小些。与英国的APC制度相比，中国的执业资格考试侧重于对专业人士的考核，而APC还包括对行业新人能力的全面锻炼和培养。

四、造价工程师的注册及继续教育制度

（一）造价工程师的注册管理

注册造价工程师实行注册执业管理制度。建设部的《注册造价工程师管理办法》（以下简称为管理办法）对造价工程师的注册、执业、监督管理和相关的法律责任等做了详细的规定。管理办法明确指出，只有取得执业资格的人员，经过注册后才能以注册造价工程师的名义执业，从事工程造价活动。国务院建设行政主管部门是负责全国造价工程师注册管理工作的机构，对全国注册造价工程师的注册、执业活动实施统一监督管理；各省、自治区、直辖市人民政府建设行政主管部门（以下简称省级注册机构）负责本行政区域内的造价工程师注册管理工作和执业行为的监督管理。中国建设工程造价管理协会（CECA）受委托办理造价工程师的具体工作，并对造价工程师实行自律管理。

注册造价工程师的注册条件主要包括两个方面：一是取得了造价工程师的执业资格，即通过了执业资格考试；二是，受聘于一个工程造价咨询企业或者工程建设领域的建设、勘察设计、施工、招标代理、工程监理、工程造价管理等单位。另外，申请注册的造价工程师还不能违反管理办法对注册造价工程师的相关规定，例

如违反法律、未达到造价工程师继续教育合格标准等。对注册造价工程师的注册管理主要包括初始注册、续期注册和变更注册三部分。

（1）初始注册。经全国造价工程师执业资格统一考试合格的人员，须在取得造价工程师执业资格考试合格证书的1年内，向当地的省级或部级造价工程师注册管理机构提出注册申请。对符合注册条件的，颁发《造价工程师注册证》和注册造价工程师执业专用章，注册证书和执业印章是注册造价工程师的执业凭证。注册造价工程师初始注册的有效期为4年。

（2）续期注册。在注册造价工程师注册有效期期满前，持证者应当到原注册机构重新办理注册手续，即进行续期注册，以便能够继续执业。申请续期注册的注册造价工程师，应经单位考核合格具有从事工程造价工作的业绩证明和工作总结，并提供参加建设主管部门认可的继续教育的合格证明。注册造价工程续期注册的有效期限也为4年。

（3）变更注册。若注册造价工程师变更了工作单位，也应在变更工作后到省级注册机构或者部门注册机构办理变更注册。

通过管理办法对注册造价工程师进行注册时的要求，我们不难发现，造价工程师的注册工作有三个关键环节：

（1）获得造价工程师执业资格。通过全国造价工程师执业资格统一考试，是成为注册造价工程师必要的前提。

（2）受聘于工程造价的相关单位。这也是我国工程造价行业的管理特点所决定的，我国对工程造价执业资质的审核，强调的是执业单位或机构的资质等级，而不像英美等发达国家一样，强调的是个人的执业资质。因此，在造价工程师个人申请注册时，也必须受聘于相应的工程造价的相关单位，如果注册造价工程师与原聘用单位解除劳动合同且未被其他单位聘用，他的注册证书就失效了，必须找到新的工作单位后，才能重新申请注册。当然，管理办法也不允许造价工程师同时在两个单位注册。

（3）继续教育。管理办法中对注册造价工程师在注册有效期内的继续教育有明确的规定。注册造价工程师必须在四年的注册有效期内完成60学时的继续教育，只有这样，获得了继续教育合格证书的注册造价工程师才能够继续申请续期注册。

同时，为了保证造价工程师的业务素质，加强对造价工程师执业的监督和管理，中国内地对注册造价工程师进行继续教育和执业资格年检制度，并对执业人士在注册及执业各环节的行为进行严格管理，对隐瞒真实情况、弄虚作假等情况进行严肃、严格的处理。造价工程师的执业资格年检工作由建设行政主管部门负责，凡取得造价工程师注册证的注册造价工程师应接受年检。造价工程师执业资格年检应报送上年度的业绩和继续教育的证明材料。对于年检不合格的注册造价工程师，由建设部注销其造价工程师的执业资格，注销《造价工程师注册证》、收回执业专用章，并予以公告。

（二）注册造价工程师的继续教育

注册造价工程师继续教育是指为提高造价工程师的业务素质，不断更新和掌握新知识、新技能、新方法所进行的岗位培训，专业教育和职业进修教育等。继续教育是注册造价工程师持续执业资格的必备条件之一，应贯穿于注册造价工程师整个的执业生涯。中价协（CECA）负责组织开展全国注册造价工程师继续教育工作，并对各省、自治区、直辖市及部门注册造价工程师继续教育管理机构的继续教育工作进行检查和指导。各省级和部门管理机构在中价协的组织下，负责开展本地区和本部门注册造价工程师的继续教育工作。注册造价工程师有义务接受并按要求完成继续教育，注册造价工程师所在单位有责任督促本单位注册造价工程师按要求接受继续教育。

2007年12月，中价协根据《注册造价工程师管理办法》（建设部令第150号），重新修订了《注册造价工程师继续教育实施暂行办法》。在本办法中明确规定注册造价工程师在每个注册有效期内应接受必修课和选修课各为60学时的继续教育，否则将不能被批准他的续期注册申请，从而失去了进行工程造价执业工作的资格。而各省级和部门管理机构则按照每两年完成30学时必修课和30学时选修课的要求，组织注册造价工程师参加规定形式的继续教育学习。继续教育的内容主要包括（但不限于）以下几个方面：

- 工程造价有关的方针政策；
- 行业自律规则和有关规定；
- 工程项目全面造价管理理论知识；
- 国内外工程造价管理的计价规则及计价方法；
- 造价工程师执业所需的有关专业知识与技能；
- 国际上先进的工程造价管理经验与方法；
- 工程造价管理的新理论、新方法、新技术；
- 各省级、部门注册机构补充的相关内容。

继续教育的形式也是多种多样的，主要有：

- 中价协或各省级和部门管理机构组织的网络继续教育学习和集中面授培训；
- 参加各种国内外工程造价培训、专题研讨活动；
- 参加有关大专院校工程造价专业的课程进修；
- 编撰出版专业著作或在相关刊物上发表专业论文；
- 承担专业课题研究，并取得研究成果等。

由于工程造价专业正处于一个快速发展、不断成熟的阶段，各种理论创新层出不穷，随之出现了许多新的理论和方法，例如全生命周期造价管理理论的产生和发展、价值管理方法的提出和使用等等。随着这些理论、方法的提出，工程造价从业人员的业务范围也从原来简单的概预算编制、算量、计价等业务逐渐发展到了全过程工程造价的管理、全生命周期造价管理以及争端的非司法解决业务等。同时，随着中国加入 WTO 后，发达国家的工程造价咨询机构已全面进入中国的建筑市场，他们先进的技术和管理对中国的工程造价咨询业造成了威胁。因此，无论是出于紧跟行业发展、开拓业务范围的需要，还是从参与国际竞争的角度考虑，都需要我们不仅仅从形式上坚持继续教育，还要使继续教育的思想融入到每一位工程造价从业人员的整个职业生涯中。

业内精英的成长（三）

曾雄现在是瑞木镍钴管理（中冶）有限公司的费用控制经理，参与总投资 13.74 亿美元的中国海外投资镍矿开采、冶炼项目的业主方管理工作。能够拥有现在的成就，是与他 25 年来在工程造价业的不懈努力分不开的。

1982 年从东北工学院（现名东北大学）毕业后，曾雄进入北京有色冶金设计研究总院概算室工作，任助理工程师。他的主要工作就是算量，编制概算书，但他没有因为工作的简单和枯燥而松懈，而是一丝不苟地完成工作，并对工作中遇到的问题多思考，向老员工请教，不断完善自己的专业知识。由于当时中国还没有实行注册造价工程师制度，只是由各省市规定的概预算人员持证上岗制度。经过几年工作的锻炼，他先后考取了首都规划建设委员会（简称首规委）及北京建委的土建、电装、暖通概预算工程师证书。1997 年 10 月份，曾雄参加了中国第一届造价工程师执业资格考试，并顺利通过，成为我国第一批获得注册造价工程师资格的专业人士。当年参加考试的考生共有 2 万余人，通过考试并取得造价工程师资格的有 7000 多人。之后，曾雄晋升为高级工程师。他并没有满足于所取得的成绩，而是不断完善自己，向更高的目标努力。为了能够拓展自己的业务空间，以清醒的规划去迎接不确定的职业机遇，在国际竞争中赢得一席之地，他不仅学习和了解行业的国际惯例，完善自己的知识结构，还于 2000 年通过了大学英语六级考试，为他在国际工程中的工作铺平了道路。同时，曾雄先后参与了多个国内外的大工程，负责工程造价的控制管理工作。1996 年他担任副项目经理，为国际工程公司在华承包项目做招标咨询以及电器安装工程分包，取得了该公司成立以来项目人均创造利润最高的好成绩，2000～2002 年，他作为公司外派专家组组长，为美国波音公司在天津建设部件工厂项目提供业主方项目管理咨询，工期和造价均达到控制目标。曾雄一直努力经历在工程建设中的各方的工作，例如业主方、总包公司、施工单位、设计院、造价工程师事务所等，来增加自己的阅历，积累各方面的经验，他还先后担任过杜邦纤维上海莱卡工厂扩建项目的业主方造价工程师，总投资达43亿美元的壳牌—中海油惠州石化项目PMC总包方的费用工程师，阿克克瓦纳工程（上海）公司工程报价部经理等职务。而对于工作无论简单还是复杂，无论是进度费用管理、采购、预算、变更洽商管理、季度统计、投标还是项目经理，他都一步一个脚印的认真做下来，收获颇丰。20多年的阅历和经验，使他成为这一行业的权威，对于他来说这不仅是一种荣耀，更是一笔最宝贵的财富。

对于刚刚踏入工程造价界的大学生们，曾雄认为要热爱自己的职业、相信自己的选择才能走得更长远。在他心中建设项目是人类文明发展的纪念碑，建设项目管理是大系统工程，涉及知识面很宽，不同特点的人都能最终找到适合自己的定位。而造价工程师运作的就是这个大系统的能量关系，能量的计量、规划、筹集和分配，很容易进入管理的核心，使渺小的个人有机会站到宏伟的平台之上，得到创造有形历史的参与感。这个职业也很有深度，不仅中国广大的二线城市和朝阳产业有待建设，世界上也还有广大的发展中国家和新的资源发现有待开拓，绝不会因为信息时代的开启而消失，够年轻人干一辈子的。而造价工程师这个职业对个人的知识和能力都提出了很高的要求：造价工程师的知识结构既包括很多具体的专业知识，也需要系统工程的思维方式；既不能缺少计算机和英语技能（如想国际接轨），也不能忽视这一职业对经验、阅历的重视程度。所以，他说“要逐步完善个人的知识结构，以清醒的规划去迎接不确定的职业机遇”。

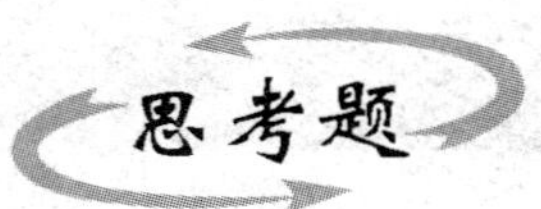

思考题

1. 分析RICS所提供的各种入会途径，你认为哪个环节对工料测量师的成长和发展是最关键的？RICS最重视工料测量师哪方面的专业素养？

2. 你认为RICS的CPD制度对会员的执业能力有什么促进作用？并结合RICS的CPD四阶段，制定自己今后学习的持续学习机制。

3. 你认为美国重视造价工程师的工程师背景的原因是什么？有什么意义？

4. 你认为中国对造价工程师的实行的注册管理制度对工程造价执业人士的执业行为有什么促进和约束作用？

5. 试根据中国造价工程师的注册考试内容，分析中国造价工程师所应具备的专业能力，并制定出自己在校期间的APC计划。

附 录 1

中国内地已获得 RICS 专业课程认证的大学及课程

学校	学 位	专 业	学 习 方 式
清华大学（北京）	MEng Project Management	Project Management	Full Time/Part Time
	MSc Construction Project Management	Project Management，Quantity Surveyors Study	Part Time
	MSc Real Estate	Commercial Practice，Valuation，Residential Practice	Part Time
清华大学（深圳）	MSc Real Estate	Commercial Practice，Valuation，Residential Practice	Part Time
	MSc Construction Project Management	Project Management，Quantity Surveyors	Part Time
同济大学	Bachelor Construction Management	Quantity Surveyors	Full Time
	MSc Construction Project Management	Project Management，Quantity Surveyors	Part Time
	Master Construction Management（Construction and Real Estate）	Commercial Practice，Valuation，Quantity Surveyors，Residential Practice	Full Time
	MSc Real Estate	Commercial Practice，Valuation，Residential Practice	Part Time
中国人民大学	Master of Management Land Resource Management	Valuation，Project Management	Full Time/Part Time
	Master of Management Real Estate Economics	Commercial Practice，Valuation，Residential Practice	Full Time/Part Time
重庆大学	Bachelor Construction Management	Quantity Surveyors	Full Time
	Master of Management Science and Engineering（Construction Management）	Quantity Surveyors	Full Time
浙江大学	MSc International Real Estate	Commercial Practice，Valuation，Residential Practice	Part Time
天津大学	MSc Real Estate	Commercial Practice，Valuation，Residential Practice	Part Time
	MSc Construction Project Management	Project Management，Quantity Surveyors	Part Time

附　录　2

中国内地设置工程造价专业高校一览表

序号	院校名称	专业名称	学制类型	所在院系
1	天津理工大学	工程造价	本科（4年）	管理学院
2	重庆大学	工程造价	本科（4年）	建设管理与房地产学院
3	沈阳建筑大学	工程造价	本科（4年）	管理学院
4	山东建筑大学	工程造价	本科（4年）	管理工程学院
5	青岛理工大学	工程造价	本科（4年）	管理学院
6	昆明理工大学	工程造价	本科（4年）	建筑工程学院
7	长安大学	工程造价	本科（4年）	建筑工程学院
8	华北电力大学	工程造价	本科（4年）	工商管理学院
9	福建工程学院	工程造价	本科（4年）	工程管理系
		工程造价管理	专科（3年）	
10	江西理工大学	工程造价管理	本科（4年）	经济管理学院
11	平顶山工学院	工程造价	本科（4年）	管理工程系
		工程造价管理	专科（3年）	
12	石家庄经济学院	工程造价	本科（4年）	管理科学与工程学院
13	武汉科技大学中南分校	工程造价	本科（4年）	城建学院
14	长春工程学院	工程造价	本科（4年）	管理学院
15	九江学院	工程造价	本科（4年）	土木工程与城市建设学院
16	河南财经学院	工程造价	本科（4年）	工程管理系
17	吉林建筑工程学院建筑装饰学院	工程造价	本科（4年）	管理系
18	华北电力大学科技学院	工程造价	本科（4年）	工商管理学院（经济管理系）
19	郑州航空工业管理学院	工程造价	本科（4年）	土木建筑工程学院
20	武汉电力职业技术学院	工程造价管理	专科（3年）	建设工程系
21	四川建筑职业技术学院	工程造价	专科（3年）	工程管理系
22	华北科技学院	工程造价	专科（3年）	土木工程系
23	深圳职业技术学院	工程造价	专科（3年）	建筑与环境工程学院
24	天津工程职业技术学院	工程造价	专科（3年）	管理工程系
25	兰州工业高等专科学校	工程造价	专科（3年）	建筑工程系
26	闽西职业技术学院	工程造价	专科（3年）	土木建筑工程系

注：以上为不完全统计，截止到2008年9月。其中，工程造价本科专业的数据来源为教育部网站2002年至2007年发布的《教育部关于高等学校专业设置备案或审批结果的通知》。

参 考 文 献

[1] 贾德昌．地铁示范工程——工程咨询团队述说北京地铁五号线奇迹［J］．中国工程咨询，2008(2)：4-8
[2] 蒋兆祖，刘国冬．国际工程咨询［M］．北京：中国建筑工业出版社，1996
[3] Beehtel Inc.，U. S，'Building a Century Beehtel 1898-1998'. Andrews McMeel Publishing and Andrews McMeel Universal Co.，U. S，1998
[4] 汪易森，等．赴法国、德国设计招标考察报告［J］．水利规划设计，2002
[5] 张亮．我国工程造价咨询业发展研究［D］．北京交通大学，2007
[6] 陈雪萍．工程造价咨询业的现状与发展［J］．有色冶金设计与研究，2004，25（4）：78-80
[7] 张凌．工程造价咨询业的现状与发展［J］．安徽建筑，2007(9)：90-91
[8] 尹贻林．中国工程咨询业及专业人士制度研究．天津：天津大学出版社，2006
[9] Stiger G. J. The law and economics of public policy：a plea to the scholars. Journal of Legal，1972.
[10] 黎诣远．西方经济学［M］．高等教育出版社，1999
[11] 严玲，刘共清．对我国工程造价咨询业发展道路的思考［J］．技术经济与管理研究，2003（2）：69-70
[12] 杨博．工程造价咨询［M］．安徽科学技术出版社，2004
[13] 卢有杰．新建筑经济学［M］．北京：中国水利水电出版社，2002
[14] 宋巍巍．建筑市场秩序分析及评价［D］．北京：清华大学，2004
[15] 尹贻林，严玲，孙春玲．世界工程造价学科教育发展报告．天津：天津大学出版社，2005.
[16] 丁士昭．建筑业管理体制、法制和机制研究．同济大学课题研究报告，1999
[17] 尹贻林．中国内地与香港工程造价管理比较［M］．天津：南开大学出版社，2002
[18] 郑宇，黄聪．英国的工程咨询外包市场［J］．建筑经济，2005(1)：92-94
[19] http：//www. fscosc. com/index. htm
[20] 杨博．我国工程造价咨询业发展战略研究［J］．安徽建筑，2005(2)：84-90
[21] 尹贻林，申立银．中国内地与香港工程造价管理比较［M］．天津：南开大学出版社，2006
[22] 郝建新．工程造价管理的国际惯例［M］．天津：天津大学出版社，2005
[23] 王振强．英国工程造价管理［M］．天津：南开大学出版社，2002
[24] 王家远．监理工程师的责任风险分析［J］．2000（6）：48-51
[25] 国际咨询工程师联合会，中国工程咨询协会．职业责任保险入门［M］．李丹译．北京：中国计划出版社，2001

[26] 全国造价工程师执业资格考试培训教材编审委员会．工程造价计价与控制［M］．北京：中国计划出版社，2006
[27] 周和生，尹贻林．建设项目全过程造价管理［M］．天津大学出版社，2008
[28] 吴怀俊，马楠．工程造价管理［M］．北京：人民交通出版社，2007.
[29] 郭琦．工程造价管理的理论与方法［M］．北京：中国电力出版社，2004.
[30] 朱坚．工料测量师在英国建设领域中的角色与职责［J］．建筑经济．2007（6）：92-94
[31] 张凤琴．以全寿命周期成本新理念进行公路桥梁设计［J］．青海交通科技．2007（3）：8-9
[32] RICS. APC/ATC requirements and competencies guide［EB/OL］. 2006-07［2008-09-29］；. http：//www. rics. org/MyRICS/APC/july2006apc _ guides. htm
[33] http：//www. rics. org/Networks/Faculties/spotlight. htm
[34] RICS，Policy and Guidance on University Partnership，2nd edition，2002.
[35] http：//www. lboro. ac. uk/departments/cv/
[36] ACCE. Standards and Criteria for Accreditation of Postsecondary Construction Education Degree
[37] http：//depts. washington. edu/cmweb/undergrad/
[38] http：//www. moe. edu. cn/highedu/gxpinggu/1. htm
[39] http：//www. mochr. com/renshi/gaodeng/pinggu-file/gcguanli. as
[40] http：//www. tccce. com/guanlibanfa. htm
[41] 朱嬿，杨怀宇．各国建设管理体制比较研究．清华大学建设部课题研究报告，1999
[42] http：//www. rics. org/careers/practice-quanlifications/about-apc. shtml
[43] http：//www. rics. org/MyRICS/APC/apc _ explanation. htm
[44] http：www. rics. org/Careerseducationandtraining/Lifelonglearning/continuingprofessionaldevelopment
[45] http：//www. aacei. org/membership/about/overview. shtml
[46] The Guide to CCC/CCE Certification：www. aacei. org/certification
[47] 刘伊生．工程造价基础理论与法律法规．北京：中国计划出版社，2003.
[48] http：//www. cin. gov. cn/yqlj/xhxh/200611/t20061115 _ 20257. htm
[49] http：//www. hkis. org. hk/hkis/html/index. jsp

图书在版编目(CIP)数据

工程造价概论/尹贻林,严玲主编. --北京:人民交通出版社,2009.3

ISBN 978-7-114-07686-2

Ⅰ.工… Ⅱ.①尹…②严… Ⅲ.工程造价—概论 Ⅳ.TU723.3

中国版本图书馆 CIP 数据核字(2009)第 044576 号

书　　名:工程造价概论
著 作 者:尹贻林　严　玲
责任编辑:王　霞(wx@ ccpress.com.cn)
出版发行:人民交通出版社股份有限公司
地　　址:(100011)北京市朝阳区安定门外外馆斜街 3 号
网　　址:http://www.ccpress.com.cn
销售电话:(010)59757973
总 经 销:人民交通出版社股份有限公司发行部
经　　销:各地新华书店
印　　刷:北京市密东印刷有限公司
开　　本:720×960　1/16
印　　张:14.5
字　　数:279 千
版　　次:2009 年 3 月第 1 版
印　　次:2015 年 12 月第 6 次印刷
书　　号:ISBN 978-7-114- 07686-2
定　　价:28.00 元